水利安全生产监督管理

水利部安全监督司
水利部建设管理与质量安全中心 编

内 容 提 要

本书是水利部安全监督司、建设管理与质量安全中心组织编写的水利安全生产监督管理人员安全培训的重要工具书。

本书从我国水利安全生产监督管理的实际需要出发，结合水利安全生产形势以及水利安全生产法律法规、标准规范的要求，介绍了安全管理的基本理论和水利安全生产法规及技术标准，重点阐述了水利安全生产监督管理的内容，包括安全生产监督管理体制、水利安全生产监督检查与行政执法、水利安全生产监督管理信息化，详细介绍了水利工程安全管理、重大危险源与事故隐患监督管理、安全评价、生产安全事故管理以及安全生产应急救援等内容，提供了较为详尽的水利安全生产监督与管理要点。

本书主要供水利安全生产监督管理人员学习、培训使用，也可供其他行业安全生产监督管理人员参考。

图书在版编目（CIP）数据

水利安全生产监督管理/水利部安全监督司，水利部建设管理与质量安全中心编．—北京：中国水利水电出版社，2014.12（2017.4重印）
ISBN 978-7-5170-2756-0

Ⅰ.①水… Ⅱ.①水…②水… Ⅲ.①水利水电工程-安全管理 Ⅳ.①TV513

中国版本图书馆CIP数据核字（2014）第307032号

书 名	**水利安全生产监督管理**
作 者	水利部安全监督司 水利部建设管理与质量安全中心 编
出版发行	中国水利水电出版社 （北京市海淀区玉渊潭南路1号D座 100038） 网址：www.waterpub.com.cn E-mail：sales@waterpub.com.cn 电话：（010）68367658（营销中心）
经 售	北京科水图书销售中心（零售） 电话：（010）88383994、63202643、68545874 全国各地新华书店和相关出版物销售网点
排 版	中国水利水电出版社微机排版中心
印 刷	北京瑞斯通印务发展有限公司
规 格	210mm×297mm 16开本 14印张 414千字
版 次	2014年12月第1版 2017年4月第2次印刷
印 数	5001—8000册
定 价	**49.00**元

本书编委会

主　任：武国堂

副主任：张汝石　张严明　钱宜伟

编　委：（按姓氏笔画排序）

马建新　王　甲　刘　岩　杨诗鸿

吴春良　张忠生　黄　玮　雷俊荣

本书编写组

主　编：马建新　贺小明

编　写：（按姓氏笔画排序）

王　甲　王珍萍　叶莉莉　曲大力

刘　岩　吴　蕾　余时芬　张俊莲

陈彩云　胡　杰　倪宏亮　黄　玮

谭　辉

前言

加强水利安全生产监督管理是深入贯彻落实国家安全生产法律法规、防止和减少水利生产安全事故、保障人民群众生命和财产安全的需要，是推进水利安全生产走向专业化、法制化轨道的需要。

国家、水利部高度重视水利安全生产监督工作，水利部自成立安全监督机构以来，开展了水利工程建设安全生产专项整治、水库安全生产专项检查、病险水库除险加固专项检查、农村水电站安全生产检查等一系列专项活动，而各地水行政主管部门、水利生产经营单位也深入开展安全生产执法行动和各类安全生产检查，查处水利工程建设和运行中的违法违规行为，进一步规范了水利安全生产秩序。但是，水利安全生产监督工作依然存在较多问题。为促进水利安全生产监督工作规范化、制度化、标准化，建立水利安全生产监管长效机制，提升水利行业安全生产监管的水平，由水利部主持，武汉大学安全科学技术研究中心协作编写了此书。

本书依据国家和水利行业相关安全生产法律法规、标准规范的规定和要求，结合水利安全监管的实际情况，较详细地叙述了水利安全生产监督管理体制、水利安全生产监督检查要点和程序、水利安全生产行政执法与处罚、水利工程建设和运行安全生产监督重点内容等。本书共分为十章：第一章，概论；第二章，水利安全生产法规及技术标准；第三章，安全生产监督管理体制；第四章，水利安全生产监督检查与行政执法；第五章，水利工程安全管理；第六章，水利工程重大危险源与事故隐患监督管理；第七章，水利工程安全评价；第八章，水利生产安全事故管理；第九章，水利安全生产应急救援；第十章，水利安全生产监督管理信息化。

本书从水利安全生产监督管理的实际出发，旨在体现实用性和可操作性。本书内容翔实，对指导安全生产监督管理人员开展水利安全生产监督管理工作，规范水利安全生产监督管理人员行为，提高水利安全生产监督管理水平有积极的作用。本书编写过程中得到湖北省水利厅安全监督处的大力支持和帮助，湖北省安全生产监督管理局、武汉大学、长江水利委员会、中国地质大学（武汉）、中国水利企协、小浪底水利枢纽建管局、松辽水利委员会、南水北调工程建设委员会办公室建管司、安徽省水利厅、中水淮河规划设计研究有限公司、汉江集团的数位专家对本书提出了宝贵的意见，在此表示衷心的感谢！

本书在编写过程中参阅了大量书籍，在此对文献的作者表示感谢！

由于编者水平有限，文中如有错误、不足之处，请各位专家、读者批评指正！

编　者

2014 年 7 月

目录

第一章　概　　论

本章内容提要

本章首先介绍了水利安全生产的基本概念及安全生产管理的基本原理；然后阐述了三个具有代表性的事故致因理论，即事故因果连锁理论、轨迹交叉理论和能量意外释放理论，并结合事故的致因机理，提出了预防事故的措施；最后简单介绍了职业健康安全管理体系的基本要素，为后面的深入学习做铺垫。

水利安全生产不仅关系到劳动者的安全健康，也关系到国民经济建设的持续发展。我国一直以来都非常重视水利安全生产工作，不断加强全国水利安全生产管理工作，水利安全生产形势总体稳定向好，但仍然存在安全意识不强、责任不落实等问题。作为水利行业安全生产管理人员，掌握安全生产基本概念，熟悉安全生产管理的原理与原则，了解事故致因理论，不断提高自身安全生产知识水平和管理能力，对于确保水利安全生产具有重要意义。

第一节　安全生产基本概念

一、安全

安全泛指没有危险，不出事故的状态。如汉语中有“无危则安，无缺则全”的说法。安全系统工程的观点认为，安全是生产系统中人员免遭不可承受风险伤害的状态。

安全是一个相对的概念，世界上没有绝对的安全，任何事物都包含不安全的因素，具有一定的危险性，当危险低于某种程度时，就可认为是安全的，安全与危险的相对性如图 1－1 所示。

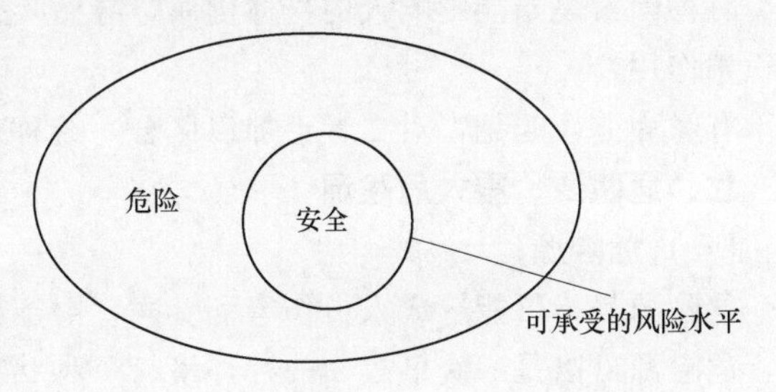

图 1－1　安全与危险的相对性示意图

二、安全生产

安全生产是指在社会生产活动中，通过人、机、物料、环境的和谐运作，使生产过程中潜在的各种事故风险和伤害因素始终处于有效控制状态，保障人身安全与健康、设备设施免受损坏、环境免遭破坏的总称。

水利工程安全生产，是指在水利水电工程建设实施（从事新建、扩建、改建和拆除等作业）和运行管理阶段，防止和减少生产安全事故，消除或控制危险和有害因素，保障人身安全与健康、设备设施免受损坏、环境免遭破坏的总称。

三、安全生产管理

安全生产管理就是针对人们在生产过程中的安全问题，运用有效的资源，发挥人们的智慧，通过人们的努力，进行有关决策、计划、组织和控制等活动，实现生产过程中人与机器设备、物料、环境的和谐，达到安全生产的目标。

水利工程安全生产管理的目标是，减少和控制危害，减少和控制事故，尽量避免水利安全生产过程中由于事故所造成的人身伤害、财产损失、环境污染以及其他损失。

四、本质安全

狭义的本质安全是指机器、设备本身所具有的安全性能，通过设计等手段使生产设备或生产系统本身具有安全性，即使在失误操作或发生故障的情况下也不会造成事故。具体包括两方面的内容：

(1) 失误——安全功能。指操作者即使操作失误，也不会发生事故或伤害，或者说设备、设施和技术工艺本身具有自动防止人的不安全行为的功能。

(2) 故障——安全功能。指设备、设施或技术工艺发生故障或损坏时，还能暂时维持正常工作或自动转变为安全状态。

上述两种安全功能应该是设备、设施和技术工艺本身固有的，即在它们的规划设计阶段就被纳入其中，而不是事后补偿的。

广义的本质安全（企业本质安全）是指企业以本质安全为目标，科学控制物的不安全因素、人的不安全行为，从而达到预防事故的目的，主要包括人、机、环、管四个方面的本质安全。

本质安全是安全生产管理预防为主的根本体现，也是安全生产管理的最高境界。随着科学技术的进步和安全理论的不断发展，本质安全的概念也得到了扩展，逐步被广泛接受。实际上，受技术、资金和人们对事故的认识等因素的制约，目前还很难做到本质安全，只能作为追求的目标。

五、风险

在安全生产管理中，风险用生产系统中事故发生的可能性与严重性的结合给出，即

$$R=f(F,C)$$

式中　R——风险；

F——发生事故的可能性；

C——发生事故的严重性。

对于安全生产的日常管理，可分为人、机、环境、管理四类风险。

六、危险因素、有害因素

危险因素是指在生产过程中能对人造成伤亡或对物造成突发性损坏的因素（强调突发性和瞬间作用）。

有害因素是指能影响人的身体健康，导致疾病，或对物造成慢性损坏的因素（强调在一定时间内的积累作用）。

有时为方便起见，对二者不加以区分，统称危险有害因素。

七、危险源、重大危险源

（一）危险源

危险源是指可能造成人员伤害和疾病、财产损失、作业环境破坏或其他损失的根源或状态。

危险源可以是一次事故、一种环境、一种状态的载体，也可以是可能产生不期望后果的人或物。例如水利水电工程建设施工现场的油库、炸药库，皆有发生火灾、爆炸事故的可能，所以，两者都是危险源。

（二）重大危险源

依据《中华人民共和国安全生产法》（主席令十三号，以下简称《安全生产法》）第一百一十二条，重大危险源是指长期地或临时地生产、搬运、使用或者储存危险物品，且危险物品的数量等于或者超过临界量的单元（包括场所和设施）。

《危险化学品重大危险源辨识》（GB 18218—2009）、《水电水利工程施工重大危险源辨识及评价导则》（DL/T 5274—2012）分别对危险化学品、水电水利工程施工中的重大危险源范围进行了规定。关于水利工程重大危险源的监督管理工作在本书第六章有详细介绍。

八、事故隐患、事故

（一）事故隐患

事故隐患，是指生产经营单位违反安全生产法律、法规、规章、标准、规程和安全生产管理制度

的规定，或者因其他因素在生产经营活动中存在的可能导致事故发生的物的危险状态、人的不安全行为和管理上的缺陷。

《安全生产事故隐患排查治理暂行规定》（国家安监总局令第 16 号）中根据危害程度和整改难易程度的大小，将事故隐患分为一般事故隐患和重大事故隐患。一般事故隐患是指危害和整改程度较小，发现后能够立即整改排除的隐患。重大事故隐患是指危害和整改难度较大，应当全部或者局部停产停业，并经过一定时间整改治理方能排除的隐患，或者因外部因素影响致使生产经营单位自身难以排除的隐患。

《安全生产法》第一百一十三条第二款规定，国务院安全生产监督管理部门和其他负有安全生产监督管理职责的部门应当根据各自的职责分工，制定相关行业、领域重大事故隐患的判定标准。

事故隐患与危险源不是等同的概念，事故隐患实质是有危险的、不安全的、有缺陷的“状态”，这种状态可在人或物上表现出来，如人走路不稳、路面太滑都是导致摔倒致伤的隐患；也可表现在管理的程序、内容或方式上，如检查不到位、制度的不健全、人员培训不到位等。危险源的实质是具有潜在危险的源点或部位，是能量、危险物质集中的核心，是爆发事故的源头，是能量从那里传出来或爆发的地方。

危险源存在于确定的系统中，不同的系统范围，危险源的区域也不同。例如，从全国范围来说，对于危险行业（如石油、化工等）具体的一个企业（如炼油厂）就是一个危险源。而从一个企业系统来说，可能是某个车间、仓库就是危险源，一个车间系统可能是某台设备是危险源；因此，分析危险源应按系统的不同层次来进行。

一般来说，危险源可能存在事故隐患，也可能不存在事故隐患，对于存在事故隐患的危险源一定要及时加以整改，否则随时都可能导致事故。

实际中，对事故隐患的控制管理总是与一定的危险源联系在一起，因为没有危险的隐患也就谈不上要去控制它；而对危险源的控制，实际就是消除其存在的事故隐患或防止其出现事故隐患。所以，在实际中有时不加区别也使用这两个概念。

（二）事故

事故是指在生产活动过程中发生的一个或一系列非计划的（即意外的）、可导致人员伤亡、设备损坏、财产损失以及环境危害的事件。

九、职业健康

职业健康是指研究并预防因工作导致的疾病，防止原有疾病的恶化。主要表现为工作中因环境及接触有害因素引起人体生理机能的变化。

十、安全文化

安全文化有广义和狭义之分。

广义的安全文化是指在人类生存、繁衍和发展历程中，在其从事生产、生活乃至生存实践的一切领域内，为保障人类身心安全并使其能安全、舒适、高效地从事一切活动，预防、避免、控制和消除意外事故和灾害，为建立起安全、可靠、和谐、协调的环境和匹配运行的安全体系，使人类变得更加安全、康乐、长寿，使世界变得友爱、和平、繁荣而创造的物质财富和精神财富的总和。

狭义的安全文化是指企业安全文化。关于狭义的安全文化，比较全面的是英国安全健康委员会给出的定义：一个单位的安全文化是个人和集体的价值观、态度、能力和行为方式的综合产物。

安全文化是预防事故的一种“软”力量，是一种人性化的管理手段。安全文化建设通过创造一种良好的安全人文氛围和协调的人机环境，对人的观念、意识、态度、行为等形成无形到有形的影响，从而对人的不安全行为产生控制作用，以达到减少人为事故的效果。

十一、安全生产目标管理

安全生产目标管理就是在一定的时期内（通常为一年），根据企业经营管理的总目标，从上到下地确定安全生产目标，并为达到这一目标制定一系列对策、措施，开展一系列的计划、组织、协调、指导、激励和控制活动。

安全生产目标管理是一种高层次的、综合的科学管理方法。它能有效地调动各级组织、各个部门、各级领导和全体人员搞好安全生产的积极性；能充分发挥一切现代安全管理方法的积极作用；能充分体现全员、全面、全过程的现代管理思想。它的实行可以全面推进安全管理水平的提高，有效地促进安全生产状况的改善。

十二、安全生产责任制

安全生产责任制是根据安全生产法律法规建立的各级领导、职能部门、工程技术人员、岗位操作人员在劳动生产过程中对安全生产层层负责的制度。

安全生产责任制的核心是清晰界定安全生产管理的责任，解决“谁来管，管什么，怎么管，承担什么责任”的问题。安全生产责任制是生产经营单位安全生产规章制度建立的基础，是生产经营单位最基本的规章制度。

十三、安全生产标准化

安全生产标准化是指通过建立安全生产责任制，制定安全管理制度和操作规程，排查治理隐患和监控重大危险源，建立预防机制，规范生产行为，使各生产环节符合有关安全生产法律法规和标准规范的要求，人、机、物、环处于良好的生产状态，并持续改进，不断加强企业安全生产规范化建设。

十四、安全生产监督管理

安全生产监督管理是行政机关代表国家所实施的，为了维护人民的生命财产安全，运用行政力量，对安全生产进行监督管理的一项管理活动。

水利安全生产监督是水行政主管部门或流域管理机构，根据国家水利安全生产有关法律、法规、规章和技术标准等，行使政府职能，在其管辖范围内，对水利生产经营单位贯彻执行法律法规情况及安全生产条件、设施设备安全及作业场所职业健康情况等进行监督、检查的活动。

第二节　安全生产管理的基本原理

安全生产管理作为管理的主要组成部分，既服从管理的基本原理和原则，又有其特殊的原理和原则。

安全生产管理原理是从生产管理的共性出发，对生产管理中安全工作的实质内容进行科学分析、综合、抽象概括所得出的安全生产管理规律。安全生产管理的原理有：系统原理、人本原理、强制原理、预防原理和责任原理。

一、系统原理

（一）系统原理定义

系统原理是指人们在从事管理工作时，运用系统的理论、观点和方法，对管理活动进行充分的分析，以达到管理的优化目的，即用系统的理论观点和方法来认识和处理管理中出现的问题。

系统是指由若干个相互联系、相互作用的要素组成的具有特定结构和功能的有机整体。一个系统可分为若干个子系统和要素，如安全生产管理系统是企业管理的一个子系统，安全生产管理系统又包括各级安全管理人员、安全防护设施设备、安全管理制度、安全操作规程以及各类安全管理信息等。

（二）系统原理的运用原则

运用系统原理时应遵循整分合原则、反馈原则、封闭原则和动态相关性原则。

1. 整分合原则

整分合原则是指为了实现高效的管理，必须在整体规划下明确分工，在分工基础上进行有效的综合。

在整分合原则中，整体把握是前提，科学分工是关键，组织综合是保证。没有整体目标的指导，分工就会盲目而混乱；离开分工，整体目标就难以高效地实现，如果只有分工，没有综合与协作，就会出现分工各环节脱节等问题。因此，高效的管理必须遵循整分合原则。

安全生产责任制就是整分合原则在实际工作中的应用。各级领导、职能部门、工程技术人员、岗位操作人员在生产的同时，对安全生产层层负责，层层落实，全面协调，最终实现全面的安全管理。

运用该原则，要求管理者在制定整体目标和宏观决策时，必须将安全生产纳入其中，并将其作为一项重要内容考虑；然后在此基础上对安全管理活动进行有效分工，明确每个人的安全职责；最后通过协调控制，实现有效的组织综合。

2. 反馈原则

反馈是指被控制过程对控制机构的反作用，即由控制系统把信息输送出去，又把其作用结果返送回来，并对信息的再输出发生影响，起到控制作用，以达到预定的目的。

管理中的反馈原则是指为了实现系统目标，把行为结果传回决策机构，使因果关系相互作用，实行动态控制的行为准则。

反馈原则在水利安全生产监督管理工作中的应用有：在水利水电工程建设过程中，施工现场会存在一些不安全的因素，如油库存在加油作业时吸烟、使用明火照明等不安全行为。现场安全检查人员应及时捕捉并将这些信息反馈至安全管理人员。安全管理人员根据反馈信息，采取完善安全管理制度、加强作业人员安全教育培训等措施，控制这些不安全因素，最终实现工程建设安全、顺利进行。

水利工程本身就是一项复杂的系统工程，其内部条件和外部环境都在不断变化。成功、高效的安全生产管理，必须通过灵活、准确、快速的反馈，及时捕获各种信息，快速采取行动。反馈普遍存在于各种系统之中，是管理中的一种普遍现象，是管理系统达到预期目标的主要条件，其最终目标就是要求决策管理者对客观变化做出应有的反应。

3. 封闭原则

封闭原则是指一个管理系统的管理手段、管理过程等构成一个连续封闭的回路。

一个管理系统的管理手段、管理过程等环节既相对独立，充分发挥自己的功能，又互相衔接，互相制约，并且首尾相连，形成一条封闭的管理链。如水电站防汛管理工作，其工作流程如图 1-2 所示，即为一封闭的管理回路。

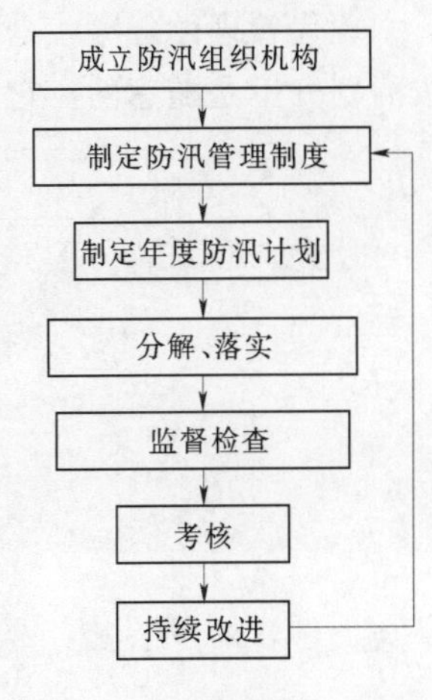

图 1-2　水电站防汛管理工作流程图

在水利安全生产监督管理工作中，各安全生产管理机构、制度和方法之间，必须紧密联系，形成相互制约的回路，才能实现有效的安全管理。

4. 动态相关性原则

动态相关性原则是指任何安全管理系统的正常运转，不仅受到系统自身条件和因素的制约，还受到其他有关系统的影响，并随着时间、地点以及人们的不同努力程度而发生变化。因此，要提高安全生产管理的效果，必须掌握各个管理对象要素之间的动态相关特征，充分利用各要素之间的相互作用。

在企业的安全生产管理中，动态相关性原则可从下列两个角度考虑：

（1）系统内各要素之间的动态相关性是事故发生的根本原因。构成管理系统的各要素之间相互联系，彼此制约，才使事故有可能发生。

（2）搞好安全生产管理，掌握与安全生产有关的各对象要素间的动态相关性特征，必须要有良好的信息反馈手段，能够随时随地掌握企业安全生产的动态情况，且处理各种问题时要考虑各种事物之间的动态联系性。

根据动态相关性原则，处理员工违章作业时，管理者不应只考虑员工的自身问题，还应考虑物与环境的状态、劳动作业安排、安全管理制度、安全教育培训等问题，甚至考虑员工的家庭和社会生活的影响，全面考虑各因素，有针对性的解决员工违章问题。

二、人本原理

（一）人本原理定义

人本原理，就是在管理活动中必须把人的因素放在首位，体现以人为本的指导思想。以人为本有两层概念：

（1）一切管理活动均是以人为本体展开的。人既是管理的主体（管理者），又是管理的客体（被管理者），每个人都处在一定的管理层次上，离开人，就无所谓管理。因此，人是管理活动的主要对象和重要资源。

（2）在管理活动中，作为管理对象的诸要素（资金、物质、时间、信息等）和管理系统的诸环节（组织机构、规章制度等），都是需要人去掌管、运作、推动和实施的。因此，应该根据人的思想和行为规律，运用各种激励手段，充分发挥人的积极性和创造性，挖掘人的内在潜力。

现代安全管理要求在安全生产管理活动中把人的因素放在第一位，使全体成员明确组织目标和自身职责，尽量发挥人的自觉性和自我实现精神，强调人的主动性和创造性，充分发挥人的主观能动性。搞好企业安全管理，避免工伤事故与职业病的发生，充分保护企业职工的安全与健康，是人本原理的直接体现。

（二）人本原理的运用原则

1．能级原则

能级原则是指一个稳定而高效的管理系统必须由若干分别具有不同能级的不同层次有规律地组合而成。

现代管理的任务就是建立一个合理的能级，使管理的内容动态地处于相应的能级中。管理系统能级的划分不是随意的，它们的组合也不是随意的。

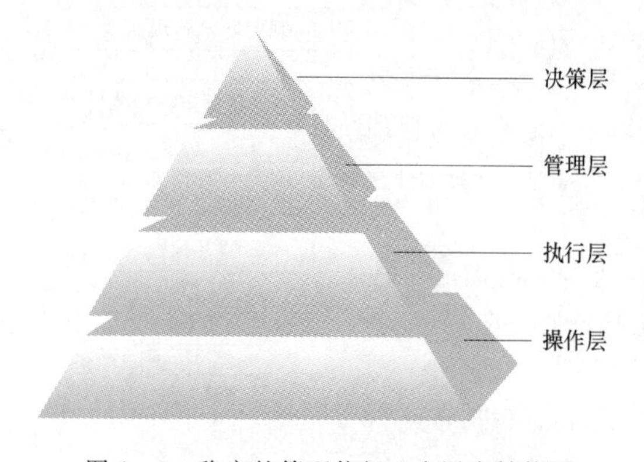

图1-3　稳定的管理能级4个层次结构图

稳定的管理能级结构一般分为4个层次，如图1-3所示。4个层次能级不同，使命各异，必须划分清楚，不可混淆。

运用能级原则时，应该做到三点：一是能级的确定必须保证管理结构具有最大的稳定性；二是人才的配备必须对应，根据单位和个人能量的大小安排其工作，使人各尽其才，各尽所能；三是责、权、利应做到能级对等，在赋予责任的同时授予权力和给予利益，才能使其能量得到相应能级的发挥。

2．动力原则

动力原则是指管理必须有能够激发人的工作能力的动力，才能使管理活动持续、有效地进行下去。对于管理系统而言，基本动力主要有3类：物质动力、精神动力和信息动力。

（1）物质动力是以适当的物质利益刺激人的行为动机。物质动力是根本动力，不仅是物质刺激，更重要的是经济效益。

（2）精神动力是运用理想、信念、鼓励等精神力量刺激人的行为动机。精神动力可以补偿物质动力的缺陷，并且在特定的情况下，它也可以成为决定性动力。当物质越来越丰富的时候，越要给人精神鼓励。

（3）信息动力则通过信息的获取与交流产生奋起直追或领先他人的动机。

科学地按劳分配，根据每个人贡献大小而给予相应的工资收入、奖金、生活待遇，为员工提供良好的物质工作环境和生活条件，这些都是动力原则在实际工作中的应用。

运用动力原则时，首先要注意综合协调运用3种动力，其次要正确认识和处理个体动力与集体动力的辩证关系，第三要处理好暂时动力与持久动力之间的关系，最后则应掌握好各种刺激量的阈值。只有这样，水利安全生产监督管理工作才能取得良好效果。

3. 激励原则

激励原则就是利用某种外部诱因的刺激调动人的积极性和创造性。以科学的手段，激发人的内在潜力，使其充分发挥出积极性、主动性和创造性。

人发挥其积极性的动力来源于内在动力、外部压力和工作吸引力。内在动力指人本身具有的奋斗精神；外部压力指外部施加于人的某种力量；工作吸引力指那些能够使人产生兴趣和爱好的某种力量。

主要的激励方法有：目标激励、榜样激励、理想激励、赏罚激励等方法。运用激励原则时，要采用符合人的心理活动和行为活动规律的各种有效的激励措施和手段，并且要因人而异，科学合理地采用各种激励方法和激励强度，从而最大限度地激发人的内在潜力。

三、强制原理

（一）强制原理定义

强制原理是指采取强制管理的手段控制人的意愿和行动，使个人的活动、行为等受到安全生产管理要求的约束，从而实现有效的安全生产管理。

一般来说，管理均带有一定的强制性。管理是管理者对被管理者施加作用和影响，并要求被管理者服从其意志，满足其要求，完成其规定的任务的活动，这显然带有强制性。强制可以有效地控制管理者的行为，将其调动到符合整体管理利益和目的的轨道上来。

安全生产管理更需要具有强制性，这是基于以下三个原因：

（1）事故损失的偶然性。由于事故的发生及其造成的损失具有偶然性，并不一定马上会产生灾害性的后果，这样会使人忽视安全工作，使得不安全行为和不安全状态继续存在，直至发生事故，悔之已晚。

（2）人的“冒险”心理。这里所谓的“冒险”是指某些人为了获得某种利益而甘愿冒受到伤害的风险。持有这种心理的人不恰当地估计了事故潜在的可能性，心存侥幸，冒险心理往往会使人产生有意识的不安全行为。

（3）事故损失的不可挽回性。这一原因可以说是安全生产管理需要强制性的根本原因。事故损失一旦发生，往往会造成永久性的损害，尤其是人的生命和健康，更是无法弥补。

安全生产管理强制性的实现，离不开严格、合理的安全生产法律法规、标准规范和规章制度。同时，还要有强有力的安全生产管理和监督体系，以保证被管理者始终按照行为规范进行活动，一旦其行为超出规范的约束，就要有严厉的惩处措施。

（二）强制原理的运用原则

1. 安全第一原则

安全第一原则就是要求在进行生产和其他活动时，把安全工作放在一切工作的首要位置。当生产和其他工作与安全发生矛盾时，要以安全为主，生产和其他工作要服从安全。

作为强制原理范畴中的一个原则，安全第一应该成为企业的统一认识和行动准则，各级领导和全体员工在从事各项工作中都要以安全为根本，把安全生产作为衡量企业工作好坏的一项基本内容，作为一项有“否决权”的指标，不安全不准进行生产。

企业安全生产管理工作坚持安全第一原则，就要建立和健全各级安全生产责任制，从组织上、思想上、制度上切实把安全工作摆在首位，常抓不懈，形成“标准化、制度化、经常化”的安全工作体系。

2. 监督原则

监督原则是指在安全工作中，为了使安全生产法律法规得到落实，必须明确安全生产监督职责，对企业生产中的守法和执法情况进行监督。

只要求执行系统自动贯彻实施安全生产法律法规，而缺乏强有力的监督系统去监督执行，法律法规的强制威力是难以发挥的。在这种情况下，必须建立专门的安全生产管理机构，配备合格的安全生产管理人员，赋予必要的强制威力，以保证其履行监督职责，才能保证安全管理工作落到实处。

监督原则的应用在实际安全管理中具有重要的作用。例如，某水利水电工程建设施工现场，张某在高台进行拆除作业，未戴安全帽，也未采取其他任何安全防护措施。安全检查人员发现后，立即向其发出警告，并要求他立刻停工，采取安全防护措施后才可继续作业。张某听从指示，佩戴好安全帽、安全带，继续作业。即将完工时，张某突然站立不稳，从平台上坠落，因其佩戴了安全带和安全帽，身上只有轻微擦伤，并无大碍。如果当时没有安全检查人员的及时制止，后果将不堪设想。

四、预防原理

（一）预防原理定义

预防原理是指安全生产管理工作应当以预防为主，即通过有效的管理和技术手段，防止人的不安全行为和物的不安全状态出现，从而使事故发生的概率降到最低。

为了使预防工作真正起到作用，水利工程建设施工单位一方面要重视经验的积累，对既成事故和大量的未遂事故（险肇事故）进行统计分析，从中发现规律，做到有的放矢；另一方面要采用科学的安全分析、评价方法，对生产中人和物的不安全因素及其后果做出准确的判断，从而实施有效的对策，预防事故的发生。

（二）预防原理的运用原则

1. 偶然损失原则

偶然损失原则是指事故所产生的后果（人员伤亡、健康损害、物质损失等）以及后果的严得程度都是随机的，是难以准确预测的。反复发生的同类事故，并不一定产生相同的后果。

没有造成职业病、伤害、财产损失或其他损失的事件称为险肇事故或未遂事故。但若再次发生完全类似的事故，会造成多大的损失，只能由偶然性决定而无法预测。

美国学者海因里希根据跌倒人身事故调查统计得到了这样结果：对于跌倒这样的事故，如果反复发生，则存在这样的后果：在330次跌倒中，无伤害300次，轻伤29次，重伤1次，这就是著名的海因里希法则，或者称为1∶29∶300法则。该法则指出了事故与伤害后果之间存在着偶然性的概率原则。

根据事故损失的偶然性，可得到安全生产管理上的偶然损失原则：无论事故是否造成了损失，为了防止事故损失的发生，必须采取措施防止事故再次发生。偶然损失原则强调，在安全生产管理实践中，必须重视包括险肇事故的各类事故，才能真正防止事故发生。

2. 因果关系原则

因果关系原则是指事故的发生是许多因素互为因果连续发生的最终结果，只要诱发事故的因素存在，发生事故是必然的，只是时间或早或迟而已。

一个因素是前一因素的结果，而又是后一因素的原因，环环相扣，导致事故的发生。事故的因果关系决定了事故发生的必然性，即事故因素及其因果关系的存在决定了事故或早或迟，但必然要发生。比如在水利水电工程建设施工现场，有些员工长期不戴安全帽违章作业，一直没出什么事故，他们也一直毫不在乎。但是一旦出现意外情况，比如高处有落物、边坡出现落石等，没有安全帽的保

护，后果将不堪设想。

为更好地预防、控制事故，要从事故的因果关系中认识必然性，发现事故发生的规律性，变不安全条件为安全条件，把事故消灭在早期起因阶段。

3. 3E 原则

3E 原则是针对造成人的不安全行为和物的不安全状态所采取的三种防止对策，即工程技术（Engineering）对策、教育（Education）对策和法制（Enforcement）对策。

工程技术对策是运用工程技术手段消除生产设施设备的不安全因素，改善作业环境条件，完善防护与报警装置；实现生产条件的安全和卫生，如消除危险源、限制能量或危险物质、隔离等。

教育对策是提供各种层次的、各种形式和内容的教育和训练，使职工牢固树立“安全第一”的思想，掌握安全生产所必需的知识和技能，如安全态度教育、安全知识教育（管理、技术）和技能教育。

法制对策是利用安全生产法律法规、标准规范以及规章制度等必要的强制性手段约束人们的行为，从而达到消除不重视安全、违章作业等现象的目的，如安全检查、安全审查等。

在应用 3E 原则时，应该针对造成人的不安全行为和物的不安全状态的原因，综合、灵活地运用这三种对策，不要片面强调其中某一个对策。具体改进的顺序是：首先是工程技术措施，然后是教育训练，最后才是法制。

4. 本质安全化原则

本质安全化原则是指从一开始和本质上实现了安全化，就可从根本上消除事故发生的可能性，从而达到预防事故发生的目的。

以双手操作式安全装置为例，双手操纵式安全装置是将滑块的下行程运动与对双手的限制联系起来，强制操作者必须双手同时推按操纵器时滑块才向下运动。此间，如果操纵者哪怕有一只手离开或双手都离开操纵器，在手伸入危险区之前，滑块停止下行程或超过下死点，使双手没有机会进入危险区域，从而避免受到伤害。

本质安全化的概念不仅可应用于设备、设施的本质安全化，还可以扩展到诸如新建工程项目，新技术、新工艺、新材料的应用，甚至包括人们的日常生活等各个领域中。

五、责任原理

安全生产管理的责任原理是指在安全生产管理活动中，为实现管理过程的有效性，管理工作需要在合理分工的基础上，明确规定各级部门和个人必须完成的工作任务和必须承担的相应责任。责任原理与整分合原则相辅相成，有分工就必须有各自的责任，否则所谓的分工就是“分”而无“工”。

责任通常可以从以下两个层面来理解：

（1）责任主体方对客体方承担必须承担的任务，完成必须完成的使命和工作，如员工的义务、岗位职责等。

（2）责任主体没有完成分内的工作而应承担的后果或强制性义务，如担负责任、承担后果。

责任既包含个人的责任，又包含单位（集体）的责任。在安全生产管理实践中，通常所说的“一岗双责”、“权责对等”都反映了安全生产管理的责任原理，安全生产责任制、事故责任问责制等都是责任原理的具体化。

此外，国际社会推行的 SA8000 社会责任标准，也是责任原理的具体体现。SA8000 是全球首个道德规范国际标准，是以保护劳动环境和条件、保障劳工权利等为主要内容的管理标准体系，其主要内容包括对童工、强迫性劳工、健康与安全、组织工会的自由与集体谈判权、歧视、惩戒性措施、工作时间、工资报酬、管理系统等方面的要求。其中与安全相关的有下列内容：

（1）企业不应使用或者支持使用童工，不得将其置于不安全或不健康的工作环境或条件下。

（2）企业应具备避免各种工业与特定危害的知识，为员工提供健康、安全的工作环境，采取足够的措施，最大限度地降低工作中的危害隐患，尽量防止意外或伤害的发生；为所有员工提供安全卫生的生活环境，包括干净的浴室、厕所、可饮用的水；洁净安全的宿舍；卫生的食品存储设备等。

（3）企业支付给员工的工资不应低于法律或行业的最低标准，必须足以满足员工基本需求，对工资的扣除不能是惩罚性的。

SA8000规定了企业必须承担的对社会和利益相关者的责任，其中有许多与安全生产紧密相关。目前，我国的许多企业均发布了年度社会责任报告。

在安全生产管理活动中，运用责任原理，应建立健全安全生产责任制，在责、权、利、能四者相匹配的前提下，构建落实安全生产责任的保障机制，促使安全生产责任落实到位，并强制性地实施安全问责，做到奖罚分明，激发和引导员工的责任心。

第三节 事故致因理论

事故致因理论是从大量典型事故的本质原因中分析、提炼出的事故机理和事故模型。这些机理和模型反映了事故发生的规律性，能够为事故原因的定性、定量分析及事故的预防，提供科学依据。在此主要介绍以下三种事故致因理论。

一、事故因果连锁理论

（一）海因里希事故因果连锁理论

事故因果连锁理论最早由海因里希提出，该理论阐明了导致伤亡事故的各种因素之间，以及这些因素与伤害之间的关系。

该理论的核心思想是：伤亡事故的发生不是一个孤立的事件，而是一系列原因事件相继发生的结果，即伤害与各原因相互之间具有连锁关系。

海因里希提出的事故因果连锁过程包括以下五个因素：

（1）遗传及社会环境（M）。遗传及社会环境是造成人的缺点的原因。遗传因素可能使人具有鲁莽、固执、粗心等对于安全来说属于不良的性格；社会环境可能妨碍人的安全素质培养，助长不良性格的发展。这是因果链上最基本的因素。

（2）人的缺点（P）。人的缺点是由于遗传和社会环境因素所造成的，是使人产生不安全行为或造成物的不安全状态的原因。这些缺点既包括诸如鲁莽、固执、易过激、神经质、轻率等性格上的先天缺陷，也包括诸如缺乏安全生产知识和技能等的后天不足。

（3）人的不安全行为或物的不安全状态（H）。这两者是造成事故的直接原因。海因里希认为，人的不安全行为是由于人的缺点而产生的，是造成事故的主要原因。

（4）事故（D）。事故是使人员受到或可能受到伤害的出乎意料的、失去控制的事件。

（5）伤害（A）。即直接由事故产生的人身伤害。

上述事故因果连锁关系，可以用5块多米诺骨牌来形象地描述，如图1-4所示。

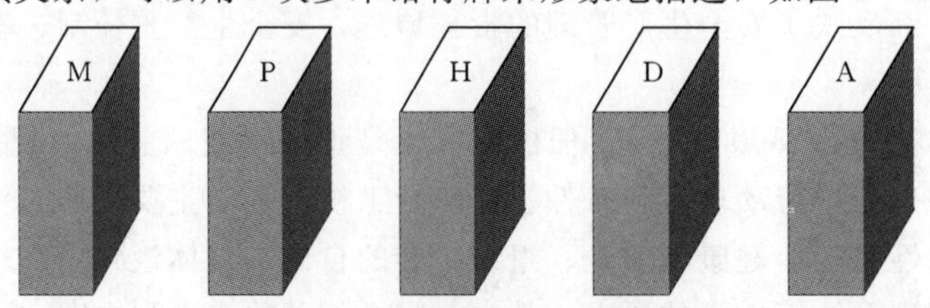

图1-4 海因里希事故因果连锁关系图

该理论积极的意义在于，如果移去因果连锁中的任一块骨牌，则连锁被破坏，事故过程被中止。海因里希认为，企业安全工作的中心就是要移去中间的骨牌——防止人的不安全行为或消除物的不安全状态，从而中断事故连锁的进程，避免伤害的发生。海因里希事故连锁过程中断。如图1-5所示。

海因里希的理论对事故致因连锁关系的描述过于绝对化、简单化。事实上，各个骨牌（因素）之间的连锁关系是复杂的、随机的。前面的牌倒下，后面的牌不一定倒下。事故并不一定造成伤害，不安全行为或不安全状态也并不一定造成事故。尽管如此，海因里希的理论促进了事故致因理论的发展，成为事故研究科学化的先导，具有重要的历史地位。

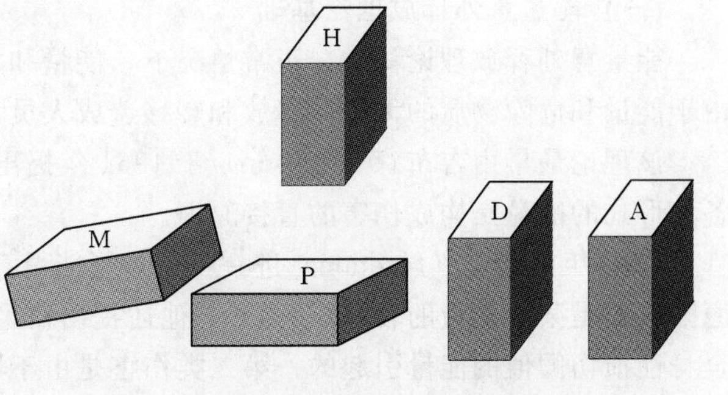

图1-5　海因里希事故连锁过程中断图

（二）博德事故因果连锁理论

在海因里希事故因果连锁中，把遗传和社会环境看作事故的根本原因，表现出了它的时代局限性。尽管遗传因素和人成长的社会环境对人员的行为有一定的影响，却不是影响人员行为的主要因素。在企业中，若管理者能充分发挥管理控制技能，则可以有效控制人的不安全行为、物的不安全状态。博德（Frank Bird）在海因里希事故因果连锁理论的基础上，提出了与现代安全观点更加吻合的事故因果连锁理论。

博德事故因果连锁过程同样为5个因素，但每个因素的概念与海因里希的有所不同：

（1）管理失误。企业管理者必须认识到，只要生产没有实现本质安全化，就有发生事故及伤害的可能性，因此，安全生产管理是企业管理的重要一环。安全生产管理系统要随着生产的发展变化而不断调整完善，十全十美的管理系统不可能存在。由于安全管理上的缺陷，致使能够造成事故的其他原因出现。

（2）个人原因及工作条件。个人原因及工作条件是事故的基本原因。个人原因包括缺乏安全知识或技能，行为动机不正确，生理或心理有问题等；工作条件原因包括安全操作规程不健全，设备、材料不合适，以及存在有害作业环境因素等。只有找出并控制这些原因，才能有效地防止后续原因的发生，从而防止事故的发生。

（3）人的不安全行为或物的不安全状态。人的不安全行为或物的不安全状态是事故的直接原因。直接原因只是一种表面现象，是深层次原因的表征。在实际工作中，不能停留在这种表面现象上，而要追究其背后隐藏的管理上的缺陷，并采取有效的控制措施，从根本上杜绝事故的发生。

（4）事故。这里的事故被看作是人体或物体与超过其承受阈值的能量接触，或人体与妨碍正常生理活动的物质的接触。因此，防止事故就是防止接触。可以通过对装置、材料、工艺等的改进来防止能量的释放，或者训练工人提高识别和回避危险的能力，佩戴劳动防护用品等来防止接触。

（5）损失。人员伤害及财物损坏统称为损失。人员伤害包括工伤、职业病、精神创伤等。在许多情况下，可以采取恰当的措施，最大限度地减小事故造成的损失。

（三）亚当斯事故因果连锁理论

亚当斯（Edward Adams）提出了一种与博德事故因果连锁理论类似的因果连锁模型。

在该理论中，把人的不安全行为和物的不安全状态称作现场失误，其目的在于提醒人们注意不安全行为和不安全状态的性质。

亚当斯理论的核心在于对现场失误的背后原因进行了深入的研究。操作者的不安全行为及生产作业中的不安全状态等现场失误，是由于企业负责人和安全管理人员的管理失误造成的。管理人员在管理工作中的差错或疏忽，企业负责人的决策失误，对企业经营管理及安全工作具有决定性的影响。管理失误又由企业管理体系中的问题所导致，这些问题包括：如何有组织地进行管理工作，确定怎样的管理目标，如何计划、如何实施等。管理体系反映了作为决策中心的领导人的信念、目标及规范，它决定各级管理人员安排工作的轻重缓急、工作基准及方针等重大问题。

二、能量意外释放理论

（一）能量意外释放理论基础

能量意外释放理论认为，正常情况下，能量和危险物质是在有效的屏蔽中做有序的流动，事故是由于能量和危险物质的无控制释放和转移造成人员、设备和环境的破坏。

该理论最早由吉布森（Gibson）于1961年提出，认为事故是一种不正常的或不希望的能量释放，各种形式的能量是构成伤害的直接原因。

1966年由哈登（Haddon）进一步完善了能量意外释放理论，他认为："生物体（人）受伤害的原因只能是某种能量的转移。"此外，他还提出伤害分为两类：第一类伤害是由于施加了超过局部或全身性损伤阈值的能量引起的；第二类伤害是由于影响了局部的或全身性能量交换引起的，主要指中毒窒息和冻伤。

哈登认为，在一定条件下某种形式的能量能否产生伤害，造成人员伤亡事故，取决于能量大小、接触能量时间长短和频率以及力的集中程度。根据能量意外释放，可以利用各种屏蔽来防止意外的能量转移，从而防止事故的发生。

（二）预防事故发生的基本措施

从能量意外释放理论出发，预防伤害事故就是防止能量或危险物质的意外释放，防止人体与过量的能量或危险物质接触。

（1）用安全的能源代替不安全的能源。如在容易发生触电的作业场所，用压缩空气代替电力，可以防止触电事故的发生。

（2）限制能量。限制能量的大小和速度。如利用低压设备防止电击，限制设备运转速度以防止机械伤害。

（3）防止能量的蓄积。如通过良好的接地消除静电蓄积，利用避雷针放电保护重要设施等。

（4）控制能量释放。如建立水闸墙，防止高势能地下水突然涌出等。

（5）延缓释放能量。如采用各种减振装置吸收冲击能量，防止人员受到伤害等。

（6）开辟释放能量的渠道。如安全接地可以防止触电等。

（7）设置屏蔽设施。如安全围栏等。

（8）提高防护标准。如用耐高温、耐高寒、高强度材料制作的劳动防护用品等。

（9）改变工作方式。如搬运作业中以机械代替人工搬运，防止伤脚、伤手等。

三、轨迹交叉理论

（一）轨迹交叉理论基础

轨迹交叉理论的基本思想是：伤害事故是许多相互联系的事件顺序发展的结果。这些事件概括起来不外乎人和物（包括环境）两大发展系列。当人的不安全行为和物的不安全状态在各自发展过程（轨迹）中，在一定时间、空间上发生了接触（交叉），能量转移于人体时，伤害事故就会发生，或能量转移于物体时，物品产生损坏。而人的不安全行为和物的不安全状态之所以产生和发展，又是受多种因素作用的结果。

轨迹交叉理论事故模型如图1-6所示。图中，起因物与致害物可能是不同的物体，也可能是同一个物体；同样，肇事者和受害者可能是不同的人，也可能是同一个人。

轨迹交叉理论反映了绝大多数事故的情况。在实际生产过程中，只有少量的事故仅仅由人的不安全行为或物的不安全状态引起，绝大多数的事故是与二者同时相关的。例如：原日本劳动省通过对50万起工伤事故调查发现，只有约4%的事故与人的不安全行为无关，而只有约9%的事故与物的不安全状态无关。

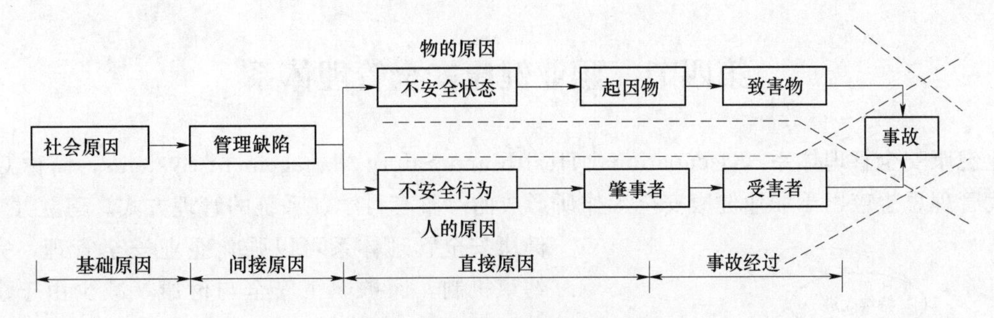

图 1-6 轨迹交叉理论事故模型图

值得注意的是，在人和物两大系列的运动中，两者往往是相互关联、互为因果、相互转化的。有时人的不安全行为促进了物的不安全状态的发展，或导致新的不安全状态的出现；而物的不安全状态可以诱发人的不安全行为。因此，事故的发生可能并不是如图 1-7 所示的那样简单地按照人、物两条运动轨迹独立地运行，而是呈现较为复杂的因果关系。

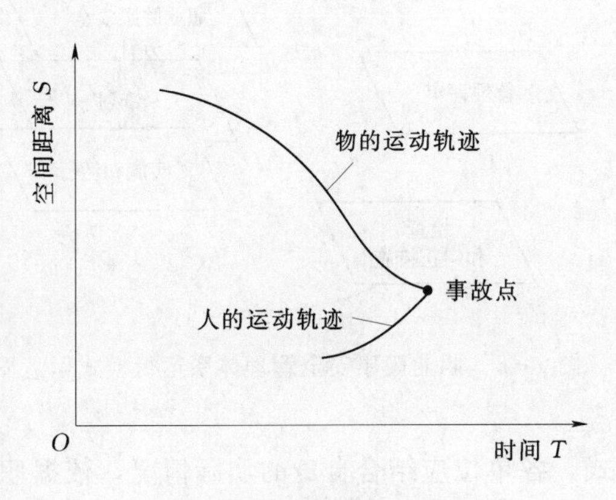

图 1-7 轨迹交叉事故模型

按照轨迹交叉论的观点，构成事故的要素为：人的不安全行为，物的不安全状态和人与物的运动轨迹交叉。根据此理念，可以通过避免人与物两种因素运动轨迹交叉，来预防事故的发生。

(二) 预防事故发生的措施

根据轨迹交叉理论，可以从如下几个方面预防事故的发生。

1. 防止人、物发生时空交叉

不安全行为的人和不安全状态的物的时空交叉点就是事故点。因此，防止事故的根本出路就是避免两者的轨迹交叉。如隔离、屏蔽、尽量避免交叉作业以及危险设备的连锁保险装置等。

2. 控制人的不安全行为

控制人的不安全行为的目的是切断人和物两系列中人的不安全行为的形成系列。人的不安全行为在事故形成的原因中占重要位置。控制人的不安全行为的措施主要有：

(1) 职业适应性选择。由于工作的类型不同，对职工素质的要求亦不同。尤其是职业禁忌症应加倍注意，避免因生理、心理素质的欠缺而发生工作失误。

(2) 创造良好的工作环境。消除工作环境中的有害因素，使机械、设备、环境适合人的工作，使人适应工作环境。这就要按照人机工程的设计原则进行机械、设备、环境以及劳动负荷、劳动姿势、劳动方法的设计。

(3) 加强教育与培训，提高职工的安全素质。实践证明，事故的发生与职工的文化素质、专业技能和安全知识密切相关。加强职工的教育与培训，提高广大职工安全素质，减少不安全行为是一项根本性措施。

(4) 健全管理体制，严格管理制度。加强安全管理必须有健全的组织，完善的制度并严格贯彻执行。

3. 控制物的不安全状态

主要从设计、制（建）造、使用、维修等方面消除不安全因素，控制物的不安全状态，创造本质安全条件。

第四节 职业健康安全管理体系

职业健康安全管理体系（Occupational Health and Safety Management Systems，简称 OHSMS）是将现代管理思想应用于职业健康安全工作所形成的一整套科学、系统的管理方式。建立并实施职业健康安全管理体系可以强化企业安全管理，完善自我约束机制，保护职工安全与健康，减少由于事故造成的生命财产损失。

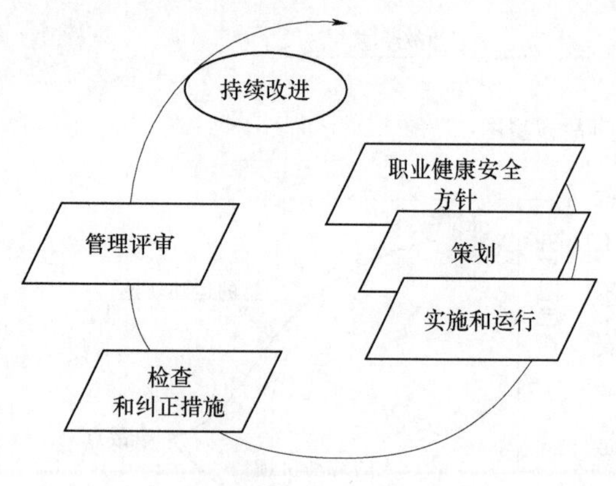

图 1－8 职业健康安全管理体系运行模式示意图

一、职业健康安全管理体系的运行模式

职业健康安全管理体系运行模式采用了戴明模式，主要包括五个环节：职业健康安全方针、策划、实施和运行、检查和纠正措施、管理评审，如图 1－8 所示。

职业健康安全管理体系的核心是建立一个动态的管理过程，以持续改进的思想指导生产经营单位系统地实现其既定的日标。

二、职业健康安全管理体系的基本要素

职业健康安全管理体系作为一种系统化的管理方式，各单位应结合自身的实际情况，依据职业健康安全管理体系的框架，制定适合于本单位的职业健康安全管理体系。根据职业健康安全管理体系的系统模式所包含的基本要素，可确定其包含的基本内容。职业健康安全管理体系基本要素如图 1－9 所示。

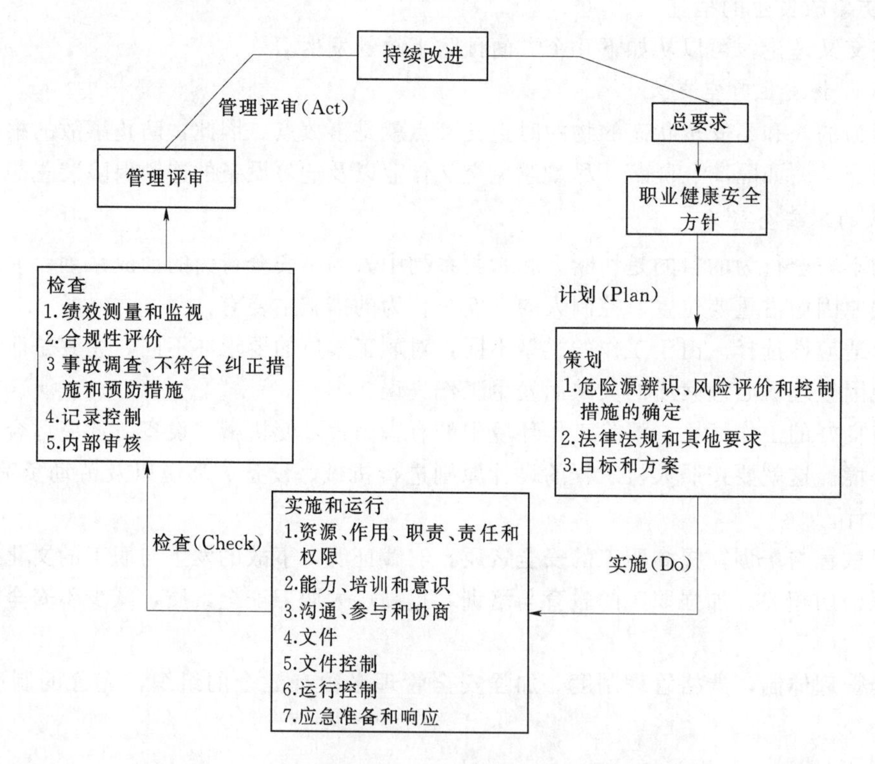

图 1－9 职业健康安全管理体系基本要素构成图

（一）职业健康安全方针

职业健康安全方针要求组织应有一个经最高管理者确定和批准的职业健康方针，该方针应清楚阐

明职业健康安全总目标和改进职业健康安全绩效的承诺，确保职业健康安全方针在界定的职业健康安全管理体系范围内。

（二）策划

策划阶段属于职业健康安全管理体系 PDCA 运行模式的“P”阶段，包括下列 3 个方面。

1. 危险源辨识、风险评价和控制措施的确定

组织应建立、实施和保持进行危险源辨识、风险评价和确定必要的控制措施的程序，并及时更新。

2. 法律法规和其他要求

组织建立并保持法律法规和其他职业健康安全要求程序，并使这些信息处于最新状态，及时传达给员工和其他有关的相关方。

3. 目标和方案

为确保职业健康安全方针的实现，组织应针对内部有关职能和层次，建立并保持形成文件的职业健康安全目标。此外，组织应建立、实施和保持实现其目标的方案。

（三）实施和运行

实施和运行阶段属于职业健康安全管理体系 PDCA 运行模式的“D”阶段，为组织实现职业健康安全方针、目标制定了具体的措施，包括下列 7 个方面。

1. 资源、作用、职责、责任和权限

最高管理者应对职业健康安全和职业健康安全管理体系承担最终责任，并且最高管理者及工作场所的人员都要承担特定的职业健康安全职责，并通过一定的方式证实其承诺。

2. 能力、培训和意识

组织对影响职业健康安全的工作人员建立文件化的程序，在相应的教育、培训或经历方面，对其能力作出适当的规定。

3. 沟通、参与和协商

组织应建立程序，确保员工和其他相关方就相关职业健康安全信息进行相互交流、沟通，并参与相关内容的协商。

4. 文件

组织应建立相关的职业健康安全管理体系文件，如：职业健康安全方针和目标、对职业健康安全管理体系覆盖范围的描述等。

5. 文件控制

为确保各场所获得并使用正确、有效的使用文件，组织应建立和保持程序，控制本标准所要求的所有文件。

6. 运行控制

组织首先要识别与所认定的、需要采取控制措施的风险有关的运行和活动，然后对识别出的运行和活动进行策划，使之在受控条件下进行。

7. 应急准备和响应

组织应建立并保持计划和程序，以识别潜在的事件或紧急情况，并作出响应，以便预防和减少可能随之引发的疾病和伤害。组织应评审这些程序，如果可行，组织还应定期测试这些程序。

（四）检查

检查阶段属于职业健康安全管理体系 PDCA 运行模式的“C”阶段，包括下列 5 个方面。

1. 绩效测量和监视

组织应建立并保持程序，对职业健康安全绩效进行常规监视和测量。如果需要设备，组织应建立并保持程序，对此类设备进行校准和维护，并保存校准、维护及其结果的记录。

2. 合规性评价

组织应建立、实施并保持程序，以定期评价对适用法律法规和其他要求的遵守情况，并保存定期评价结果的记录。

3. 事件调查、不符合、纠正措施和预防措施

组织应建立、实施并保持程序，记录、调查和分析事件，处理实际和潜在的不符合，并采取纠正措施和预防措施。

4. 记录控制

组织应建立并保持必要的记录，用于证实符合职业健康安全管理体系要求，以及所实现的结果。

5. 内部审核

组织应确保按照计划的时间间隔对职业健康安全管理体系进行内部审核，并确保审核过程的客观性和公正性。

(五) 管理评审

管理评审阶段属于职业健康管理体系 PDCA 运行模式的"A"阶段。组织的最高管理者应按规定的时间间隔对职业健康安全管理体系进行评审，以确保体系的持续适宜性、充分性和有效性。评审应包括评价改进的可能性和对职业健康安全管理体系进行修改的需求，并保存管理评审记录。

本章思考题

1. 简述安全、安全生产、安全生产管理的概念。
2. 什么是广义的本质安全？
3. 危险因素和有害因素，两者有何区别？试举两例。
4. 简述事故隐患的概念，事故隐患如何分级？
5. 简述安全生产管理的基本原理及各自的应用原则。
6. 简述海因里希事故因果连锁理论的基本思想。
7. 简述轨迹交叉理论的基本思想以及预防事故发生的措施。
8. 根据能量意外释放理论，结合本单位实际情况，简述预防事故发生的措施。
9. 简述职业健康安全管理体系的基本要素。

第二章　水利安全生产法规及技术标准

本章内容提要

本章简要介绍了安全生产法律法规的有关概念、安全生产法律体系基本框架及相关的国际公约等，并重点讲述了水利工程相关安全生产法律规范、规范性文件和安全生产标准，在此基础上概括总结了水利工程安全生产法律责任，包括安全生产法律责任形式和典型违法行为的处理规定。

我国政府一直高度重视安全生产工作，采取了一系列重大举措加强安全生产工作，颁布实施了《安全生产法》、《中华人民共和国水法》（主席令第七十四号，以下简称《水法》）、《安全生产许可证条例》（国务院令第397号）、《建设工程安全生产管理条例》（国务院令第393号）、《水库大坝安全管理条例》（国务院令第77号）等法律法规，完善了水利安全生产法律法规体系。水利安全生产法律法规是水利安全生产监督管理的重要依据，水利安全生产监督管理人员应了解有关水利安全生产法律法规和标准规范，不断提高安全生产的法律意识，提高水利安全生产监督管理水平。

第一节　安全生产法律体系

一、基本概念

（一）法的概念

法的概念有广义与狭义之分。广义的法是指国家按照统治阶级的利益和意志制定或者认可，并由国家强制力保证其实施的行为规范的总和。狭义的法是指具体的法律规范，包括宪法、法律、行政法规、地方性法规、行政规章、习惯法等各种成文法和不成文法。

成文法是指一定的国家机关依照一定程序制定的、以规范性文件的形式表现出来的法，这些法具有直接的法律效力。国际条约也属于成文法的范畴，对缔约国具有约束力。我国社会主义法的形式以成文法为主。

（二）安全生产法规

安全生产法规是指调整在生产过程中产生的同劳动者或生产人员的安全与健康以及生产资料和社会财富安全保障有关的各种社会关系的法律规范的总和。

这里所说的安全生产法规是指有关安全生产的法律、条例、规章、规定等各种规范性文件的总称。它可以表现为享有国家立法权的机关制定的法律，也可以表现为国务院及其所属的部、委员会发布的行政法规、决定、规章、规定、办法以及地方政府发布的地方性法规等。

（三）安全生产法律体系

法律体系，通常指一个国家全部现行法律规范按照不同的法律部门分类组合而形成的有机联系的统一整体。

安全生产法律体系，是指我国全部现行的、不同的安全生产法律规范形成的有机联系的统一整体。

二、安全生产法律体系基本框架

安全生产法律体系是一个包含多种法律形式和法律层次的综合性系统，从法律规范的形式和特点来讲，既包括作为整个安全生产法律法规基础的宪法，也包括行政法律规范、技术性法律规范、程序性法律规范。

（一）安全生产法律法规的形式

我国的安全生产法律体系包括宪法、安全生产法律、安全生产行政法规、安全生产地方性法规（自治条例或单行条例）和安全生产规章。

1.《中华人民共和国宪法》

《中华人民共和国宪法》（以下简称《宪法》）是我国的根本大法。《宪法》是安全生产法律体系框架的最高层级，是“加强劳动保护，改善劳动条件”有关安全生产方面最高法律效力的规定。

2. 安全生产法律

法律由国家最高权力机关——全国人民代表大会及其常务委员会根据宪法来制定、审议通过和公布。我国的安全生产法律包括《安全生产法》和与它平行的专门法律和相关法律。

（1）基础法。《安全生产法》是安全生产的基础法，是综合规范安全生产法律制度的法律，它适用于所有生产经营单位，是我国安全生产法律体系的核心。

（2）专门法。专门安全生产法律是规范某专业领域安全生产法律制度的法律。我国在专业领域的法律有《中华人民共和国消防法》（主席令第六号，以下简称《消防法》）、《中华人民共和国矿山安全法》（主席令第六十五号，以下简称《矿山安全法》）、《中华人民共和国道路交通安全法》（主席令第四十七号，以下简称《道路交通安全法》）等。

（3）相关法。与安全生产有关的法律是安全生产专门法律以外的其他法律中涵盖有安全生产内容及与安全生产监督执法工作有关的法律，如《中华人民共和国标准化法》（主席令第十一号，以下简称《标准化法》）、《中华人民共和国劳动法》（主席令第二十八号，以下简称《劳动法》）、《中华人民共和国职业病防治法》（主席令第五十二号，以下简称《职业病防法治法》）、《水法》、《中华人民共和国建筑法》（主席令第四十六号，以下简称《建筑法》）等。

3. 安全生产行政法规

安全生产行政法规是由国家最高行政机关——国务院根据宪法和法律制定并批准发布的，是为实施安全生产法律或规范安全生产监督管理制度而制定并颁布的一系列具体规定，是安全生产和监督管理的重要依据，我国已颁布了多部安全生产行政法规，如《建设工程安全生产管理条例》（国务院令第393号）、《安全生产许可证条例》（国务院令第397号）、《危险化学品安全管理条例》（国务院令第591号）、《生产安全事故报告和调查处理条例》（国务院令第493号）等。

4. 安全生产地方性法规

安全生产地方性法规是指由有立法权的地方权力机关——地方人民代表大会及其常务委员会和地方人民政府依照法定职权和程序制定和颁布的、施行于本行政区域的安全生产规范性文件，是由法律授权制定的，是对国家安全生产法律、法规的补充和完善。安全生产地方性法规以解决本地区的安全生产问题为目标，其有较强的针对性和可操作性。如《北京市安全生产条例》（北京市人民代表大会常务委员会第24号）。

5. 安全生产规章

根据《中华人民共和国立法法》（主席令第三十一号，以下简称《立法法》）的规定，国务院各部、委员会、中国人民银行、审计署和具有行政管理职能的直属机构，可以根据法律和国务院的行政法规、决定、命令，在本部门的权限范围内，制定规章。省、自治区、直辖市和较大的市的人民政府，可以根据法律、行政法规和本省、自治区、直辖市的地方性法规，制定规章。

安全生产规章分为部门规章和地方政府规章。

（1）部门规章。安全生产部门规章是由国务院有关部门依据安全生产法律、行政法规的规定或者国务院的授权制定发布的，如《水利工程建设安全生产管理规定》（水利部令第26号）、《安全生产违

法行为行政处罚办法》（国家安监总局令第15号）等。安全生产部门规章作为安全生产法律法规的重要补充，在我国安全生产中起着十分重要的作用。

（2）地方政府规章。省、自治区、直辖市和较大的市的人民政府，可以根据法律、行政法规和本省、自治区、直辖市的地方性法规，制定规章，如《河北省民用爆炸物品安全管理实施办法》（河北省人民政府令〔2008〕第4号）、《广西壮族自治区劳动保障监察办法》（广西壮族自治区人民政府令第37号）、《天津市海上交通安全管理规定》（天津市人民政府令第20号）。安全生产地方政府规章一方面从属于法律和行政法规，另一方面又从属于地方法规，并且不能与它们相抵触。

（二）安全生产法律的划分

安全生产法的分类有不同标准，按照不同标准对安全生产法律所划分的类别不同。

1. 从法的不同层级上，可分为上位法和下位法

上位法是指法律地位、法律效力高于其他相关法的立法。下位法相对于上位法而言，是指法律地位、法律效力低于相关上位法的立法。不同的安全生产立法对同一类或者同一个安全生产行为做出不同法律规定的，以上位法的规定为准，适用上位法的规定。上位法没有规定的，可以适用下位法。下位法的数量一般多于上位法。

法的层级不同，其法律地位和法律效力也不同。安全生产法律的法律地位和法律效力高于安全生产行政法规、地方性法规、规章；安全生产行政法规的法律地位和法律效力低于安全生产法律，但高于安全生产地方性法规、安全生产规章；安全生产地方性法规的法律地位和法律效力低于安全生产法律、行政法规，高于本级和下级地方政府安全生产规章；部门安全生产规章的法律效力低于安全生产法律、行政法规，部门规章之间、部门规章与地方政府规章之间具有同等效力，在各自的权限范围内施行。

2. 从同一层级的法的效力上，可分为普通法与特殊法

我国的安全生产法律体系在同一层级的安全生产立法中可分为普通法与特殊法，两者调整对象和适用范围各有侧重，相辅相成、缺一不可。普通法是适用于安全生产领域中普遍存在的基本问题、共性问题的法律规范，如《安全生产法》是安全生产领域的普通法，它所确定的安全生产基本方针原则和基本法律制度普遍适用于生产经营活动的各个领域。特殊法是适用于某些安全生产领域独立存在的特殊性、专业性问题的法律规范，比普通法更专业、更具体、更有可操作性，如《消防法》、《道路交通安全法》等特殊法。同一层级的安全生产立法对同一类问题的法律适用上，适用特殊法优于普通法的原则。

3. 从法的内容上，可分为综合性法和单行法

安全生产法律规范的内容十分丰富。综合性法不受法律规范层级的限制，将各个层级的综合性法律规范看作一个整体，适用于安全生产的主要领域或者某一领域的主要方面。单行法的内容只涉及某一领域或者某一方面的安全生产问题。在一定条件下，综合性法与单行法的区分是相对的、可分的。《安全生产法》属于安全生产领域的综合性法律，其内容涵盖了安全生产领域的主要方面和基本问题。与其相对，《矿山安全法》是单独适用于矿山开采安全生产的单行法律。但就矿山开采安全生产的整体而言，《矿山安全法》又是综合性法，各个矿种开采安全生产的立法则是矿山安全立法的单行法。

（三）安全生产法律规范的适用

根据《立法法》的有关规定，安全生产法律、行政法规、地方性法规、行政规章之间存在冲突时，按下列原则适用。

（1）同一机关制定的法律、行政法规、地方性法规、自治条例和单行条例、规章，特别规定与一般规定不一致的，适用特别规定；新的规定与旧的规定不一致的，适用新的规定。

（2）法律之间对同一事项的新的一般规定与旧的特别规定不一致，不能确定如何适用时，由全国

人民代表大会常务委员会裁决。

(3) 行政法规之间对同一事项的新的一般规定与旧的特别规定不一致，不能确定如何适用时，由国务院裁决。

(4) 地方性法规、规章之间不一致，同一机关制定的新的一般规定与旧的特别规定不一致时，由制定机关裁决。

(5) 地方性法规与部门规章之间对同一事项的规定不一致，不能确定如何适用时，由国务院提出意见，国务院认为应当适用地方性法规的，应当决定在该地方适用地方性法规的规定；认为应当适用部门规章的，应当提请全国人民代表大会常务委员会裁决。

(6) 部门规章之间、部门规章与地方政府规章之间对同一事项的规定不一致时，由国务院裁决。根据授权制定的法规与法律规定不一致，不能确定如何适用时，由全国人民代表大会常务委员会裁决。

三、国际公约

国际公约是国际劳工大会通过的法律性文件，它对批准的缔约国有效。凡经我国政府批准加入的国际劳工公约，除其中我国声明保留的条款外，我国应保证实施。

目前，我国政府批准加入的国际公约已有20多部，其中与安全生产有关的主要有下列公约：

(1)《职业安全和卫生公约》(国际劳工组织1981年第155号公约) 该条约要求批准本公约的会员国制定、实施并定期评审国家职业安全卫生和工作环境方针，实现在合理可行的范围内，把工作环境中存在的危险因素减少到最低限度，预防源于工作、与工作相关或在工作过程中可能发生的事故和对健康的危害。该条约必须考虑工作环境中各种要素的协调管理，要素之间的关系，培训、交流与合作，以及工人及其代表遵照方针，按照规定的措施要求，采取恰当的行动获取保护。

(2)《建筑业安全卫生公约》(国际劳工组织1988年第167号公约) 该条约要求会员国应参照国际标准制定有关建筑业安全健康的法律和条例并使之生效，在建筑施工中应明确雇主、工程技术人员和工人为保证安全生产所应负的责任，确保建筑工地安全健康的工作条件。公约还对建筑施工工作场地、机械、作业方式以及工人的个人防护和急救措施等做了具体规定。该条约主要内容有范围和定义、一般规定、预防和保护措施、执行、最后条款，全文共44条。我国政府于2001年10月批准；同时声明在中华人民共和国政府另行通知前，该条约暂不适用于香港特别行政区。

(3)《作业场所安全使用化学品公约》(国际劳工组织1990年第170号公约)：该条约要求会员国制定和实施一项有关作业场所安全使用化学品的政策，制定关于作业场所安全使用化学品的连续性政策，并进行定期检查。该条约主要内容有范围和定义、总则、分类和有关措施、雇主的责任、工人的义务、工人及其代表的权利、出口国的责任。我国于1994年10月通过、批准。

(4)《预防重大工业事故公约》(国际劳工组织1993年第174号公约) 该条约要求会员国应制定、实施并定期检讨有关保护工人、公众和环境免于重大事故风险的国家一贯政策，须通过为重大危害设置制定预防和保护措施来实施这一政策，并酌情使用最佳安全技术；根据国家法律和条例或国际标准，主管当局或经主管当局批准或认可的机构，在同最有代表性的雇主组织和工人组织及可能受到影响的其他有关各方协商之后，须制定出一套制度，以识别重大危害设置，定期检查并对有关制度进行修订。该条约包括范围和定义、总则、雇主的责任、主管当局的责任、最后条款。

第二节　水利安全生产法律规范

水利安全生产法律、行政法规、部门规章及标准，是水利安全生产监督管理的重要依据。下面对水利安全生产相关的主要法律、行政法规、部门规章做如下介绍。

一、水利安全生产相关法律

(一)《中华人民共和国安全生产法》

《安全生产法》是中华人民共和国成立以来第一部全面规范安全生产的专门法律。这部法律于2002年6月29日第九届全国人民代表大会常务委员会第二十八次会议通过，自2002年11月1日起施行，是我国安全生产法律法规的主体法。2014年8月31日中华人民共和国第十二届全国人民代表大会常务委员会第十次会议通过了《全国人民代表大会常务委员会关于修改〈中华人民共和国安全生产法〉的决定》，新修改的《安全生产法》将于2014年12月1日起施行。

1. 总体要求

(1) 立法目的。

第一条 为了加强安全生产工作，防止和减少生产安全事故，保障人民群众生命和财产安全，促进经济社会持续健康发展，制定本法。

(2) 适用范围。

第二条 在中华人民共和国领域内从事生产经营活动的单位（以下统称生产经营单位）的安全生产，适用本法；有关法律、行政法规对消防安全和道路交通安全、铁路交通安全、水上交通安全、民用航空安全另有规定的，适用其规定。

2. 主要规定

《安全生产法》的主要内容包括对生产经营单位主要负责人的安全生产职责、安全生产资金投入、安全管理机构人员设置、安全教育培训、考核与持证上岗、劳动防护用品、安全警示标志的设置、安全设施“三同时”、事故报告、从业人员权利和义务等方面做了规定，为生产经营活动提供了全面的法律依据和法律保障。

(1) 安全管理机构人员的规定。

第二十一条 矿山、金属冶炼、建筑施工、道路运输单位和危险物品的生产、经营、储存单位，应当设置安全生产管理机构或者配备专职安全生产管理人员。

前款规定以外的其他生产经营单位，从业人员超过一百人的，应当设置安全生产管理机构或者配备专职安全生产管理人员；从业人员在一百人以下的，应当配备专职或者兼职的安全生产管理人员。

(2) 安全教育培训、考核与持证上岗的规定。

第二十五条 生产经营单位应当对从业人员进行安全生产教育和培训，保证从业人员具备必要的安全生产知识，熟悉有关的安全生产规章制度和安全操作规程，掌握本岗位的安全操作技能，了解事故应急处理措施，知悉自身在安全生产方面的权利和义务。未经安全生产教育和培训合格的从业人员，不得上岗作业。

第二十六条 生产经营单位采用新工艺、新技术、新材料或者使用新设备，必须了解、掌握其安全技术特性，采取有效的安全防护措施，并对从业人员进行专门的安全生产教育和培训。

第二十七条 生产经营单位的特种作业人员必须按照国家有关规定经专门的安全作业培训，取得相应资格，方可上岗作业。

(3)“三同时”的规定。

第二十八条 生产经营单位新建、改建、扩建工程项目的安全设施，必须与主体工程同时设计、同时施工、同时投入生产和使用。安全设施投资应当纳入建设项目概算。

(4) 设置安全警示标志的规定。

第三十二条 生产经营单位应当在有较大危险因素的生产经营场所和有关设施、设备上，设置明显的安全警示标志。

(5) 安全设备维护、保养、检测的规定。

第三十三条 安全设备的设计、制造、安装、使用、检测、维修、改造和报废，应当符合国家标准或者行业标准。

生产经营单位必须对安全设备进行经常性维护、保养，并定期检测，保证正常运转。维护、保养、检测应当作好记录，并由有关人员签字。

(6) 特种设备安全的规定。

第三十四条　生产经营单位使用的危险物品的容器、运输工具，以及涉及人身安全、危险性较大的海洋石油开采特种设备和矿山井下特种设备，必须按照国家有关规定，由专业生产单位生产，并经具有专业资质的检测、检验机构检测、检验合格，取得安全使用证或者安全标志，方可投入使用。检测、检验机构对检测、检验结果负责。

(7) 危险物品管理的规定。

第三十六条　生产、经营、运输、储存、使用危险物品或者处置废弃危险物品的，由有关主管部门依照有关法律、法规的规定和国家标准或者行业标准审批并实施监督管理。

生产经营单位生产、经营、运输、储存、使用危险物品或者处置废弃危险物品，必须执行有关法律、法规和国家标准或者行业标准，建立专门的安全管理制度，采取可靠的安全措施，接受有关主管部门依法实施的监督管理。

(8) 重大危险源管理的规定。

第三十七条　生产经营单位对重大危险源应当登记建档，进行定期检测、评估、监控，并制定应急预案，告知从业人员和相关人员在紧急情况下应当采取的应急措施。

生产经营单位应当按照国家有关规定将本单位重大危险源及有关安全措施、应急措施报有关地方人民政府负责安全生产监督管理的部门和有关部门备案。

(9) 危险作业安全管理的规定。

第四十条　生产经营单位进行爆破、吊装以及国务院安全生产监督管理部门会同国务院有关部门规定的其他危险作业，应当安排专门人员进行现场安全管理，确保操作规程的遵守和安全措施的落实。

(10) 劳动防护用品的规定。

第四十二条　生产经营单位必须为从业人员提供符合国家标准和行业标准的劳动防护用品，并监督、教育从业人员按照使用规则佩戴、使用。

第五十四条　从业人员在作业过程中，应当严格遵守本单位的安全生产规章制度和操作规程，服从管理，正确佩戴和使用防护用品。

(二)《中华人民共和国水法》

《水法》由中华人民共和国第九届全国人民代表大会常务委员会第二十九次会议于 2002 年 8 月 29 日修订通过，自 2002 年 10 月 1 日起施行。

1. 总体要求

(1) 立法目的。

第一条　为了合理开发、利用、节约和保护水资源，防治水害，实现水资源的可持续利用，适应国民经济和社会发展的需要，制定本法。

(2) 适用范围。

第二条　在中华人民共和国领域内开发、利用、节约、保护、管理水资源，防治水害，适用本法。

本法所称水资源，包括地表水和地下水。

2. 主要规定

(1) 水资源管理体制。

第十二条　国家对水资源实行流域管理与行政区域管理相结合的管理体制。

国务院水行政主管部门负责全国水资源的统一管理和监督工作。

国务院水行政主管部门在国家确定的重要江河、湖泊设立的流域管理机构（以下简称流域管理机构），在所管辖的范围内行使法律、行政法规规定的和国务院水行政主管部门授予的水资源管理和监督职责。

县级以上地方人民政府水行政主管部门按照规定的权限，负责本行政区域内水资源的统一管理和监督工作。

(2) 饮用水水源保护区制度。

第三十三条　国家建立饮用水水源保护区制度。省、自治区、直辖市人民政府应当划定饮用水水源保护区，并采取措施，防止水源枯竭和水体污染，保证城乡居民饮用水安全。

第三十四条　禁止在饮用水水源保护区内设置排污口。

在江河、湖泊新建、改建或者扩大排污口，应当经过有管辖权的水行政主管部门或者流域管理机构同意，由环境保护行政主管部门负责对该建设项目的环境影响报告书进行审批。

(3) 河道管理范围内建设工程规定。

第三十七条　禁止在江河、湖泊、水库、运河、渠道内弃置、堆放阻碍行洪的物体和种植阻碍行洪的林木及高秆作物。

禁止在河道管理范围内建设妨碍行洪的建筑物、构筑物以及从事影响河势稳定、危害河岸堤防安全和其他妨碍河道行洪的活动。

第三十八条　在河道管理范围内建设桥梁、码头和其他拦河、跨河、临河建筑物、构筑物，铺设跨河管道、电缆，应当符合国家规定的防洪标准和其他有关的技术要求，工程建设方案应当依照防洪法的有关规定报经有关水行政主管部门审查同意。

因建设前款工程设施，需要扩建、改建、拆除或者损坏原有水工程设施的，建设单位应当负担扩建、改建的费用和损失补偿。但是，原有工程设施属于违法工程的除外。

(4) 河道采砂许可制度。

第三十九条　国家实行河道采砂许可制度。河道采砂许可制度实施办法，由国务院规定。

在河道管理范围内采砂，影响河势稳定或者危及堤防安全的，有关县级以上人民政府水行政主管部门应当划定禁采区和规定禁采期，并予以公告。

(5) 水工程保护规定。

第四十一条　单位和个人有保护水工程的义务，不得侵占、毁坏堤防、护岸、防汛、水文监测、水文地质监测等工程设施。

第四十二条　县级以上地方人民政府应当采取措施，保障本行政区域内水工程，特别是水坝和堤防的安全，限期消除险情。水行政主管部门应当加强对水工程安全的监督管理。

第四十三条　国家对水工程实施保护。国家所有的水工程应当按照国务院的规定划定工程管理和保护范围。

国务院水行政主管部门或者流域管理机构管理的水工程，由主管部门或者流域管理机构商有关省、自治区、直辖市人民政府划定工程管理和保护范围。

前款规定以外的其他水工程，应当按照省、自治区、直辖市人民政府的规定，划定工程保护范围和保护职责。

在水工程保护范围内，禁止从事影响水工程运行和危害水工程安全的爆破、打井、采石、取土等活动。

(三)《中华人民共和国职业病防治法》

《职业病防治法》由 2001 年 10 月 27 日第九届全国人民代表大会常务委员会第二十四次会议通过，根据 2011 年 12 月 31 日第十一届全国人民代表大会常务委员会第二十四次会议《关于修改〈中华人民共和国职业病防治法〉的决定》修正。

1. 总体要求

（1）立法目的。

第一条　为了预防、控制和消除职业病危害，防治职业病，保护劳动者健康及其相关权益，促进经济社会发展，根据宪法，制定本法。

（2）适用范围。

第二条　本法适用于中华人民共和国领域内的职业病防治活动。

本法所称职业病，是指企业、事业单位和个体经济组织等用人单位的劳动者在职业活动中，因接触粉尘、放射性物质和其他有毒、有害因素而引起的疾病。

职业病的分类和目录由国务院卫生行政部门会同国务院安全生产监督管理部门、劳动保障行政部门制定、调整并公布。

2. 主要规定

（1）用人单位在职业病防治方面的职责。

第四条　劳动者依法享有职业卫生保护的权利。

用人单位应当为劳动者创造符合国家职业卫生标准和卫生要求的工作环境和条件，并采取措施保障劳动者获得职业卫生保护。

第五条　用人单位应当建立、健全职业病防治责任制，加强对职业病防治的管理，提高职业病防治水平，对本单位产生的职业病危害承担责任。

第七条　用人单位必须依法参加工伤保险。

（2）进行职业病前期预防的规定。

第十五条　产生职业病危害的用人单位的设立除应当符合法律、行政法规规定的设立条件外，其工作场所还应当符合下列职业卫生要求：

（一）职业病危害因素的强度或者浓度符合国家职业卫生标准；

（二）有与职业病危害防护相适应的设施；

（三）生产布局合理，符合有害与无害作业分开的原则；

（四）有配套的更衣间、洗浴间、孕妇休息间等卫生设施；

（五）设备、工具、用具等设施符合保护劳动者生理、心理健康的要求；

（六）法律、行政法规和国务院卫生行政部门、安全生产监督管理部门关于保护劳动者健康的其他要求。

（3）职业病危害防护设施的规定。

第十八条　建设项目的职业病防护设施所需费用应当纳入建设项目工程预算，并与主体工程同时设计，同时施工，同时投入生产和使用。

职业病危害严重的建设项目的防护设施设计，应当经安全生产监督管理部门审查，符合国家职业卫生标准和卫生要求的，方可施工。

建设项目在竣工验收前，建设单位应当进行职业病危害控制效果评价。建设项目竣工验收时，其职业病防护设施经安全生产监督管理部门验收合格后，方可投入正式生产和使用。

（4）采取职业病防治管理措施的规定。

第二十一条　用人单位应当采取下列职业病防治管理措施：

（一）设置或者指定职业卫生管理机构或者组织，配备专职或者兼职的职业卫生管理人员，负责本单位的职业病防治工作；

（二）制定职业病防治计划和实施方案；

（三）建立、健全职业卫生管理制度和操作规程；

（四）建立、健全职业卫生档案和劳动者健康监护档案；

（五）建立、健全工作场所职业病危害因素监测及评价制度；

（六）建立、健全职业病危害事故应急救援预案。

（5）提供职业病防护用品的规定。

第二十三条　用人单位必须采用有效的职业病防护设施，并为劳动者提供个人使用的职业病防护用品。

用人单位为劳动者个人提供的职业病防护用品必须符合防治职业病的要求；不符合要求的，不得使用。

（6）配置职业病防护设备、应急设施的规定。

第二十六条　对可能发生急性职业损伤的有毒、有害工作场所，用人单位应当设置报警装置，配置现场急救用品、冲洗设备、应急撤离通道和必要的泄险区。

对放射工作场所和放射性同位素的运输、贮存，用人单位必须配置防护设备和报警装置，保证接触放射线的工作人员佩戴个人剂量计。

对职业病防护设备、应急救援设施和个人使用的职业病防护用品，用人单位应当进行经常性的维护、检修，定期检测其性能和效果，确保其处于正常状态，不得擅自拆除或者停止使用。

（7）进行培训和遵守操作规程的规定。

第三十五条　用人单位的主要负责人和职业卫生管理人员应当接受职业卫生培训，遵守职业病防治法律、法规，依法组织本单位的职业病防治工作。

用人单位应当对劳动者进行上岗前的职业卫生培训和在岗期间的定期职业卫生培训，普及职业卫生知识，督促劳动者遵守职业病防治法律、法规、规章和操作规程，指导劳动者正确使用职业病防护设备和个人使用的职业病防护用品。

劳动者应当学习和掌握相关的职业卫生知识，增强职业病防范意识，遵守职业病防治法律、法规、规章和操作规程，正确使用、维护职业病防护设备和个人使用的职业病防护用品，发现职业病危害事故隐患应当及时报告。

劳动者不履行前款规定义务的，用人单位应当对其进行教育。

（8）劳动者职业卫生保护的规定。

第四十条　劳动者享有下列职业卫生保护权利：

（一）获得职业卫生教育、培训；

（二）获得职业健康检查、职业病诊疗、康复等职业病防治服务；

（三）了解工作场所产生或者可能产生的职业病危害因素、危害后果和应当采取的职业病防护措施；

（四）要求用人单位提供符合防治职业病要求的职业病防护设施和个人使用的职业病防护用品，改善工作条件；

（五）对违反职业病防治法律、法规以及危及生命健康的行为提出批评、检举和控告；

（六）拒绝违章指挥和强令进行没有职业病防护措施的作业；

（七）参与用人单位职业卫生工作的民主管理，对职业病防治工作提出意见和建议。

用人单位应当保障劳动者行使前款所列权利。因劳动者依法行使正当权利而降低其工资、福利等待遇或者解除、终止与其订立的劳动合同的，其行为无效。

（四）《中华人民共和国特种设备安全法》

《中华人民共和国特种设备安全法》（主席令第四号，以下简称《特种设备安全法》）由中华人民共和国第十二届全国人民代表大会常务委员会第三次会议于2013年6月29日通过，自2014年1月1日起施行。

1. 总体要求

(1) 立法目的。

第一条　为了加强特种设备安全工作，预防特种设备事故，保障人身和财产安全，促进经济社会发展，制定本法。

(2) 适用范围。

第二条　特种设备的生产（包括设计、制造、安装、改造、修理）、经营、使用、检验、检测和特种设备安全的监督管理，适用本法。

本法所称特种设备，是指对人身和财产安全有较大危险性的锅炉、压力容器（含气瓶）、压力管道、电梯、起重机械、客运索道、大型游乐设施、场（厂）内专用机动车辆，以及法律、行政法规规定适用本法的其他特种设备。

国家对特种设备实行目录管理。特种设备目录由国务院负责特种设备安全监督管理的部门制定，报国务院批准后执行。

2. 对特种设备使用单位主要规定

(1) 特种设备使用登记。

第三十三条　特种设备使用单位应当在特种设备投入使用前或者投入使用后三十日内，向负责特种设备安全监督管理的部门办理使用登记，取得使用登记证书。登记标志应当置于该特种设备的显著位置。

(2) 特种设备使用单位管理制度。

第三十四条　特种设备使用单位应当建立岗位责任、隐患治理、应急救援等安全管理制度，制定操作规程，保证特种设备安全运行。

(3) 特种设备安全技术档案。

第三十五条　特种设备使用单位应当建立特种设备安全技术档案。安全技术档案应当包括以下内容：

（一）特种设备的设计文件、产品质量合格证明、安装及使用维护保养说明、监督检验证明等相关技术资料和文件；

（二）特种设备的定期检验和定期自行检查记录；

（三）特种设备的日常使用状况记录；

（四）特种设备及其附属仪器仪表的维护保养记录；

（五）特种设备的运行故障和事故记录。

(4) 特种设备维护保养、检查、检验。

第三十九条　特种设备使用单位应当对其使用的特种设备进行经常性维护保养和定期自行检查，并作出记录。

特种设备使用单位应当对其使用的特种设备的安全附件、安全保护装置进行定期校验、检修，并作出记录。

第四十条　特种设备使用单位应当按照安全技术规范的要求，在检验合格有效期届满前一个月向特种设备检验机构提出定期检验要求。

未经定期检验或者检验不合格的特种设备，不得继续使用。

(5) 特种设备事故隐患或者其他不安全因素处理。

第四十一条　特种设备安全管理人员应当对特种设备使用状况进行经常性检查，发现问题应当立即处理；情况紧急时，可以决定停止使用特种设备并及时报告本单位有关负责人。

特种设备作业人员在作业过程中发现事故隐患或者其他不安全因素，应当立即向特种设备安全管理人员和单位有关负责人报告；特种设备运行不正常时，特种设备作业人员应当按照操作规程采取有

效措施保证安全。

第四十二条 特种设备出现故障或者发生异常情况，特种设备使用单位应当对其进行全面检查，消除事故隐患，方可继续使用。

（6）特种设备报废。

第四十八条 特种设备存在严重事故隐患，无改造、修理价值，或者达到安全技术规范规定的其他报废条件的，特种设备使用单位应当依法履行报废义务，采取必要措施消除该特种设备的使用功能，并向原登记的负责特种设备安全监督管理的部门办理使用登记证书注销手续。

前款规定报废条件以外的特种设备，达到设计使用年限可以继续使用的，应当按照安全技术规范的要求通过检验或者安全评估，并办理使用登记证书变更，方可继续使用。允许继续使用的，应当采取加强检验、检测和维护保养等措施，确保使用安全。

（五）水利安全生产相关法律清单

水利安全生产相关法律清单见表2－1。

表2－1　水利安全生产相关法律清单

序　号	安全生产相关法律名称	文　号
1	《中华人民共和国安全生产法》	主席令第十三号
2	《中华人民共和国水法》	主席令第七十四号
3	《中华人民共和国职业病防治法》	主席令第五十二号
4	《中华人民共和国特种设备安全法》	主席令第四号
5	《中华人民共和国消防法》	主席令第六号
6	《中华人民共和国道路交通安全法》	主席令第四十七号
7	《中华人民共和国突发事件应对法》	主席令第六十九号
8	《中华人民共和国劳动法》	主席令第二十八号
9	《中华人民共和国劳动合同法》	主席令第七十三号
10	《中华人民共和国刑法修正案（六）》	主席令第五十一号
11	《中华人民共和国工会法》	主席令第六十二号
12	《中华人民共和国水污染防治法》	主席令第八十七号
13	《中华人民共和国防洪法》	主席令第八十八号
14	《中华人民共和国行政许可法》	主席令第七号
15	《中华人民共和国侵权责任法》	主席令第二十一号
16	《中华人民共和国行政处罚法》	主席令第六十三号
17	《中华人民共和国环境保护法》	主席令第九号

二、水利安全生产相关行政法规

（一）《建设工程安全生产管理条例》

《建设工程安全生产管理条例》（国务院令第393号）于2003年11月12日国务院第28次常务会议通过，自2004年2月1日起施行。

1. 总体要求

（1）立法目的。

第一条 为了加强建设工程安全生产监督管理，保障人民群众生命和财产安全，根据《中华人民共和国建筑法》、《中华人民共和国安全生产法》，制定本条例。

（2）适用范围。

第二条 在中华人民共和国境内从事建设工程的新建、扩建、改建和拆除等有关活动及实施对建设工程安全生产的监督管理，必须遵守本条例。

本条例所称建设工程，是指土木工程、建筑工程、线路管道和设备安装工程及装修工程。

2. 主要规定

(1) 总承包安全责任规定。

第二十四条　建设工程实行施工总承包的，由总承包单位对施工现场的安全生产负总责。

总承包单位应当自行完成建设工程主体结构的施工。

总承包单位依法将建设工程分包给其他单位的，分包合同中应当明确各自的安全生产方面的权利、义务。总承包单位和分包单位对分包工程的安全生产承担连带责任。

分包单位应当服从总承包单位的安全生产管理，分包单位不服从管理导致生产安全事故的，由分包单位承担主要责任。

(2) 危险性较大的分部分项工程安全规定。

第二十六条　施工单位应当在施工组织设计中编制安全技术措施和施工现场临时用电方案，对下列达到一定规模的危险性较大的分部分项工程编制专项施工方案，并附具安全验算结果，经施工单位技术负责人、总监理工程师签字后实施，由专职安全生产管理人员进行现场监督：

(一) 基坑支护与降水工程；

(二) 土方开挖工程；

(三) 模板工程；

(四) 起重吊装工程；

(五) 脚手架工程；

(六) 拆除、爆破工程；

(七) 国务院建设行政主管部门或者其他有关部门规定的其他危险性较大的工程。

对前款所列工程中涉及深基坑、地下暗挖工程、高大模板工程的专项施工方案，施工单位还应当组织专家进行论证、审查。

本条第一款规定的达到一定规模的危险性较大工程的标准，由国务院建设行政主管部门会同国务院其他有关部门制定。

(3) 安全技术交底。

第二十七条　建设工程施工前，施工单位负责项目管理的技术人员应当对有关安全施工的技术要求向施工作业班组、作业人员作出详细说明，并由双方签字确认。

(4) 施工现场要求。

第二十八条　施工单位应当在施工现场入口处、施工起重机械、临时用电设施、脚手架、出入通道口、楼梯口、电梯井口、孔洞口、桥梁口、隧道口、基坑边沿、爆破物及有害危险气体和液体存放处等危险部位，设置明显的安全警示标志。安全警示标志必须符合国家标准。

施工单位应当根据不同施工阶段和周围环境及季节、气候的变化，在施工现场采取相应的安全施工措施。施工现场暂时停止施工的，施工单位应当做好现场防护，所需费用由责任方承担，或者按照合同约定执行。

第二十九条　施工单位应当将施工现场的办公、生活区与作业区分开设置，并保持安全距离；办公、生活区的选址应当符合安全性要求。职工的膳食、饮水、休息场所等应当符合卫生标准。施工单位不得在尚未竣工的建筑物内设置员工集体宿舍。

施工现场临时搭建的建筑物应当符合安全使用要求。施工现场使用的装配式活动房屋应当具有产品合格证。

(5) 施工安全环境保护。

第三十条　施工单位对因建设工程施工可能造成损害的毗邻建筑物、构筑物和地下管线等，应当

采取专项防护措施。

施工单位应当遵守有关环境保护法律、法规的规定，在施工现场采取措施，防止或者减少粉尘、废气、废水、固体废物、噪声、振动和施工照明对人和环境的危害和污染。

在城市市区内的建设工程，施工单位应当对施工现场实行封闭围挡。

（6）消防安全责任制度。

第三十一条　施工单位应当在施工现场建立消防安全责任制度，确定消防安全责任人，制定用火、用电、使用易燃易爆材料等各项消防安全管理制度和操作规程，设置消防通道、消防水源，配备消防设施和灭火器材，并在施工现场入口处设置明显标志。

（7）安全防护用具、机械设备、施工机具及配件管理。

第十四条　施工单位采购、租赁的安全防护用具、机械设备、施工机具及配件，应当具有生产（制造）许可证、产品合格证，并在进入施工现场前进行查验。

施工现场的安全防护用具、机械设备、施工机具及配件必须由专人管理，定期进行检查、维修和保养，建立相应的资料档案，并按照国家有关规定及时报废。

（二）《水库大坝安全管理条例》

《水库大坝安全管理条例》（国务院令第77号）于1991年3月22日发布，自发布之日起施行。

1. 总体要求

（1）立法目的。

第一条　为加强水库大坝安全管理，保障人民生命财产和社会主义建设的安全，根据《中华人民共和国水法》，制定本条例。

（2）适用范围。

第二条　本条例适用于中华人民共和国境内坝高十五米以上或者库容一百万立方米以上的水库大坝。大坝包括永久性挡水建筑物以及与其配合运用的泄洪、输水和过船建筑物等。

坝高十五米以下、十米以上或者库容一百万立方米以下、十万立方米以上，对重要城镇、交通干线、重要军事设施、工矿区安全有潜在危险的大坝，其安全管理参照本条例执行。

2. 主要规定

（1）大坝建设。

第九条　大坝施工必须由具有相应资格证书的单位承担。大坝施工单位必须按照施工承包合同规定的设计文件、图纸要求和有关技术标准进行施工。

建设单位和设计单位应当派驻代表，对施工质量进行监督检查。质量不符合设计要求的，必须返工或者采取补救措施。

第十条　兴建大坝时，建设单位应当按照批准的设计，提请县级以上人民政府依照国家规定划定管理和保护范围，树立标志。

已建大坝尚未划定管理和保护范围的，大坝主管部门应当根据安全管理的需要，提请县级以上人民政府划定。

第十一条　大坝开工后，大坝主管部门应当组建大坝管理单位，由其按照工程基本建设验收规程参与质量检查以及大坝分部、分项验收和蓄水验收工作。

大坝竣工后，建设单位应当申请大坝主管部门组织验收。

（2）大坝管理。

第十八条　大坝主管部门应当配备具有相应业务水平的大坝安全管理人员。

大坝管理单位应当建立、健全安全管理规章制度。

第十九条　大坝管理单位必须按照有关技术标准，对大坝进行安全监测和检查；对监测资料应当及时整理分析，随时掌握大坝运行状况。发现异常现象和不安全因素时，大坝管理单位应当立即报告大坝主管部门，及时采取措施。

第二十一条　大坝的运行，必须在保证安全的前提下，发挥综合效益。大坝管理单位应当根据批准的计划和大坝主管部门的指令进行水库的调度运用。

在汛期，综合利用的水库，其调度运用必须服从防汛指挥机构的统一指挥；以发电为主的水库，其汛限水位以上的防洪库容及其洪水调度运用，必须服从防汛指挥机构的统一指挥。

任何单位和个人不得非法干预水库的调度运用。

（3）险坝处理。

第二十六条　对尚未达到设计洪水标准、抗震设防标准或者有严重质量缺陷的险坝，大坝主管部门应当组织有关单位进行分类，采取除险加固等措施，或者废弃重建。

在险坝加固前，大坝管理单位应当制定保坝应急措施；经论证必须改变原设计运行方式的，应当报请大坝主管部门审批。

第二十七条　大坝主管部门应当对其所管辖的需要加固的险坝制定加固计划，限期消除危险；有关人民政府应当优先安排所需资金和物料。

险坝加固必须由具有相应设计资格证书的单位作出加固设计，经审批后组织实施。险坝加固竣工后，由大坝主管部门组织验收。

第二十八条　大坝主管部门应当组织有关单位，对险坝可能出现的垮坝方式、淹没范围作出预估，并制定应急方案，报防汛指挥机构批准。

（三）《生产安全事故报告和调查处理条例》

《生产安全事故报告和调查处理条例》（国务院令第493号）于2007年3月28日国务院第172次常务会议通过，自2007年6月1日起施行。

1. 总体要求

（1）立法目的。

第一条　为了规范生产安全事故的报告和调查处理，落实生产安全事故责任追究制度，防止和减少生产安全事故，根据《中华人民共和国安全生产法》和有关法律，制定本条例。

（2）适用范围。

第二条　生产经营活动中发生的造成人身伤亡或者直接经济损失的生产安全事故的报告和调查处理，适用本条例；环境污染事故、核设施事故、国防科研生产事故的报告和调查处理不适用本条例。

2. 主要规定

（1）事故等级。

第三条　根据生产安全事故（以下简称事故）造成的人员伤亡或者直接经济损失，事故一般分为以下等级：

（一）特别重大事故，是指造成30人以上死亡，或者100人以上重伤（包括急性工业中毒，下同），或者1亿元以上直接经济损失的事故；

（二）重大事故，是指造成10人以上30人以下死亡，或者50人以上100人以下重伤，或者5000万元以上1亿元以下直接经济损失的事故；

（三）较大事故，是指造成3人以上10人以下死亡，或者10人以上50人以下重伤，或者1000万元以上5000万元以下直接经济损失的事故；

（四）一般事故，是指造成3人以下死亡，或者10人以下重伤，或者1000万元以下直接经济损失的事故。

国务院安全生产监督管理部门可以会同国务院有关部门，制定事故等级划分的补充性规定。

本条第一款所称的“以上”包括本数，所称的“以下”不包括本数。

（2）事故报告时限。

第九条　事故发生后，事故现场有关人员应当立即向本单位负责人报告；单位负责人接到报告后，应当于 1 小时内向事故发生地县级以上人民政府安全生产监督管理部门和负有安全生产监督管理职责的有关部门报告。

情况紧急时，事故现场有关人员可以直接向事故发生地县级以上人民政府安全生产监督管理部门和负有安全生产监督管理职责的有关部门报告。

第十一条　安全生产监督管理部门和负有安全生产监督管理职责的有关部门逐级上报事故情况，每级上报的时间不得超过 2 小时。

(3) 事故上报部门。

第十条 安全生产监督管理部门和负有安全生产监督管理职责的有关部门接到事故报告后，应当依照下列规定上报事故情况，并通知公安机关、劳动保障行政部门、工会和人民检察院：

(一) 特别重大事故、重大事故逐级上报至国务院安全生产监督管理部门和负有安全生产监督管理职责的有关部门；

(二) 较大事故逐级上报至省、自治区、直辖市人民政府安全生产监督管理部门和负有安全生产监督管理职责的有关部门；

(三) 一般事故上报至设区的市级人民政府安全生产监督管理部门和负有安全生产监督管理职责的有关部门。

安全生产监督管理部门和负有安全生产监督管理职责的有关部门依照前款规定上报事故情况，应当同时报告本级人民政府。国务院安全生产监督管理部门和负有安全生产监督管理职责的有关部门以及省级人民政府接到发生特别重大事故、重大事故的报告后，应当立即报告国务院。

必要时，安全生产监督管理部门和负有安全生产监督管理职责的有关部门可以越级上报事故情况。

(4) 事故报告内容。

第十二条　报告事故应当包括下列内容：

(一) 事故发生单位概况；

(二) 事故发生的时间、地点以及事故现场情况；

(三) 事故的简要经过；

(四) 事故已经造成或者可能造成的伤亡人数（包括下落不明的人数）和初步估计的直接经济损失；

(五) 已经采取的措施；

(六) 其他应当报告的情况。

(5) 事故救援。

第十四条　事故发生单位负责人接到事故报告后，应当立即启动事故相应应急预案，或者采取有效措施，组织抢救，防止事故扩大，减少人员伤亡和财产损失。

第十五条　事故发生地有关地方人民政府、安全生产监督管理部门和负有安全生产监督管理职责的有关部门接到事故报告后，其负责人应当立即赶赴事故现场，组织事故救援。

(6) 事故现场保护。

第十六条　事故发生后，有关单位和人员应当妥善保护事故现场以及相关证据，任何单位和个人不得破坏事故现场、毁灭相关证据。

因抢救人员、防止事故扩大以及疏通交通等原因，需要移动事故现场物件的，应当做出标志，绘制现场简图并做出书面记录，妥善保存现场重要痕迹、物证。

(四)《安全生产许可证条例》

《安全生产许可证条例》（国务院令第 397 号）经国务院第 34 次常务会议通过，自 2004 年 1 月 13

日起施行。

1. 总体要求

(1) 立法目的。

第一条　为了严格规范安全生产条件，进一步加强安全生产监督管理，防止和减少生产安全事故，根据《中华人民共和国安全生产法》的有关规定，制定本条例。

(2) 适用范围。

第二条　国家对矿山企业、建筑施工企业和危险化学品、烟花爆竹、民用爆破器材生产企业实行安全生产许可制度。

企业未取得安全生产许可证的，不得从事生产活动。

2. 主要规定

(1) 取得安全生产许可证的安全生产条件。

第六条　企业取得安全生产许可证，应当具备下列安全生产条件：

(一) 建立、健全安全生产责任制，制定完备的安全生产规章制度和操作规程；

(二) 安全投入符合安全生产要求；

(三) 设置安全生产管理机构，配备专职安全生产管理人员；

(四) 主要负责人和安全生产管理人员经考核合格；

(五) 特种作业人员经有关业务主管部门考核合格，取得特种作业操作资格证书；

(六) 从业人员经安全生产教育和培训合格；

(七) 依法参加工伤保险，为从业人员缴纳保险费；

(八) 厂房、作业场所和安全设施、设备、工艺符合有关安全生产法律、法规、标准和规程的要求；

(九) 有职业危害防治措施，并为从业人员配备符合国家标准或者行业标准的劳动防护用品；

(十) 依法进行安全评价；

(十一) 有重大危险源检测、评估、监控措施和应急预案；

(十二) 有生产安全事故应急救援预案、应急救援组织或者应急救援人员，配备必要的应急救援器材、设备；

(十三) 法律、法规规定的其他条件。

(2) 颁发安全生产许可证的程序。

第七条　企业进行生产前，应当依照本条例的规定向安全生产许可证颁发管理机关申请领取安全生产许可证，并提供本条例第六条规定的相关文件、资料。安全生产许可证颁发管理机关应当自收到申请之日起45日内审查完毕，经审查符合本条例规定的安全生产条件的，颁发安全生产许可证；不符合本条例规定的安全生产条件的，不予颁发安全生产许可证，书面通知企业并说明理由。

(3) 安全生产许可证有效期。

第九条 安全生产许可证的有效期为3年。安全生产许可证有效期满需要延期的，企业应当于期满前3个月向原安全生产许可证颁发管理机关办理延期手续。

企业在安全生产许可证有效期内，严格遵守有关安全生产的法律法规，未发生死亡事故的，安全生产许可证有效期届满时，经原安全生产许可证颁发管理机关同意，不再审查，安全生产许可证有效期延期3年。

(4) 企业取得安全生产许可证后期管理。

第十三条　企业不得转让、冒用安全生产许可证或者使用伪造的安全生产许可证。

第十四条　企业取得安全生产许可证后，不得降低安全生产条件，并应当加强日常安全生产管理，接受安全生产许可证颁发管理机关的监督检查。

（五）《国务院关于进一步加强企业安全生产工作的通知》

《国务院关于进一步加强企业安全生产工作的通知》（国发〔2010〕23号，以下简称《通知》）是继2004年《国务院关于进一步加强安全生产工作的决定》（国发〔2004〕2号，以下简称《决定》）后，国务院在安全生产工作方面的又一重大举措，该通知进一步明确了现阶段安全生产工作的总体要求和目标任务，提出了新形势下加强安全生产工作的一系列政策措施，涵盖企业安全管理、技术保障、产业升级、应急救援、安全监管、安全准入、指导协调、考核监督和责任追究等多个方面，是指导全国安全生产工作的纲领性文件。

《通知》（国发〔2010〕23号）共包括9部分，32条，体现了党中央、国务院关于加强安全生产工作的重要决策部署和一系列指示精神，体现了“安全发展，预防为主”的原则要求和安全生产工作标本兼治、重在治本，重心下移、关口前移的总体思路。该通知主要反映以下方面的内容。

1.“三个坚持”的工作要求

（1）坚持以人为本，牢固树立安全发展的理念，切实转变经济发展方式，把经济发展建立在安全生产有可靠保证的基础上。

（2）坚持“安全第一、预防为主、综合治理”的方针，从管理、制度、标准和技术等方面，全面加强企业安全管理。

（3）坚持依法依规生产经营，集中整治非法违法行为，强化责任落实和责任追究。

“三个坚持”是指导和推动企业安全生产工作的总体要求，必须贯穿安全生产工作的全过程。

2.紧紧抓住重特大事故多发的8个重点行业领域

煤矿、非煤矿山、交通运输、建筑施工、危险化学品、烟花爆竹、民用爆炸物品、冶金等8个行业领域，事故易发、多发、频发，重特大事故集中、长期以来尚未得到切实有效遏制。当前和今后一个时期，必须从这8个重点行业领域入手，紧紧抓住不放，落实企业安全生产主体责任，强化企业安全管理；落实政府和部门的安全监管责任，推动提升企业安全生产水平。

3.明确主要任务

以重特大事故多发的8个重点行业领域为重点，全面加强企业安全生产工作，其主要任务包括：

（1）要通过更加严格的目标考核和责任追究，采取更加有效的管理手段和政策措施，集中整治非法违法生产行为，坚决遏制重特大事故发生。

（2）要尽快建成完善的国家安全生产应急救援体系，在高危行业强制推行一批安全适用的技术装备和防护设施，最大程度减少事故造成的损失。

（3）要建立更加完善的技术标准体系，促进企业安全生产技术装备全面达到国家和行业标准，实现我国安全生产技术水平的提高。

（4）要进一步调整产业结构，积极推进重点行业的企业重组和矿产资源开发整合，彻底淘汰安全性能低下、危及安全生产的落后产能。

（5）以更加有力的政策引导，形成安全生产长效机制。

4.突出“十个创新、十个强化”的内容

与现行的法律法规和规章制度相比，《通知》（国发〔2010〕23号）的一些条文突破了原有的规定，具有明显的创新性；同时在现有政策措施的基础上，对一些规定又作了相应的完善和调整，进一步做了强化和规范。

（1）重大隐患治理和重大事故查处督办制度。

（2）领导干部轮流现场带班制度。

（3）先进适用技术装备强制推行制度。

（4）安全生产长期投入制度。

（5）企业安全生产信用挂钩联动制度。

(6) 现场紧急撤人避险制度。

(7) 应急救援基地建设制度。

(8) 高危企业安全生产标准核准制度。

(9) 工伤事故死亡职工一次性赔偿制度。

(10) 企业负责人职业资格否决制度。

《通知》(国发〔2010〕23号) 在作出以上规定的同时，还就下列10个方面的工作做了完善和强调：

(1) 强化隐患整改效果，实行以安全生产专业人员为主导的隐患整改效果评价制度。强调企业要每月进行一次安全生产风险分析，建立预警机制。

(2) 要求全面开展安全生产标准化达标建设，做到岗位达标、专业达标和企业达标，并强调通过严格生产许可证和安全生产许可证管理，推进达标工作。

(3) 加强安全生产技术管理和技术装备研发，将安全生产关键技术和装备纳入国家科学技术领域支持范围和国家“十二五”规划重点推进。

(4) 安全生产综合监管、行业管理和司法机关联合执法。

(5) 强化企业安全生产属地管理，对当地包括中央和省属企业安全生产实行严格的监督检查和管理。

(6) 积极开展社会监督和舆论监督，维护和落实职工对安全生产的参与权与监督权，鼓励职工监督举报各类安全隐患。

(7) 严格限定对严重违法违规行为的执法裁量权，规定对企业“三超”(超能力、超强度、超定员) 组织生产的、无企业负责人带班下井或该带班而未带班的等，要求按有关规定的上限处罚；对以整合技改名义违规组织生产的、拒不执行监管指令的、违反建设项目“三同时”规定和安全培训有关规定的等，要依法加重处罚。

(8) 进一步加强安全教育培训，鼓励进一步扩大采矿、机电、地质、通风、安全等专业技术和技能人才培养。

(9) 强化安全生产责任追究，规定要加大重特大事故的考核权重，发生特别重大生产安全事故的，要视情节追究地级及以上政府(部门) 领导的责任；加大对发生重大和特别重大事故企业负责人或企业实际控制人以及上级企业主要负责人的责任追究力度。

(10) 强调要结合转变经济发展方式，就加快推进安全发展、强制淘汰落后技术产品、加快产业重组步伐提出了明确要求。

(六)《国务院关于坚持科学发展安全发展促进安全生产形势持续稳定好转的意见》

《国务院关于坚持科学发展安全发展促进安全生产形势持续稳定好转的意见》(国发〔2011〕40号，以下简称《意见》) 是继《决定》(国发〔2004〕2号)、《通知》(国发〔2010〕23号) 之后，以国务院名义下发的关于安全生产工作的又一重要文件。

1. 四个特点

《意见》(国发〔2011〕40号) 共分为10个部分、33条，内容丰富，特色鲜明，其特点可以集中概括为“四个统一”。

(1) 继承与创新的统一。《意见》(国发〔2011〕40号) 既重申和延续了《决定》(国发〔2004〕2号)、《通知》(国发〔2010〕23号) 的基本精神和基本制度，又适应安全生产工作进展状况和现阶段规律特点，创新和发展完善了安全生产工作的方针理念、方式方法和政策措施。

(2) 务虚与务实的统一。《意见》(国发〔2011〕40号) 既从理论高度深刻阐述了坚持科学发展安全发展的重大意义，提出一系列理论创新点；又从现实出发，针对目前安全生产领域存在的薄弱环节和突出问题，采取了一系列具有很强的针对性、可操作性的对策举措。

（3）治标与治本的统一。《意见》（国发〔2011〕40号）既重视解决目前一些地方和单位存在的安全生产责任不落实、监管不严、执法治理不力、违法违规行为屡禁不止等比较浅显易见的突出问题；又注重把加强安全生产与加快经济发展方式转变紧密结合起来，强调要从严格安全生产准入、推进安全生产标准化建设、发挥科技支撑作用、加强产业政策引导等环节入手，努力解决影响制约安全生产的深层次问题，从根本上提高安全保障能力。

（4）宏观与微观的统一。《意见》（国发〔2011〕40号）立意高远，逻辑严密，既有宏观战略和总体思路的要求，同时重点也很明确，突出强调了安全生产法制建设、基础管理、安全文化建设和安全保障能力建设等关键环节的工作，体现出党和政府致力于建立安全生产法治秩序和长效机制、把安全生产纳入依法规范高效运行轨道的决心和意图；对重点行业领域当前必须突出抓好的重点工作，如煤矿瓦斯防治、道路交通领域的长途客运和校车安全、城市地下危险化学品输送管道安全整治等也都做了强调，有助于提高行业领域安全生产工作的针对性和实效性。

2. 六大理论创新点

《意见》（国发〔2011〕40号）在总结近年来安全生产实践经验的基础上，对安全生产理论做出了重大创新和发展。主要有6个理论创新点：

（1）进一步确立了新时期安全生产工作的重要地位和作用。《意见》（国发〔2011〕40号）明确提出了安全生产的“三个事关”即事关人民群众生命财产安全，事关改革开放、经济发展和社会稳定大局，事关党和政府形象和声誉）。其中，事关党和政府形象和声誉，进一步体现了胡锦涛总书记在十七届三中全会上提出的“能否实现安全发展，是对我们党执政能力的重大考验”的重要思想。《意见》（国发〔2011〕40号）还明确提出“必须始终把安全生产摆在经济社会发展重中之重的位置”。这都有助于我们从战略和全局的高度来充分认识安全生产的极端重要性。

（2）进一步阐明了安全发展的深刻内涵。《意见》（国发〔2011〕40号）明确指出，要把安全真正作为发展的前提和基础，使经济社会发展切实建立在安全保障能力不断增强、劳动者生命安全和身体健康得到切实保障的基础之上，确保人民群众平安幸福地享有经济发展和社会进步的成果。对安全发展的内涵作出科学的阐释，有助于在全党全社会进一步凝聚安全发展共识，形成安全发展的合力。

（3）提出衡量安全生产工作的基本标准。《意见》（国发〔2011〕40号）提出，要把坚持科学发展安全发展这一重要思想和理念落实到生产经营建设的每一个环节，使之成为衡量各行业领域、各生产经营单位安全生产工作的基本标准，自觉做到不安全不生产，实现安全与发展的有机统一。这一衡量标准的提出，对于深化安全生产的认识，从根本上提高安全生产水平，提出更高的要求。

（4）进一步确认“事故易发期理论”。《意见》（国发〔2011〕40号）明确提出，我国正处于工业化、城镇化快速发展进程中，处于生产安全事故易发多发的高峰期。这样的表述，体现了中央在对现阶段安全生产规律的清醒认识和准确把握，也体现了实事求是的科学态度。在工业化进程中必然度过一个“事故易发期”，这是所有工业化国家都经历的一个不可逾越的历史阶段。把握这个规律性认识，有助于我们始终保持清醒的头脑，采取更加有力的政策措施，尽量缩短“易发期”进程，实现安全生产状况的根本好转。

（5）提出大力实施安全发展战略。战略泛指统领性的、全局性的、左右胜败的谋略和对策。把安全发展作为一项战略来实施，这是中央在科学把握现阶段社会特征和安全生产规律基础上，有效应对新情况新问题，而作出的重大决策。《意见》（国发〔2011〕40号）在确认“事故易发期理论”的基础上，明确提出，安全生产工作既要解决长期积累的深层次、结构性和区域性问题，又要应对不断出现的新情况、新问题，根本出路在于坚持科学发展安全发展。为此，《意见》（国发〔2011〕40号）在指导思想中明确提出“大力实施安全发展战略”。

（6）进一步完善了安全生产的宏观思路。《意见》（国发〔2011〕40号）站在大力实施安全发展战略的高度，明确了安全生产工作的指导思想，提出四条基本原则，即统筹兼顾、协调发展；依法治安、综合治理；突出预防、落实责任；依靠科技、创新管理。这些原则，既体现了党的安全生产方针的基本要求，又切中安全生产的主要矛盾和问题，具有很强的针对性和指导性，是带有规律性的理论概括。

3. 建立和完善十项制度

《意见》（国发〔2011〕40号）在继承发扬以往各项行之有效对策措施的同时，建立和完善了下列10项制度：

（1）安全生产政府行政首长负责制和政府领导班子成员“一岗双责”制度。明确省、市、县级政府主要负责人是安全生产第一责任人，要求定期研究部署安全生产工作，组织解决安全生产重点难点问题。建立健全政府领导班子成员安全生产“一岗双责”制度，做好分管范围的安全生产工作。

（2）高危行业建设项目审批安全许可前置制度。要求严格执行安全生产许可制度和产业政策，严把行业安全准入关，强化建设项目安全核准，把安全生产条件作为高危行业建设项目审批的前置条件，未通过安全评估的不准立项；未经批准擅自开工建设的，要依法取缔。尤其要求建立完善铁路、公路、水利、核电等重点工程项目的安全风险评估制度。同时，制定和实施高危行业从业人员资格标准。

（3）安全生产全员培训制度。要求企业主要负责人、安全管理人员、特种作业人员一律经严格考核、持证上岗。企业用工要严格按照劳动合同法与职工签订劳动合同，职工必须全部经培训合格后上岗。重点强化高危行业和中小企业一线员工安全培训。完善农民工向产业工人转化过程中的安全教育培训机制。加强地方政府安全生产分管领导干部的安全培训，提高安全管理水平。

（4）加强公路客运和校车安全监管制度。要求修订完善长途客运车辆安全技术标准，逐步淘汰安全性能差的运营车型，禁止客运车辆挂靠运营，研究建立长途客车驾驶人强制休息制度；特别要抓紧完善校车安全法规和标准，依法强化校车安全监管。这些规定和要求，都深刻吸取了一个时期来发生的道路交通重特大事故血的教训，具有很强的现实针对性和事故防范作用。

（5）非煤矿山主要矿种最小开采规模和最低服务年限制度。同时要求进一步完善矿产资源开发整合常态化管理机制，研究制定充填开采标准和规定，提高矿山企业集约化程度和安全生产水平。

（6）职业危害防护设施“三同时”制度。要求对可能产生职业病危害的建设项目，必须进行严格的职业病危害预评价，未提交预评价报告或预评价报告未经审核同意的，一律不得批准该建设项目；对职业病危害防控措施不到位的企业，要依法责令整改，情节严重的要依法予以关闭。

（7）政府引导带动、各方共同承担的安全生产投入制度。要求探索建立中央、地方、社会和企业共同承担的安全生产长效投入机制，加大对贫困地区和高危行业领域的倾斜，完善有利于安全生产的财政、税收、信贷政策，强化政府投资对安全生产投入的引导和带动作用。

（8）安全生产失信惩戒制度。把安全生产作为企业信用评级的重要参考依据，继续大力推动企业安全生产诚信建设，建立健全各类企业及其从业人员的安全信用体系，依法依规惩处安全生产失信行为。建立健全与企业信誉、项目核准、用地审批、证券融资、银行贷款等方面相挂钩的安全生产约束机制。

（9）安全生产绩效考核奖惩制度。规定把安全生产考核控制指标纳入经济社会发展考核评价指标体系，加大各级领导干部政绩业绩考核中安全生产的权重和考核力度；把安全生产工作纳入社会主义精神文明和党风廉政建设、社会管理综合治理体系之中，制定完善安全生产奖惩制度，对成效显著的单位和个人要以适当形式予以表扬和奖励，对违法违规、失职渎职的要依法严格追究责任。

（10）安全生产监督制度。要求推进安全生产政务公开，健全行政许可网上申请、受理、审批制度，落实安全生产新闻发布制度和救援工作报道机制，完善隐患、事故举报奖励制度，加强对安全生产工作的社会监督、舆论监督和群众监督。

4. 七项重点建设任务

《意见》（国发〔2011〕40号）在“深化重点行业领域安全专项整治”这一部分，针对煤矿、交通运输、危险化学品、非煤矿山、建筑施工、消防、冶金等行业领域存在的突出问题，分别提出明确具体的要求。除此之外，还提出7项具有长远意义的重点建设任务。

（1）安全生产隐患排查治理体系建设。要求充分运用科技和信息手段，建立健全安全生产隐患排查治理体系，强化监测监控、预报预警，及时发现和消除安全隐患。企业要定期进行安全风险评估分析，重大隐患要及时报安全监管监察和行业主管部门备案。特别强调注重发挥注册安全工程师对企业安全状况诊断、评估、整改方面的作用。

（2）企业安全生产标准化建设。要求加强对企业达标创建工作的监督指导，对在规定期限内未实现达标的企业，要依据有关规定暂扣其生产许可证、安全生产许可证，责令停产整顿；对整改逾期仍未达标的，要依法予以关闭。加强安全标准化分级考核评价，将评价结果向银行、证券、保险、担保等主管部门通报，作为企业信用评级的重要参考依据。

（3）应急救援队伍和基地建设。要求抓紧7个国家级、14个区域性矿山应急救援基地建设，加快推进重点行业领域的专业应急救援队伍建设。建立救援队伍社会化服务补偿机制，鼓励和引导社会力量参与应急救援。

（4）专业化的安全监管监察队伍建设。要求建立以岗位职责为基础的能力评价体系，加强在岗人员业务培训，提升监管监察队伍履职能力。进一步充实基层监管力量，改善监管监察装备和条件，创新安全监管监察体制，切实做到严格、公正、廉洁、文明执法。

（5）安全技术创新体系建设。要求整合安全科技优势资源，建立完善以企业为主体、以市场为导向、产学研用相结合的安全技术创新体系，加快推进安全生产关键技术及装备的研发，在事故预防预警、防治控制、抢险处置等方面尽快推出一批具有自主知识产权的科技成果。

（6）安全文化建设。大力倡导“关注安全、关爱生命”的安全文化。要求在中小学广泛普及安全基础教育；全面开展安全生产、应急避险和职业健康知识进企业、进学校、进乡村、进社区、进家庭活动；建设安全文化主题公园、主题街道和安全社区，创建若干安全文化示范企业和安全发展示范城市。

（7）安全产业发展。要求把安全产业纳入国家重点支持的战略产业，积极发展安全装备融资租赁业务，促进企业加快提升安全装备水平。

（七）水利安全生产相关行政法规清单

水利安全生产相关行政法规清单见表2-2。

表2-2　水利安全生产相关行政法规清单

序号	安全生产相关行政法规名称	文　号
1	《建设工程安全生产管理条例》	国务院令第393号
2	《水库大坝安全管理条例》	国务院令第77号
3	《生产安全事故报告和调查处理条例》	国务院令第493号
4	《安全生产许可证条例》	国务院令第397号
5	《工伤保险条例》	国务院令第586号
6	《中华人民共和国内河交通安全管理条例》	国务院令第355号
7	《使用有毒物品作业场所劳动保护条例》	国务院令第352号
8	《国务院关于特大安全事故行政责任追究的规定》	国务院令第302号
9	《危险化学品安全管理条例》	国务院令第591号
10	《民用爆炸物品安全管理条例》	国务院令第466号
11	《女职工劳动保护特别规定》	国务院令第619号
12	《突发公共卫生事件应急条例》	国务院令第376号
13	《国务院关于进一步加强企业安全生产工作的通知》	国发〔2010〕23号
14	《国务院关于坚持科学发展安全发展促进安全生产形势持续稳定好转的意见》	国发〔2011〕40号
15	《国家突发公共事件总体应急预案》	国发〔2005〕11号

三、水利安全生产相关部门规章

(一)《水利工程建设安全生产管理规定》

《水利工程建设安全生产管理规定》(水利部令第26号)于2005年6月22日水利部部务会议审议通过，自公布之日起施行。

1. 总体要求

(1) 立法目的。

第一条　为了加强水利工程建设安全生产监督管理，明确安全生产责任，防止和减少安全生产事故，保障人民群众生命和财产安全，根据《中华人民共和国安全生产法》、《建设工程安全生产管理条例》等法律、法规，结合水利工程的特点，制定本规定。

(2) 适用范围。

第二条　本规定适用于水利工程的新建、扩建、改建、加固和拆除等活动及水利工程建设安全生产的监督管理。

前款所称水利工程，是指防洪、除涝、灌溉、水力发电、供水、围垦等（包括配套与附属工程）各类水利工程。

2. 主要规定

(1) 项目法人的安全责任。

第六条　项目法人在对施工投标单位进行资格审查时，应当对投标单位的主要负责人、项目负责人以及专职安全生产管理人员是否经水行政主管部门安全生产考核合格进行审查。有关人员未经考核合格的，不得认定投标单位的投标资格。

第八条　项目法人不得调减或挪用批准概算中所确定的水利工程建设有关安全作业环境及安全施工措施等所需费用。工程承包合同中应当明确安全作业环境及安全施工措施所需费用。

第九条　项目法人应当组织编制保证安全生产的措施方案，并自开工报告批准之日起15日内报有管辖权的水行政主管部门、流域管理机构或者其委托的水利工程建设安全生产监督机构（以下简称安全生产监督机构）备案。建设过程中安全生产的情况发生变化时，应当及时对保证安全生产的措施方案进行调整，并报原备案机关……

第十条　项目法人在水利工程开工前，应当就落实保证安全生产的措施进行全面系统的布置，明确施工单位的安全生产责任。

第十一条　项目法人应当将水利工程中的拆除工程和爆破工程发包给具有相应水利水电工程施工资质等级的施工单位……

(2) 勘察（测）单位的安全责任。

第十二条　勘察（测）单位应当按照法律、法规和工程建设强制性标准进行勘察（测），提供的勘察（测）文件必须真实、准确，满足水利工程建设安全生产的需要。

勘察（测）单位在勘察（测）作业时，应当严格执行操作规程，采取措施保证各类管线、设施和周边建筑物、构筑物的安全。

勘察（测）单位和有关勘察（测）人员应当对其勘察（测）成果负责。

(3) 设计单位的安全责任。

第十三条　设计单位应当按照法律、法规和工程建设强制性标准进行设计，并考虑项目周边环境对施工安全的影响，防止因设计不合理导致生产安全事故的发生。

设计单位应当考虑施工安全操作和防护的需要，对涉及施工安全的重点部位和环节在设计文件中注明，并对防范生产安全事故提出指导意见。

采用新结构、新材料、新工艺以及特殊结构的水利工程，设计单位应当在设计中提出保障施工作业人员安全和预防生产安全事故的措施建议。

设计单位和有关设计人员应当对其设计成果负责。

设计单位应当参与与设计有关的生产安全事故分析，并承担相应的责任。

(4) 监理单位的安全责任。

第十四条 监理单位和监理人员应当按照法律、法规和工程建设强制性标准实施监理，并对水利工程建设安全生产承担监理责任。

监理单位应当审查施工组织设计中的安全技术措施或者专项施工方案是否符合工程建设强制性标准。

监理单位在实施监理过程中，发现存在生产安全事故隐患的，应当要求施工单位整改；对情况严重的，应当要求施工单位暂时停止施工，并及时向水行政主管部门、流域管理机构或者其委托的安全生产监督机构以及项目法人报告。

(5) 施工单位的安全责任。

第十六条 施工单位从事水利工程的新建、扩建、改建、加固和拆除等活动，应当具备国家规定的注册资本、专业技术人员、技术装备和安全生产等条件，依法取得相应等级的资质证书，并在其资质等级许可的范围内承揽工程。

第十七条 施工单位应当依法取得安全生产许可证后，方可从事水利工程施工活动。

第十九条 施工单位在工程报价中应当包含工程施工的安全作业环境及安全施工措施所需费用。对列入建设工程概算的上述费用，应当用于施工安全防护用具及设施的采购和更新、安全施工措施的落实、安全生产条件的改善，不得挪作他用。

第二十条 施工单位应当设立安全生产管理机构，按照国家有关规定配备专职安全生产管理人员。施工现场必须有专职安全生产管理人员。

专职安全生产管理人员负责对安全生产进行现场监督检查。发现生产安全事故隐患，应当及时向项目负责人和安全生产管理机构报告；对违章指挥、违章操作的，应当立即制止。

第二十三条 施工单位应当在施工组织设计中编制安全技术措施和施工现场临时用电方案，对下列达到一定规模的危险性较大的工程应当编制专项施工方案，并附具安全验算结果，经施工单位技术负责人签字以及总监理工程师核签后实施，由专职安全生产管理人员进行现场监督：

(一) 基坑支护与降水工程；

(二) 土方和石方开挖工程；

(三) 模板工程；

(四) 起重吊装工程；

(五) 脚手架工程；

(六) 拆除、爆破工程；

(七) 围堰工程；

(八) 其他危险性较大的工程。

对前款所列工程中涉及高边坡、深基坑、地下暗挖工程、高大模板工程的专项施工方案，施工单位还应当组织专家进行论证、审查。

(二)《安全生产事故隐患排查治理暂行规定》

《安全生产事故隐患排查治理暂行规定》(国家安监总局令第16号) 于2007年12月22日国家安全生产监督管理总局局长办公会议审议通过，自2008年2月1日起施行。

1. 总体要求

(1) 立法目的。

第一条 为了建立安全生产事故隐患排查治理长效机制，强化安全生产主体责任，加强事故隐患监督管理，防止和减少事故，保障人民群众生命财产安全，根据安全生产法等法律、行政法规，制定本规定。

(2) 适用范围。

第二条　生产经营单位安全生产事故隐患排查治理和安全生产监督管理部门、煤矿安全监察机构（以下统称安全监管监察部门）实施监管监察，适用本规定。

2. 主要规定

(1) 事故隐患的定义和分类。

第三条　本规定所称安全生产事故隐患（以下简称事故隐患），是指生产经营单位违反安全生产法律、法规、规章、标准、规程和安全生产管理制度的规定，或者因其他因素在生产经营活动中存在可能导致事故发生的物的危险状态、人的不安全行为和管理上的缺陷。

事故隐患分为一般事故隐患和重大事故隐患。一般事故隐患，是指危害和整改难度较小，发现后能够立即整改排除的隐患。重大事故隐患，是指危害和整改难度较大，应当全部或者局部停产停业，并经过一定时间整改治理方能排除的隐患，或者因外部因素影响致使生产经营单位自身难以排除的隐患。

(2) 事故隐患排查治理制度的建立健全。

第八条　……生产经营单位应当建立健全事故隐患排查治理和建档监控等制度，逐级建立并落实从主要负责人到每个从业人员的隐患排查治理和监控责任制。

第九条　生产经营单位应当保证事故隐患排查治理所需的资金，建立资金使用专项制度。

第十条　生产经营单位应当定期组织安全生产管理人员、工程技术人员和其他相关人员排查本单位的事故隐患。对排查出的事故隐患，应当按照事故隐患的等级进行登记，建立事故隐患信息档案，并按照职责分工实施监控治理。

第十一条　生产经营单位应当建立事故隐患报告和举报奖励制度，鼓励、发动职工发现和排除事故隐患，鼓励社会公众举报。对发现、排除和举报事故隐患的有功人员，应当给予物质奖励和表彰。

(3) 事故隐患排查治理情况统计分析、报告。

第十四条　生产经营单位应当每季、每年对本单位事故隐患排查治理情况进行统计分析，并分别于下一季度15日前和下一年1月31日前向安全监管监察部门和有关部门报送书面统计分析表。统计分析表应当由生产经营单位主要负责人签字。

对于重大事故隐患，生产经营单位除依照前款规定报送外，应当及时向安全监管监察部门和有关部门报告。重大事故隐患报告内容应当包括：

（一）隐患的现状及其产生原因；

（二）隐患的危害程度和整改难易程度分析；

（三）隐患的治理方案。

(4) 事故隐患的治理。

第十五条　对于一般事故隐患，由生产经营单位（车间、分厂、区队等）负责人或者有关人员立即组织整改。

对于重大事故隐患，由生产经营单位主要负责人组织制定并实施事故隐患治理方案。重大事故隐患治理方案应当包括以下内容：

（一）治理的目标和任务；

（二）采取的方法和措施；

（三）经费和物资的落实；

（四）负责治理的机构和人员；

（五）治理的时限和要求；

（六）安全措施和应急预案。

第十六条　生产经营单位在事故隐患治理过程中，应当采取相应的安全防范措施，防止事故发生。事故隐患排除前或者排除过程中无法保证安全的，应当从危险区域内撤出作业人员，并疏散可能

危及的其他人员，设置警戒标志，暂时停产停业或者停止使用；对暂时难以停产或者停止使用的相关生产储存装置、设施、设备，应当加强维护和保养，防止事故发生。

(5) 自然灾害的预防。

第十七条　生产经营单位应当加强对自然灾害的预防。对于因自然灾害可能导致事故灾难的隐患，应当按照有关法律、法规、标准和本规定的要求排查治理，采取可靠的预防措施，制定应急预案。在接到有关自然灾害预报时，应当及时向下属单位发出预警通知；发生自然灾害可能危及生产经营单位和人员安全的情况时，应当采取撤离人员、停止作业、加强监测等安全措施，并及时向当地人民政府及其有关部门报告。

(三)《生产经营单位安全培训规定》

《生产经营单位安全培训规定》(国家安监总局令第3号) 于2005年12月28日国家安全生产监督管理总局局长办公会议审议通过，自2006年3月1日起施行。2013年8月19日国家安全生产监督管理总局局长办公会议审议通过的《国家安全监管总局关于修改〈生产经营单位安全培训规定〉等11件规章的决定》(国家安监总局令第63号) 对部分条款进行了修改。

1. 总体要求

(1) 立法目的。

第一条　为加强和规范生产经营单位安全培训工作，提高从业人员安全素质，防范伤亡事故，减轻职业危害，根据安全生产法和有关法律、行政法规，制定本规定。

(2) 适用范围。

第二条　工矿商贸生产经营单位（以下简称生产经营单位）从业人员的安全培训，适用本规定。

2. 主要规定

(1) 生产经营单位职责。

第三条　生产经营单位负责本单位从业人员安全培训工作。

生产经营单位应当按照安全生产法和有关法律、行政法规和本规定，建立健全安全培训工作制度。

第四条　生产经营单位应当进行安全培训的从业人员包括主要负责人、安全生产管理人员、特种作业人员和其他从业人员。

生产经营单位从业人员应当接受安全培训，熟悉有关安全生产规章制度和安全操作规程，具备必要的安全生产知识，掌握本岗位的安全操作技能，增强预防事故、控制职业危害和应急处理的能力。

未经安全生产培训合格的从业人员，不得上岗作业。

(2) 三级安全教育培训规定。

第十一条　煤矿、非煤矿山、危险化学品、烟花爆竹等生产经营单位必须对新上岗的临时工、合同工、劳务工、轮换工、协议工等进行强制性安全培训，保证其具备本岗位安全操作、自救互救以及应急处置所需的知识和技能后，方能安排上岗作业。

第十二条　加工、制造业等生产单位的其他从业人员，在上岗前必须经过厂（矿）、车间（工段、区、队）、班组三级安全培训教育……

第十三条　生产经营单位新上岗的从业人员，岗前培训时间不得少于24学时……

第十四条　厂（矿）级岗前安全培训内容应当包括：

（一）本单位安全生产情况及安全生产基本知识；

（二）本单位安全生产规章制度和劳动纪律；

（三）从业人员安全生产权利和义务；

（四）有关事故案例等。

第十五条　车间（工段、区、队）级岗前安全培训内容应当包括：

(一) 工作环境及危险因素；

(二) 所从事工种可能遭受的职业伤害和伤亡事故；

(三) 所从事工种的安全职责、操作技能及强制性标准；

(四) 自救互救、急救方法、疏散和现场紧急情况的处理；

(五) 安全设备设施、个人防护用品的使用和维护；

(六) 本部门安全生产状况及规章制度；

(七) 预防事故和职业危害的措施及应注意的安全事项；

(八) 有关事故案例；

(九) 其他需要培训的内容。

第十六条　班组级岗前安全培训内容应当包括：

(一) 岗位安全操作规程；

(二) 岗位之间工作衔接配合的安全与职业卫生事项；

(三) 有关事故案例；

(四) 其他需要培训的内容。

(3) 转岗、复岗、三新安全教育培训规定。

第十七条　从业人员在本生产经营单位内调整工作岗位或离岗一年以上重新上岗时，应当重新接受车间（工段、区、队）和班组级的安全培训。

生产经营单位实施新工艺、新技术或者使用新设备、新材料时，应当对有关从业人员重新进行有针对性的安全培训。

(4) 特种作业人员安全培训规定。

第十八条　生产经营单位的特种作业人员，必须按照国家有关法律、法规的规定接受专门的安全培训，经考核合格，取得特种作业操作资格证书后，方可上岗作业。

(5) 安全培训的组织实施。

第十九条　……生产经营单位除主要负责人、安全生产管理人员、特种作业人员以外的从业人员的安全培训工作，由生产经营单位组织实施。

第二十条　具备安全培训条件的生产经营单位，应当以自主培训为主；可以委托具备安全培训条件的机构，对从业人员进行安全培训。

不具备安全培训条件的生产经营单位，应当委托具备安全培训条件的机构，对从业人员进行安全培训。

第二十一条　生产经营单位应当将安全培训工作纳入本单位年度工作计划。保证本单位安全培训工作所需资金。

第二十二条　生产经营单位应建立健全从业人员安全培训档案，详细、准确记录培训考核情况。

第二十三条　生产经营单位安排从业人员进行安全培训期间，应当支付工资和必要的费用。

(四)《特种作业人员安全技术培训考核管理规定》

《特种作业人员安全技术培训考核管理规定》（国家安监总局令第 30 号）于 2010 年 4 月 26 日国家安全生产监督管理总局局长办公会议审议通过，自 2010 年 7 月 1 日起施行。

1. 总体要求

(1) 立法目的。

第一条　为了规范特种作业人员的安全技术培训考核工作，提高特种作业人员的安全技术水平，防止和减少伤亡事故，根据《安全生产法》、《行政许可法》等有关法律、行政法规，制定本规定。

(2) 适用范围。

第二条　生产经营单位特种作业人员的安全技术培训、考核、发证、复审及其监督管理工作，适

用本规定。

有关法律、行政法规和国务院对有关特种作业人员管理另有规定的，从其规定。

2. 主要规定

（1）特种作业人员应当符合的条件。

第四条　特种作业人员应当符合下列条件：

（一）年满18周岁，且不超过国家法定退休年龄；

（二）经社区或者县级以上医疗机构体检健康合格，并无妨碍从事相应特种作业的器质性心脏病、癫痫病、美尼尔氏症、眩晕症、癔症、震颤麻痹症、精神病、痴呆症以及其他疾病和生理缺陷；

（三）具有初中及以上文化程度；

（四）具备必要的安全技术知识与技能；

（五）相应特种作业规定的其他条件。

危险化学品特种作业人员除符合前款第（一）项、第（二）项、第（四）项和第（五）项规定的条件外，应当具备高中或者相当于高中及以上文化程度。

（2）特种作业人员资质。

第五条　特种作业人员必须经专门的安全技术培训并考核合格，取得《中华人民共和国特种作业操作证》（以下简称特种作业操作证）后，方可上岗作业。

（3）特种作业操作证有效期。

第十九条　特种作业操作证有效期为6年，在全国范围内有效……

（4）特种作业操作证复审。

第二十一条　特种作业操作证每3年复审1次。

特种作业人员在特种作业操作证有效期内，连续从事本工种10年以上，严格遵守有关安全生产法律法规的，经原考核发证机关或者从业所在地考核发证机关同意，特种作业操作证的复审时间可以延长至每6年1次。

第二十二条　特种作业操作证需要复审的，应当在期满前60日内，由申请人或者申请人的用人单位向原考核发证机关或者从业所在地考核发证机关提出申请，并提交下列材料：

（一）社区或者县级以上医疗机构出具的健康证明；

（二）从事特种作业的情况；

（三）安全培训考试合格记录。

特种作业操作证有效期届满需要延期换证的，应当按照前款的规定申请延期复审。

第二十三条　特种作业操作证申请复审或者延期复审前，特种作业人员应当参加必要的安全培训并考试合格。

安全培训时间不少于8个学时，主要培训法律、法规、标准、事故案例和有关新工艺、新技术、新装备等知识。

（五）水利安全生产相关部门规章清单

水利安全生产相关部门规章清单见表2-3。

表2-3　　**水利安全生产相关部门规章清单**

序号	安全生产相关部门规章名称	文　号
1	《水利工程建设安全生产管理规定》	水利部令第26号
2	《安全生产事故隐患排查治理暂行规定》	国家安监总局令第16号
3	《生产经营单位安全培训规定》	国家安监总局令第3号
4	《特种作业人员安全技术培训考核管理规定》	国家安监总局令第30号

续表

序号	安全生产相关部门规章名称	文 号
5	《劳动防护用品监督管理规定》	国家安监总局令第1号
6	《安全生产行政复议规定》	国家安监总局令第14号
7	《安全生产违法行为行政处罚办法》	国家安监总局令第15号
8	《生产安全事故应急预案管理办法》	国家安监总局令第17号
9	《生产安全事故信息报告和处置办法》	国家安监总局令第21号
10	《安全生产培训管理办法》	国家安监总局令第44号
11	《工作场所职业卫生监督管理规定》	国家安监总局令第47号
12	《职业病危害项目申报办法》	国家安监总局令第48号
13	《用人单位职业健康监护监督管理办法》	国家安监总局令第49号
14	《建设项目安全设施“三同时”监督管理暂行办法》	国家安监总局令第36号
15	《建设项目职业卫生“三同时”监督管理暂行办法》	国家安监总局令第51号
16	《危险化学品登记管理办法》	国家安监总局令第53号
17	《危险化学品安全使用许可证实施办法》	国家安监总局令第57号
18	《特种设备作业人员监督管理办法》	质检总局令第140号
19	《建筑施工企业安全生产许可证管理规定》	建设部令第128号
20	《实施工程建设强制性标准监督规定》	建设部令第81号
21	《建筑起重机械安全监督管理规定》	建设部令第166号
22	《职业健康监护管理办法》	卫生部令第23号
23	《职业病诊断与鉴定管理办法》	卫生部令第91号
24	《建设项目职业病危害分类管理办法》	卫生部令第49号

第三节 水利安全生产相关规范性文件

一、基本概念

水利水电工程建设安全生产规范性文件也是水利安全生产监督管理的依据之一，对水利安全生产监督管理工作的开展具有重要的指导意义。本节将对水利安全生产主要的规范性文件作简要介绍。

规范性文件是指由国务院所属各部委制定，或由各省、自治区、直辖市政府以及各厅（局）、委员会等政府管理部门制定，对某方面或某项工作进行规范的文件，一般以“通知”、“规定”、“决定”等文件形式出现。如：《关于进一步加强水利安全生产监督管理工作的意见》（水人教〔2006〕593号）、《关于加强小水电站安全监管工作的通知》（水电〔2009〕585号）、《关于进一步加强企业安全生产规范化建设，严格落实企业安全生产主体责任的指导意见》（安监总办〔2010〕139号）、《关于印发〈水利水电工程施工企业主要负责人、项目负责人和专职安全生产管理人员安全生产考核管理办法〉的通知》的通知（水安监〔2011〕374号）等。

规范性文件是安全生产法律体系的重要补充。

二、水利安全生产规范性文件

（一）《关于印发〈水利安全生产标准化评审管理暂行办法〉的通知》

2013年4月10日，水利部发布了《关于印发〈水利安全生产标准化评审管理暂行办法〉的通知》，对评审工作的基本评审程序以及评定等级等作出了明确规定，指导评审相关工作的开展和管理。

1. 总体要求

（1）制定目的。

第一条 为进一步落实水利生产经营单位安全生产主体责任，规范水利安全生产标准化评审工

作，根据《国务院关于进一步加强企业安全生产工作的通知》（国发〔2010〕23号）、《国务院安委会关于深入开展企业安全生产标准化建设的指导意见》（安委〔2011〕4号）和《水利行业深入开展安全生产标准化建设实施方案》（水安监〔2011〕346号），制定本办法。

（2）适用范围。

第二条　本办法适用于水利部部属水利生产经营单位，以及申请一级的非部属水利生产经营单位安全生产标准化评审。

水利生产经营单位是指水利工程项目法人、从事水利水电工程施工的企业和水利工程管理单位。其中水利工程项目法人为施工工期2年以上的大中型水利工程项目法人。小型水利工程项目法人和施工工期2年以下的大中型水利工程项目法人不参加安全生产标准化评审，但应按照安全生产标准化评审标准开展安全生产标准化建设工作。

农村水电站安全生产标准化评审办法另行制定。

（3）执行依据。

第三条　水利工程项目法人评审执行《水利工程项目法人安全生产标准化评审标准（试行）》（见附件1）；从事水利水电工程施工的企业评审执行《水利水电施工企业安全生产标准化评审标准（试行）》（见附件2）；水利工程管理单位评审执行《水利工程管理单位安全生产标准化评审标准（试行）》（见附件3）。以下统称《评审标准》。

2. 主要规定

（1）水利安全生产标准化等级划分。

第四条　水利安全生产标准化等级分为一级、二级和三级，依据评审得分确定，评审满分为100分。具体标准为：

（一）一级：评审得分90分以上（含），且各一级评审项目得分不低于应得分的70%；

（二）二级：评审得分80分以上（含），且各一级评审项目得分不低于应得分的70%；

（三）三级：评审得分70分以上（含），且各一级评审项目得分不低于应得分的60%；

（四）不达标：评审得分低于70分，或任何一项一级评审项目得分低于应得分的60%。

（2）水利安全生产标准化评审相关机构。

第五条　水利部安全生产标准化评审委员会负责部属水利生产经营单位一、二、三级和非部属水利生产经营单位一级安全生产标准化评审的指导、管理和监督，其办公室设在水利部安全监督司。评审具体组织工作由中国水利企业协会承担。

第二十四条　各省、自治区、直辖市水行政主管部门可参照本办法，结合本地区水利实际制定相关规定，开展本地区二级和三级水利安全生产标准化评审工作。

（3）水利安全生产标准化评审程序。

第六条　水利安全生产标准化评审程序：

（一）水利生产经营单位依照《评审标准》进行自主评定；

（二）水利生产经营单位根据自主评定结果向水利部提出评审申请；

（三）经审核符合条件的，由水利部认可的评审机构开展评审；

（四）水利部安全生产标准化评审委员会审定，由水利部公告、颁证授牌。

（4）水利生产经营单位安全生产标准化评定自评。

第九条　水利生产经营单位应按照《评审标准》组织开展安全生产标准化建设，自主开展等级评定，形成自评报告（格式见附件4）。自评报告内容应包括：单位概况及安全管理状况、基本条件的符合情况、自主评定工作开展情况、自主评定结果、发现的主要问题、整改计划及措施、整改完成情况等。

水利生产经营单位在策划、实施安全生产标准化工作和自主开展安全生产标准化等级评定时，可以聘请专业技术咨询机构提供支持。

(5) 水利生产经营单位安全生产标准化评定申请。

第十条　水利生产经营单位根据自主评定结果，按照下列规定提出评审书面申请，申请材料包括申请表（见附件5）和自评报告：

（一）部属水利生产经营单位经上级主管单位审核同意后，向水利部提出评审申请；

（二）地方水利生产经营单位申请水利安全生产标准化一级的，经所在地省级水行政主管部门审核同意后，向水利部提出评审申请；

（三）上述两款规定以外的水利生产经营单位申请水利安全生产标准化一级的，经上级主管单位审核同意后，向水利部提出评审申请。

(6) 水利生产经营单位安全生产标准化评定基本条件。

第十一条　申请水利安全生产标准化评审的单位应具备以下条件：

（一）设立有安全生产行政许可的，应依法取得国家规定的相应安全生产行政许可；

（二）水利工程项目法人所管辖的建设项目、水利水电施工企业在评审期（申请等级评审之日前1年）内，未发生较大及以上生产安全事故，不存在非法违法生产经营建设行为，重大事故隐患已治理达到安全生产要求；

（三）水利工程管理单位在评审期内，未发生造成人员死亡、重伤3人以上或直接经济损失超过100万元以上的生产安全事故，不存在非法违法生产经营建设行为，重大事故隐患已治理达到安全生产要求。

(7) 水利安全生产标准化评审机构评审程序。

第十二条　水利部对申请材料进行审核，符合申请条件的，通知申请单位开展评审机构评审。

第十三条　评审机构按照以下程序进行评审：

（一）评审机构依据相关法律法规、技术标准以及《评审标准》，采用抽样的方式，采取文件审查、资料核对、人员询问、现场察看等方法，对申请单位进行评审；

（二）评审机构评审工作应在30日内完成（不含申请单位整改时间）；

（三）评审机构应在评审工作结束后15日内完成评审报告（格式见附件6）。评审报告内容应包括：单位概况，安全生产管理及绩效，评审情况、得分及得分明细表，存在的主要问题及整改建议，推荐性评审意见，现场评审人员组成及分工。

(8) 水利部安全生产标准化审定。

第十四条　水利部安全生产标准化评审委员会对评审报告进行审定，达到申请等级的，公示后由水利部公告、颁证授牌。

(二)《水利安全生产标准化评审管理暂行办法实施细则》

1. 制定依据

第一条　根据《水利安全生产标准化评审管理暂行办法》（水安监〔2013〕189号，以下简称《办法》），制定本细则。

2. 主要规定

(1) 水利生产经营单位申请。

第三条　水利安全生产标准化评审实行网上申报。水利生产经营单位须根据自主评定结果登录水利安全监督网（http://aqjd.mwr.gov.cn）"水利安全生产标准化评审管理系统"，按照《办法》第十条的规定，经上级主管单位或所在地省级水行政主管部门审核同意后，提交水利部安全生产标准化委员会办公室。

其中，审核单位为非水利部直属单位或省级水行政主管部门的，须以纸质材料进行审核，审核通过后，登陆"水利安全生产标准化评审管理系统"进行申报。

（2）安全生产标准化评审委员会办公室审核。

第四条 水利部安全生产标准化评审委员会办公室自收到申请材料之日起，5个工作日内完成材料审核。主要审核：

（一）水利生产经营单位是否符合申请条件；

（二）自评报告是否符合要求，内容是否完整。

对符合申请条件且材料合格的水利生产经营单位，通知其开展评审机构评审；对符合申请条件但材料不完整或存在疑问的，要求其补充相关材料或说明有关情况；对不符合申请条件的，退回申请材料。

（3）评审抽查。

第十条　被评审单位所管辖的项目或工程数量超过3个时，应抽查不少于3个项目或工程现场。

项目法人须抽查开工一年后的在建水利工程项目；施工企业须抽查现场作业量相对较大时期的水利水电工程项目。

（4）每年自评。

第十四条　取得水利安全生产标准化等级证书的单位每年年底应对安全生产标准化情况进行自评，形成报告，于次年1月31日前通过“水利安全生产标准化评审管理系统”报送水利部安全生产标准化评审委员会办公室。

（三）《关于进一步加强水利安全生产监督管理工作的意见》

1. 总体要求

为深入贯彻落实《安全生产法》和《决定》（国发〔2004〕2号），强化水利行业安全生产监督与管理，防止和减少安全生产事故，保障水利职工的生命财产安全，促进安全生产与水利的同步协调发展，水利部下发了《关于进一步加强水利安全生产监督管理工作的意见》（水人教〔2006〕593号）。

2. 主要规定

（1）明确目标，建立安全生产长效机制。通过强化安全监管，落实安全责任，创新体制机制，建立长效机制，逐步形成和完善行业安全生产监督管理体系、规章制度体系、宣传教育体系、技术信息体系和应急救援体系。要求各单位健全安全生产控制指标考核体系，落实完成安全生产重要指标和主要任务的保障措施，将安全生产工作纳入领导干部政绩和单位评选先进的重要考核内容，做到安全生产与水利发展的各项工作同步规划、统一部署、协调推进。

（2）强化行业安全生产监督管理，切实履行监管职责。各级水行政主管部门和流域管理机构要切实加强本地区、本流域水利安全生产监督管理工作，切实履行安全生产责任，搞好水利安全生产监管队伍建设，完善安全生产制度，保证安全投入，加强安全教育培训，开展水利监管重点领域安全生产专项治理和事故隐患排查，促进水利安全生产工作从传统的行政管理向依法监管转变，从经验型被动管理向预防型全过程管理转变，探索和推动水利安全生产管理体制和机制创新。

（3）认真落实水利生产经营单位安全生产责任主体。明确了水利生产经营单位主要负责人是本单位安全生产的第一责任人。单位主要负责人要切实履行安全生产第一责任人的职责，高度重视并切实抓好安全生产工作。要求各单位要设置与生产经营活动相适应的安全生产管理机构和配备专职或兼职安全生产管理人员；建立以安全生产责任制为核心的各项安全生产管理规章制度，不断完善生产条件，加强水利生产和工程建设过程中的安全管理，从源头抓好安全基础管理。

（4）水利工程运行安全管理。水利工程管理单位要按照《水利部关于加强小型水库安全管理工作的意见》（水建管〔2002〕188号）和《水利部关于加强水库安全管理工作的通知》（水建管〔2006〕131号）等文件的要求，建立水利工程运行管理安全责任制，加强工程运行安全管理和应急管理，保证工程安全运行的措施经费，制定安全度汛、工程巡查、维修养护、除险加固、应急救援、抢险救灾、水毁工程修复等安全管理规章制度，严格执行各项水利工程运行安全管理的法规规章和技术标准。

（四）《小型水库安全管理办法》

1. 总体要求

第一条　为加强小型水库安全管理，确保工程安全运行，保障人民生命财产安全，依据《水法》、《防洪法》、《安全生产法》和《水库大坝安全管理条例》等法律、法规，制定本办法。

第二条　本办法适用于总库容 10 万立方米以上、1000 万立方米以下（不含）的小型水库安全管理。

2. 主要规定

(1) 水库主管部门（或业主）对小型水库安全管理责任。

第十条　水库主管部门（或业主）负责所属小型水库安全管理，明确水库管理单位或管护人员，制定并落实水库安全管理各项制度，筹措水库管理经费，对所属水库大坝进行注册登记，申请划定工程管理范围与保护范围，督促水库管理单位或管护人员履行职责。

(2) 小型水库工程设施安全规定。

第十七条　小型水库应有到达枢纽主要建筑物的必要交通条件，配备必要的管理用房。防汛道路应到达坝肩或坝下，道路标准应满足防汛抢险要求。

第十八条　小型水库应配备必要的通信设施，满足汛期报汛或紧急情况下报警的要求。对重要小型水库应具备两种以上的有效通信手段，其他小型水库应具备一种以上的有效通信手段。

(3) 小型水库巡视检查及维修养护规定。

第二十二条　水库管理单位或管护人员应按照有关规定开展日常巡视检查，重点检查水库水位、渗流和主要建筑物工况等，做好工程安全检查记录、分析、报告和存档等工作。重要小型水库应设置必要的安全监测设施。

第二十三条　水库主管部门（或业主）应按规定组织所属小型水库工程开展维修养护，对枢纽建筑物、启闭设备及备用电源等加强检查维护，对影响大坝安全的白蚁危害等安全隐患及时进行处理。

(4) 小型水库大坝安全鉴定。

第二十四条　水库主管部门（或业主）应按规定组织所属小型水库进行大坝安全鉴定。对存在病险的水库应采取有效措施，限期消除安全隐患，确保水库大坝安全。水行政主管部门应根据水库病险情况决定限制水位运行或空库运行。对符合降等或报废条件的小型水库按规定实施降等或报废。

(5) 小型水库应建立的安全管理制度。

第二十条　小型水库应建立调度运用、巡视检查、维修养护、防汛抢险、闸门操作、技术档案等管理制度并严格执行。

第二十五条　重要小型水库应建立工程基本情况、建设与改造、运行与维护、检查与观测、安全鉴定、管理制度等技术档案，对存在问题或缺失的资料应查清补齐。其他小型水库应加强技术资料积累与管理。

（五）《水库大坝安全鉴定办法》

1. 总体要求

第一条　为加强水库大坝（以下简称大坝）安全管理，规范大坝安全鉴定工作，保障大坝安全运行，根据《中华人民共和国水法》、《中华人民共和国防洪法》和《水库大坝安全管理条例》的有关规定，制定本办法。

2. 主要规定

(1) 大坝安全鉴定制度。

第五条　大坝实行定期安全鉴定制度，首次安全鉴定应在竣工验收后 5 年内进行，以后应每隔 6

～10年进行一次。运行中遭遇特大洪水、强烈地震、工程发生重大事故或出现影响安全的异常现象后，应组织专门的安全鉴定。

(2) 大坝安全状况分类。

第六条 大坝安全状况分为三类，分类标准如下：

一类坝：实际抗御洪水标准达到《防洪标准》(GB 50201—94) 规定，大坝工作状态正常；工程无重大质量问题，能按设计正常运行的大坝。

二类坝：实际抗御洪水标准不低于部颁水利枢纽工程除险加固近期非常运用洪水标准，但达不到《防洪标准》(GB 50201—94) 规定；大坝工作状态基本正常，在一定控制运用条件下能安全运行的大坝。

三类坝：实际抗御洪水标准低于部颁水利枢纽工程除险加固近期非常运用洪水标准，或者工程存在较严重安全隐患，不能按设计正常运行的大坝。

(3) 大坝安全评价单位。

第十一条 大型水库和影响县城安全或坝高50m以上中型水库的大坝安全评价，由具有水利水电勘测设计甲级资质的单位或者水利部公布的有关科研单位和大专院校承担。

其他中型水库和影响县城安全或坝高30m以上小型水库的大坝安全评价由具有水利水电勘测设计乙级以上（含乙级）资质的单位承担；其他小型水库的大坝安全评价由具有水利水电勘测设计丙级以上（含丙级）资质的单位承担。上述水库的大坝安全评价也可以由省级水行政主管部门公布的有关科研单位和大专院校承担。

鉴定承担单位实行动态管理，对业绩表现差，成果质量不能满足要求的鉴定承担单位应当取消其承担大坝安全评价的资格。

(六)《关于做好水利安全生产隐患排查治理信息统计和报送工作的通知》

1. 总体要求

《关于做好水利安全生产隐患排查治理信息统计和报送工作的通知》(水安办〔2010〕73号) 指出，各单位要高度重视隐患排查治理信息统计和报送工作，加强组织领导，明确责任，落实负责信息统计和报送工作人员，结合本地区、本单位实际层层建立信息报送制度。要按照本通知要求，认真统计隐患排查治理信息，编报工作总结材料，完整、准确、及时地反映隐患排查治理工作情况。

2. 主要规定

(1) 建立信息统计月报制度。各单位要及时、准确、全面掌握本地区、本单位水利安全生产隐患排查治理进展情况，每月对隐患排查治理工作情况（包括安全生产执法行动情况）进行统计分析，认真组织填报《水利安全生产隐患排查治理情况统计表》、《水利安全生产执法行动情况统计表》(可在水利部网站安全监督栏目下载)。自2010年4月份起，每月结束后5日内传真和电子邮件方式报送水利部安全监督司。

(2) 做好季度总结通报工作。各单位要在组织、指导、督促本地区、本单位开展水利安全生产隐患排查治理工作的同时，建立隐患排查治理季度总结通报制度，认真总结隐患排查治理工作经验、有效做法和存在的问题，提出下一阶段工作安排及有关建议，每季度进行通报，并于每季度结束后5日内将隐患排查治理总结材料和《水利重大安全生产隐患登记表》报送水利部安全监督司。水利部每季度将对各地区、各单位隐患排查治理工作情况予以通报。

(七)《关于完善水利行业生产安全事故统计快报和月报制度的通知》

1. 制定依据

为加强水利安全生产体制机制建设，做好水利生产安全事故统计分析和预防应对工作，水利部办公厅依据《生产安全事故报告和调查处理条例》(国务院令第393号)，制定《关于完善水利行业生产安全事故统计快报和月报制度的通知》(办安监〔2009〕112号)。

2. 主要规定

(1) 事故统计报告范围。

1) 事故快报范围。

各级水行政主管部门、水利企事业单位在生产经营活动中以及其负责安全生产监管的水利水电在建、已建工程等生产经营活动中发生的特别重大、重大、较大和造成人员死亡的一般事故以及非超标准洪水溃坝等严重危及公共安全、社会影响重大的涉险事故。

2) 事故月报范围。

各级水行政主管部门、水利企事业单位在生产经营活动中以及其负责安全生产监管的水利水电在建、已建工程等生产经营活动中发生的造成人员死亡、重伤（包括急性工业中毒）或者直接经济损失在100万元以上的生产安全事故。

(2) 事故统计报告内容。

1) 事故快报内容。

①事故发生的时间（年、月、日、时、分）、地点［省（自治区、直辖市）、市（地）、县（市）、乡（镇）］；

②发生事故单位的名称、主管部门和参建单位资质等级情况；

③事故的简要经过及原因初步分析；

④事故已经造成和可能造成的伤亡人数（死亡、失踪、被困、轻伤、重伤、急性工业中毒等），初步估计事故造成的直接经济损失；

⑤事故抢救进展情况和采取的措施；

⑥其他应报告的有关情况。

2) 事故月报内容。

按照《水利行业生产安全事故月报表》的内容填写水利生产安全事故基本情况，包括事故发生的时间和单位名称、单位类型、事故死亡和重伤人数（包括急性工业中毒）、事故类别、事故原因、直接经济损失和事故简要情况等。

(3) 事故统计报告时限。

1) 事故快报时限。

发生快报范围内的事故后，事故现场有关人员应立即报告本单位负责人。事故单位负责人接到事故报告后，应在1小时之内向上级主管单位以及事故发生地县级以上水行政主管部门报告。有关水行政主管部门接到报告后，立即报告上级水行政主管部门，每级上报的时间不得超过2小时。情况紧急时，事故现场有关人员可以直接向事故发生地县级以上水行政主管部门报告。有关单位和水行政主管部门也可以越级上报。

部直属单位和各省（自治区、直辖市）水行政主管部门接到事故报告后，要在2小时内报送至水利部安全监督司（非工作时间报水利部总值班室）。对事故情况暂时不清的，可先报送事故概况，及时跟踪并将新情况续报。自事故发生之日起30日内（道路交通事故、火灾事故自发生之日起7日内），事故造成的伤亡人数发生变化或直接经济损失发生变动，应当重新确定事故等级并及时补报。

2) 事故月报时限和方式。

部直属单位，各省（自治区、直辖市）和计划单列市水行政主管部门于每月6日前，将上月本地区、本单位《水利行业生产安全事故月报表》以传真和电子邮件的方式报送水利部安全监督司。事故月报实行零报告制度，当月无生产安全事故也要按时报告。

(八) 水利安全生产相关规范性文件清单

水利安全生产相关规范性文件清单见表2-4。

表 2-4　　水利安全生产相关规范性文件清单

序号	安全生产相关规范性文件名称	文　号
1	《国务院安委会关于进一步加强安全培训工作的决定》	安委〔2012〕10号
2	《国务院安委会办公室关于印发工贸行业企业安全生产标准化建设和安全生产事故隐患排查治理体系建设实施指南的通知》	安委办〔2012〕28号
3	《关于印发水利工程建设安全生产监督检查导则的通知》	水安监〔2011〕475号
4	《水利部安全生产领导小组工作规则》	水安监〔2010〕1号
5	《关于印发水利行业开展安全生产标准化建设实施方案的通知》	水安监〔2011〕346号
6	《水利安全生产标准化评审管理暂行办法》	水安监〔2013〕189号
7	《关于贯彻落实〈国务院关于坚持科学发展安全发展促进安全生产形势持续稳定好转的意见〉进一步加强水利安全生产工作的实施意见》	水安监〔2012〕57号
8	《关于贯彻落实〈中共中央国务院关于加快水利改革发展的决定〉加强水利安全生产工作的实施意见》	水安监〔2011〕175号
9	《关于印发水利安全生产"三项行动"实施方案的通知》	水安监〔2009〕237号
10	《水利水电工程施工企业主要负责人、项目负责人和专职安全生产管理人员安全生产考核管理办法》	水安监〔2011〕374号
11	《水利部关于进一步加强水利安全培训工作的实施意见》	水安监〔2013〕88号
12	《小型水库安全管理办法》	水安监〔2010〕200号
13	《水利安全生产标准化评审管理暂行办法实施细则》	办安监〔2013〕168号
14	《水利部办公厅关于印发〈水利水电建设项目安全预评价指导意见〉和〈水利水电建设项目安全验收评价指导意见〉的通知》	办安监〔2013〕139号
15	《关于完善水利行业生产安全事故统计快报和月报制度的通知》	办安监〔2009〕112号
16	《关于进一步加强水利水电工程施工企业主要负责人、项目负责人和专职安全生产管理人员安全生产考核工作的通知》	办安监〔2010〕348号
17	《关于做好水利安全生产隐患排查治理信息统计和报送工作的通知》	水安办〔2010〕73号
18	《关于开展水利安全生产检查和安全生产领域"打非治违"等专项行动重点督查的通知》	水明发〔2012〕29号
19	《关于开展水利安全生产领域"打非治违"专项行动的通知》	水明发〔2012〕12号
20	《关于开展水利行业严厉打击非法违法生产经营建设行为专项行动的通知》	水明发〔2011〕17号
21	《水利部关于印发〈水利工程建设领域预防施工起重机械脚手架等坍塌事故专项整治工作方案〉的通知》	水建管〔2012〕187号
22	《关于建立水利建设工程安全生产条件市场准入制度的通知》	水建管〔2005〕80号
23	《关于印发〈水利工程建设重大质量与安全事故应急预案〉的通知》	水建管〔2006〕202号
24	《加强水利工程建设招标投标、建设实施和质量安全管理工作指导意见》	水建管〔2009〕618号
25	《水库大坝安全鉴定办法》	水建管〔2003〕271号
26	《水闸安全鉴定管理办法》	水建管〔2008〕214号
27	《关于加强水库安全管理工作的通知》	水建管〔2006〕131号
28	《水库大坝安全管理应急预案编制导则（试行）》	水建管〔2007〕164号
29	《关于进一步加强水利安全生产监督管理工作的意见》	水人教〔2006〕593号
30	《水利部关于加强农村水电安全生产监察管理工作指导意见》	水电〔2006〕210号
31	《关于加强小水电站安全监管工作的通知》	水电〔2009〕585号

续表

序号	安全生产相关规范性文件名称	文　号
32	《水利水电建设项目安全评价管理办法（试行）》	水规计〔2012〕112号
33	《关于印发水利工程建设、水土保持、农村水利、水利安全生产监督管理、防汛抗旱专业从业人员行为准则（试行）的通知》	水精〔2013〕2号
34	《关于印发〈企业安全生产费用提取和使用管理办法〉的通知》	财企〔2012〕16号

第四节　水利安全生产相关标准

一、基本概念

（一）技术标准

技术标准是指重复性的技术事项在一定范围内的统一规定，是为在科学技术范围内获得最佳秩序，对科技活动或其结果规定共同的和重复使用的规则、导则或特性的文件，该文件经协商一致制定并经一个公认机构批准，以科学技术和实践经验的综合成果为基础，以促进最佳社会效益为目的。技术标准包括的范围涉及除政治、道德、法律以外的国民经济和社会发展的各个领域。

（二）水利安全生产技术标准

水利安全生产技术标准，是指为在水利安全生产领域获得最佳秩序，由国家标准化主管机关、国务院水行政主管部门或者地方政府制订、审批和发布的，从技术控制的角度来规范和约束水利安全生产活动的文件。

（三）法律规范与技术标准

法律规范和技术标准的性质和内容虽不相同，但两者的目标指向是一致的，因此，两者相互联系、相辅相成。法律规范为规范和加强安全生产管理提供法律依据，而技术标准为法律规范的施行提供重要的技术支撑。

在我国制定的许多安全生产方面的法规中将安全生产标准作为生产经营单位必须执行的技术规范而载入法律。

二、安全生产标准分类

安全生产标准分为国家标准、行业标准、地方标准和企业标准。技术标准的表现形式一般为标准、规程、规范等。

（一）国家标准

安全生产国家标准是指国家标准化行政主管部门依照《标准化法》制定的在全国范围内适用的安全生产技术规范。

国家标准分为强制性标准和推荐性标准，强制性标准代号为“GB”，推荐性标准代号为“GB/T”。国家标准的编号由国家标准代号、国家标准发布顺序号及国家标准发布的年号组成，以《危险化学品重大危险源辨识》（GB 18218—2009）为例，其编号示意如图2-1所示。

《危险化学品重大危险源辨识》(GB 18218—2009)

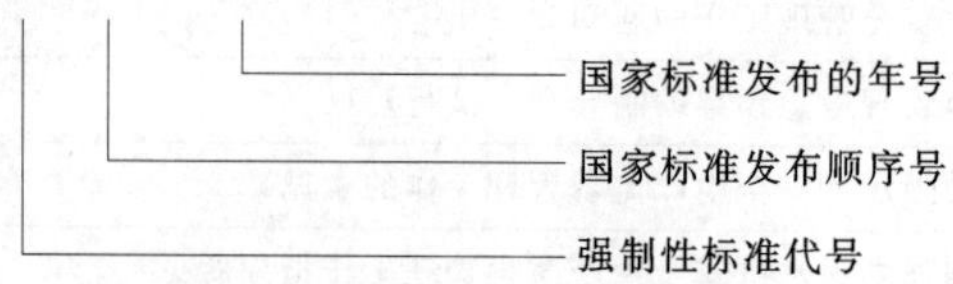

图2-1　《危险化学品重大危险源辨识》编号示意图

（二）行业标准

安全生产行业标准是在某个行业范围内统一的，没有国家标准的技术要求，由国务院有关部门和直属机构依照《标准化法》制定的在安全生产领域内适用的安全生产技术规范。行业标准需报国务院标准化行政主管部门备案。行业标准代号如：水利行业标准（SL）、建筑工业行业标准（JGJ）、安全标准（AQ）、电力行业标准（DL）等。

行业标准是对国家标准的补充，分为强制性标准和推荐性标准。如：《水利水电起重机械安全规程》（SL 425—2008）、《施工现场临时用电安全技术规范》（JGJ 46—2005）、《企业安全生产标准化基本规范》（AQ/T 9006—2010）。行业标准对同一事项的技术要求，其严格程度可以高于国家标准但不得与其相抵触。

（三）地方标准

地方标准是指对没有国家标准和行业标准而又需要在省、自治区、直辖市范围内统一的工业产品的安全、卫生要求，可以制定地方标准。地方标准由省、自治区、直辖市标准化行政主管部门制定，并报国务院标准化行政主管部门和国务院有关行政主管部门备案，在公布国家标准或者行业标准之后，该地方标准即应废止。

安全生产地方标准在本行政区域内是强制性标准。如：《水电水利工程施工卷扬机提升系统安全技术规范》（DB 51/1178—2010）、《建设施工现场安全防护设施技术规程》（DB 42/535—2009）、《特种设备使用单位安全管理准则》（DB 32/1253—2009）等。

（四）企业标准

安全生产企业标准是对企业范围内需要协调、统一的技术要求，管理要求和工作要求所制定的标准。企业标准由企业制定，由企业法人代表或法人代表授权的主管领导批准、发布。企业标准一般以“Q”作为企业标准的开头。国家鼓励企业制定严于国家标准或者行业标准的企业标准，在企业内部适用。

三、水利安全生产标准

水利安全生产标准是水利工程建设和运行的重要依据，对水利工程建设和运行的安全生产具有重大的指导意义，它不仅包括了水利行业标准，还包括其他行业安全生产有关标准。

目前，我国共有国家标准25700余项，其中安全类技术标准1200余项。由安全、劳动、电力、建筑、环境保护、道路交通、特种设备、危险化学品、消防等主管部门发布有关安全生产标准1000余项。水利行业共制订了超过800项行业技术标准，与水利工程安全生产直接相关的标准共有24项。《水利水电工程施工通用安全技术规程》（SL 398—2007）、《水利水电工程土建施工安全技术规程》（SL 399—2007）、《水利水电工程金属结构与机电设备安装安全技术规程》（SL 400—2007）、《水利水电工程施工作业人员安全操作规程》（SL 401—2007）、《水利水电起重机械安全规程》（SL 425—2008）、《企业安全生产标准化基本规范》（AQ/T 9006—2010）等为水利安全生产管理最主要的技术标准。

（一）《企业安全生产标准化基本规范》

2010年，国务院印发了《通知》（国发〔2010〕23号），要求企业全面、深入地开展以岗位达标、专业达标和企业达标为内容的安全生产标准化建设；安全生产监管监察部门、负有安全生产监管职责的有关部门和行业管理部门要按职责分工，对当地企业包括中央、省属企业实行严格的安全生产监督检查和管理，组织对企业安全生产状况进行安全标准化分级考核评价。

2010年4月15日，国家安全生产监督管理总局发布了《基本规范》（AQ/T 9006—2010），自2010年6月1日起实施。

1. 总体要求

（1）目的。《基本规范》（AQ/T 9006—2010）的实施是为了进一步落实安全生产的主体责任，全面推进企业标准化工作，使企业的安全生产工作有据可依，有章可循，并对各行业已开展的安全生产标准化工作，在形式要求、基本内容、考评办法等方面予以相对一致的规定，进一步规范各项工作的开展。

(2) 适用范围。《基本规范》(AQ/T 9006—2010) 适用于工矿企业开展安全生产标准化工作以及对标准化工作的咨询、服务和评审；其他企业和生产经营单位可参照执行。

有关行业制定安全生产标准化标准应满足本标准的要求；已经制定行业安全生产标准化标准的，优先适用行业安全生产标准化标准。

(3) 安全生产标准化定义。“安全生产标准化”是指通过建立安全生产责任制，制定安全管理制度和操作规程，排查治理隐患和监控重大危险源，建立预防机制，规范生产行为，使各生产环节符合有关安全生产法律法规和标准规范的要求，人、机、物、环处于良好的生产状态，并持续改进，不断加强企业安全生产规范化建设。

这一定义涵盖了企业安全生产工作的全局，是企业开展安全生产工作的基本要求和衡量尺度，也是企业加强安全管理的重要方法和手段。

2. 主要内容

《基本规范》(AQ/T 9006—2010) 共分为范围、规范性引用文件、术语和定义、一般要求、核心要求等五章。在核心要求这一章，对企业安全生产工作的目标、组织机构和职责、安全生产投入、安全管理制度、人员教育培训、设备设施运行管理、作业安全管理、隐患排查和治理、重大危险源监控、职业健康、应急救援、事故的报告和调查处理、绩效评定和持续改进等方面的内容作了具体规定。

《基本规范》(AQ/T 9006—2010) 整体体现了以下几个特点：

(1) 采用了国际通用的策划 (Plan)、实施 (Do)、检查 (Check)、改进 (Act) 动态循环的 PDCA 现代安全管理模式。通过企业自我检查、自我纠正、自我完善这一动态循环的管理模式，能够更好地促进企业安全绩效的持续改进和安全生产长效机制的建立。

(2) 对各行业、各领域具有广泛适用性。《基本规范》(AQ/T 9006—2010) 总结归纳了煤矿、危险化学品、金属非金属矿山、烟花爆竹、冶金、机械等已经颁布的行业安全生产标准化标准中的共性内容，提出了企业安全生产管理的共性基本要求，既适应各行业安全生产工作的开展，又避免了自成体系的局面。

(3) 有利于进一步促进安全生产法律法规的贯彻落实。安全生产法律法规对安全生产工作提出了原则要求，设定了各项法律制度。《基本规范》(AQ/T 9006—2010) 是对这些相关法律制度内容的具体化和系统化，并通过运行使之成为企业的生产行为规范，从而更好地促进安全生产法律法规的贯彻落实。

(二)《水利水电工程施工通用安全技术规程》

1. 总体要求

(1) 目的。本标准是为了贯彻执行《安全生产法》、《建设工程安全生产管理条例》(国务院令第393号) 等有关的法律法规和标准，规范我国水利水电工程建设的安全生产工作，防止工程过程的人身伤害和财产损失而制定。

(2) 适用范围。本标准规定了水利水电工程施工的通用安全技术要求。适用于大中型水利水电工程施工安全技术管理、安全防护与安全施工，小型水利水电工程可参照执行。

2. 主要内容

本标准针对水利水电工程的特点和施工现状，明确了水利水电工程建设施工过程安全技术工作的基本要求和基本规定，共包括 11 章 65 节。

本标准涉及范围及主要内容包括：总则，术语，施工现场，施工用电、供水、供风及通信，安全防护设施，大型施工设备安装与运行，起重与运输，爆破器材与爆破作业，焊接与气割，锅炉及压力容器，危险物品管理。

(三)《水利水电工程土建施工安全技术规程》

《水利水电工程土建施工安全技术规程》(SL 399—2007)是依据《安全生产法》、《建筑法》和《建设工程安全生产管理条例》(国务院令第393号)等有关安全生产的法律、法规和标准，结合水利水电工程实际，规范水利水电工程建设的安全生产工作，防止和减少施工过程的人身伤害和财产损失而制定的。

1. 总体要求目的和适用范围

(1)目的。本标准的目的是为了贯彻执行《安全生产法》、《建筑法》、《建设工程安全生产管理条例》(国务院令第393号)，保证从事水利水电工程土建施工全体员工的安全和工程的安全。

(2)适用范围。本标准规定了水利水电工程土建施工的安全技术要求，适用于大中型水利水电工程土建施工中的安全技术管理、安全防护与安全施工，小型水利水电工程及其他土建工程也可参照执行。

2. 主要内容

本标准共13章65节。

本标准涉及范围及主要内容包括：总则，术语和定义，土石方工程，地基与基础工程，砂石料生产工程，混凝土工程，沥青混凝土，砌石工程，堤防工程，疏浚与吹填工程，渠道、水闸与泵站工程，房屋建筑工程，拆除工程。

(四)《水利水电工程金属结构与机电设备安装安全技术规程》

《水利水电工程金属结构与机电设备安装安全技术规程》(SL 400—2007)是依据《安全生产法》、《建设工程安全生产管理条例》(国务院令第393号)等安全生产有关的法律法规，结合水利工程建设特点，对水电水利工程现场金属结构制作、安装和水轮发电机组及电气设备的安装的安全技术要求作了规定。

1. 总体要求

(1)目的。本标准的目的是为贯彻执行国家“安全第一、预防为主”的方针，坚持“以人为本”，实施安全生产全过程控制，保护从事金属结构制造、安装和机电设备安全全体员工的安全、健康。

(2)适用范围。本标准适用于大中型水电水利工程现场金属结构制作、安装和水轮发电机组及电气设备安装工程的安全技术管理、安全防护与安全施工。小型水电水利工程现场金属结构制作、安装和水轮发电机组及电气设备的安装工程可参照执行。

2. 主要内容

本标准共包括18章104节。

本标准涉及范围及主要内容包括：总则，术语，基本规定，金属结构制作，闸门安装，启闭机安装，升船机安装，引水钢管安装，其他金属结构安装，施工脚手架及平台，金属防腐涂装，水轮机安装，发电机安装，辅助设备安装，电气设备安装，水轮发电机组起动试运行，桥式起重机安装，施工用具及专用工具。

(五)《水利水电工程施工作业人员安全操作规程》

《水利水电工程施工作业人员安全操作规程》(SL 401—2007)是以《安全生产法》、《建设工程安全生产管理条例》(国务院令第393号)等一系列国家安全生产的法律法规为依据，并遵照水利水电工程施工现行安全技术规程及相关施工机械设备运行、保养规程的要求进行编制的。

1. 总体要求

(1)目的。本标准目的是为了贯彻执行国家“安全第一、预防为主”的安全生产方针，并进行综合治理，坚持“以人为本”的安全理念，规范水利水电工程施工现场作业人员的安全、文明施工行为，以控制各类事故的发生，确保施工人员的安全、健康，确保安全生产。

(2)适用范围。本标准适用于大中型水利水电工程施工现场作业人员安全技术管理、安全防护与安全、文明施工，小型水利水电工程可参照执行。

2. 主要内容

本标准规定了参加水利水电工程施工作业人员安全、文明施工行为。本标准共有11章73节。

本标准涉及范围及主要内容包括：总则，基本规定，施工供风、供水、用电，起重、运输各工种，土石方工程，地基与基础工程，砂石料工程，混凝土工程，金属结构与机电设备安装，监测及试验，主要辅助工种。

(六)《水利水电起重机械安全规程》

《水利水电起重机械安全规程》(SL 425—2008) 是水利部于2008年7月7日第15号水利行业标准公告公布的，自2008年10月7日起实施。

1. 总体要求

(1) 目的。本标准的目的是为了规范水利水电起重机械在设计、制造、安装适用、维修、检验、报废与管理等方面的安全技术要求，以适用水利水电起重机械的安全管理。

(2) 适用范围。本标准适用于水利水电工程永久性或建设用的塔式起重机、门座起重机、缆索起重机、桥式起重机、门式起重机及升船机。各种启闭机、拦污栅前的清污机可参照执行。不适用于流动式起重机及浮式起重机。

2. 主要内容

本标准规定了水利水电起重机械在设计、制造、安装、适用、维修、检验、报废及管理等方面的安全技术要求，共包括10章和3个附录，主要内容包括：范围，规范性引用文件，整机，金属结构，机构及零部件，安全防护装置，电气系统，安装，拆卸与维修，试验检验，使用与管理。

(七)《水库大坝安全评价导则》

《水库大坝安全评价导则》(SL 258—2000) 为《水库大坝安全鉴定办法》(水建管〔2003〕271号) 的配套技术标准，于2000年12月29号发布，自2001年3月1日起实施。

1. 总体要求

(1) 目的。为了做好水库大坝的安全鉴定工作，规范其技术工作的内容、方法及标准 (准则)，保证大坝安全鉴定的质量。

(2) 适用范围。适用于已建大、中型及特别重要小型水库的1、2、3级大坝 (以下简称大坝)。大坝包括永久性挡水建筑物以及与大坝安全有关的泄水、输水和过船建筑物及金属结构等。一般小型水库4级以下的可参照执行。

2. 主要内容

《水库大坝安全评价导则》(SL 258—2000) 对大坝安全鉴定中的防洪标准、结构安全、渗流安全、抗震安全、金属结构安全以及工程质量和运行管理等的复核或评价的要求与方法作了规定。总共包括九章和两个附录 (引用标准和大坝安全综合评价)。

主要包括以下内容：

(1) 水库大坝的防洪标准复核、结构安全评价、渗流安全评价、抗震安全评价复核及金属结构安全评价的内容、方法和标准 (准则)。

(2) 与水库大坝安全评价有关的工程质量评价及大坝运行管理评价的内容和要求。

(3) 在上述复核与评价基础上如何完成大坝安全的综合评价。

安全鉴定中的现场安全监察可参照有关的规范进行。大坝安全评价应复核建筑物的级别，根据国家现行有关规范，按水库大坝目前的工作条件、荷载及运行工况进行复核与评价。应查明大坝建筑物质量，所选取的计算参数应能代表大坝目前的性状、大型及重要中型水库大坝必要时可通过测试获得。

(八)《大坝安全监测自动化技术规范》

(1) 目的。《大坝安全监测自动化技术规范》(DL/T 5211—2005) 制定的目的是适应我国大坝安全监测自动化技术的发展，做好大坝安全监测自动化系统的规划、设计、建设和运行管理，统一技术

标准。

（2）适用范围。本标准适用于水电水利Ⅰ、Ⅱ、Ⅲ等工程安全监测自动化系统。其他工程安全监测自动化系统可参照使用。

（3）主要内容。本标准共包括以下13部分内容：范围，规范性引用文件，总则，术语和定义，大坝安全监测自动化系统设计，大坝安全监测自动化系统设备，系统设备试验方法，检验规则，标志、使用说明书，包装、储存，系统安装调试，系统现场考核、验收，系统运行维护。

（九）《水闸安全鉴定规定》

（1）目的。《水闸安全鉴定规定》（SL 214—1998）制定的目的是保证水闸安全运行，规范地开展水闸安全鉴定工作。

（2）适用范围。本标准适用于平原区大、中型水利水电工程中的1、2、3级水闸的安全鉴定。山区、丘陵区泄水闸及平原区的4、5级水闸和水利部门管理的船闸安全鉴定，可参照执行。

（3）主要内容。本标准主要内容包括：总则，鉴定程序，现状调查，安全检测，复核计算，安全评价。

（十）水利安全生产相关标准清单

水利安全生产相关标准清单见表2-5。

表2-5　　水利安全生产相关标准清单

序号	安全生产相关标准名称	标准编号
1	《水利水电工程劳动安全与工业卫生设计规范》	GB 50706—2011
2	《安全网》	GB 5725—2009
3	《安全带》	GB 6095—2009
4	《安全帽》	GB 2811—2007
5	《个体防护装备　防护鞋》	GB 21147—2007
6	《个体防护装备　安全鞋》	GB 21148—2007
7	《安全色》	GB 2893—2008
8	《安全标志及其使用导则》	GB 2894—2008
9	《消防安全标志》	GB 13495—1992
10	《消防安全标志设置要求》	GB 15630—1995
11	《焊接与切割安全》	GB 9448—1999
12	《危险化学品重大危险源辨识》	GB 18218—2009
13	《爆破安全规程》	GB 6722—2011
14	《起重机械安全规程　第1部分总则》	GB 6067.1—2010
15	《自动喷水灭火系统施工及验收规范》	GB 50261—2005
16	《气体灭火系统施工及验收规范》	GB 50263—2007
17	《泡沫灭火系统施工及验收规范》	GB 50281—2006
18	《火灾自动报警系统施工及验收规范》	GB 50166—2007
19	《施工企业安全生产管理规范》	GB 50656—2011
20	《建设工程施工现场供用电安全规范》	GB 50194—2014
21	《建设工程施工现场消防安全技术规范》	GB 50720—2011
22	《带式输送机安全规范》	GB 14784—1993
23	《塔式起重机安全规程》	GB 5144—2006
24	《吊笼有垂直导向的人货两用施工升降机》	GB 26557—2011

续表

序号	安全生产相关标准名称	标准编号
25	《安全防范工程技术规范》	GB 50348—2004
26	《国家电气设备安全技术规范》	GB 19517—2009
27	《企业职工伤亡事故分类》	GB 6441—1986
28	《生产过程安全卫生要求总则》	GB/T 12801—2008
29	《生产过程危险和有害因素分类与代码》	GB/T 13861—2009
30	《继电保护和安全自动装置技术规程》	GB/T 14285—2006
31	《场（厂）内机动车辆安全检验技术要求》	GB/T 16178—2011
32	《用电安全导则》	GB/T 13869—2008
33	《水利水电工程施工通用安全技术规程》	SL 398—2007
34	《水利水电工程土建施工安全技术规程》	SL 399—2007
35	《水利水电工程金属结构与机电设备安装安全技术规程》	SL 400—2007
36	《水利水电工程施工作业人员安全操作规程》	SL 401—2007
37	《水利水电起重机械安全规程》	SL 425—2008
38	《水工钢闸门和启闭机安全检测技术规程》	SL 101—2014
39	《水闸安全鉴定规定》	SL 214—98
40	《水库大坝安全评价导则》	SL 258—2000
41	《大坝安全自动监测系统设备基本技术条件》	SL 268—2001
42	《大坝安全监测仪器检验测试规程》	SL 530—2012
43	《土石坝安全监测技术规范》	SL 551—2012
44	《泵站安全鉴定规程》	SL 316—2004
45	《泵站现场测试与安全监测规程》	SL 548—2012
46	《混凝土坝安全监测技术规范》	SL 601—2013
47	《危险化学品重大危险源安全监控通用技术规范》	AQ 3035—2010
48	《企业安全生产标准化基本规范》	AQ/T 9006—2010
49	《生产经营单位生产安全事故应急预案编制导则》	GB/T 29639—2013
50	《生产安全事故应急演练指南》	AQ/T 9007—2011
51	《企业安全文化建设导则》	AQ/T 9004—2008
52	《企业安全文化建设评价准则》	AQ/T 9005—2008
53	《建筑机械使用安全技术规程》	JGJ 33—2012
54	《施工现场临时用电安全技术规范》	JGJ 46—2005
55	《建筑施工安全检查标准》	JGJ 59—2011
56	《建筑施工高处作业安全技术规范》	JGJ 80—1991
57	《建筑施工扣件式钢管脚手架安全技术规范》	JGJ 130—2011
58	《建筑拆除工程安全技术规范》	JGJ 147—2004
59	《建筑施工模板安全技术规范》	JGJ 162—2008
60	《建筑施工碗扣式钢管脚手架安全技术规范》	JGJ 166—2008
61	《建筑施工作业劳动防护用品配备及使用标准》	JGJ 184—2009
62	《建筑施工塔式起重机安装、使用、拆卸安全技术规程》	JGJ 196—2010
63	《建筑施工升降机安装、使用、拆卸安全技术规程》	JGJ 215—2010

第五节　水利安全生产法律责任

法律责任是指行为人由于违法、违约行为或由于法律规定而必须承受的某种不利后果，是国家管理社会事务所采用的强制当事人依法办事的法律措施。安全生产法律规定了各类法律关系主体所必须履行的义务和应承担的责任，内容十分丰富。本节主要依据《安全生产法》、《安全生产违法行为行政处罚办法》（国家安监总局令第15号）等有关规定，对安全生产的法律责任予以说明。

一、安全生产法律责任形式

安全生产法律责任，是指安全生产法律关系主体在安全生产工作中，由于违反安全生产法律规定所引起的不利法律后果，即：什么行为应负法律责任、谁应负法律责任和应负什么责任的问题。

安全生产法律责任有3种基本形式：行政责任、民事责任、刑事责任。违反《安全生产法》的法律责任具有综合性的特点，即在追究违法者的法律责任时，可以单独适用，也可以综合适用，在符合法律规定的条件下，对同一违反者可以同时追究其行政责任、民事责任、刑事责任，以制裁其违法行为。

（一）行政责任

行政责任是指行政法律关系主体因违反行政法律规范所应承担的法律后果或应负的法律责任。安全生产行政责任，是指责任主体违反安全生产法律规定，由有关人民政府和安全生产监督管理部门、公安部门依法对其实施行政处罚的一种法律责任。追究行政责任通常以行政处分和行政处罚两种方式来实施。

1. 行政处分

行政处分是对国家工作人员及由国家机关派到企业事业单位任职的人员的违法行为给予的一种制裁性处理。

行政处分有警告、记过、记大过、降级、撤职、开除，我国对行政处分的规定分布在各个具体的法律法规中。

2. 行政处罚

行政处罚是指国家行政机关和法律、法规授权组织依照有关法律、法规和规章，对公民、法人或者其他组织违反行政管理秩序的行为所实施的行政惩戒。

行政处罚的种类，是行政处罚外在的具体表现形式。根据不同的标准，行政处罚有不同的分类。现行法律、法规和规章针对不同违反行政管理的行为，设定了多种行政处罚。为了规范行政处罚，《中华人民共和国行政处罚法》（主席令第六十三号，以下简称《行政处罚法》）对最常见的、实施最多的主要行政处罚的种类做了统一的概括性规定，包括警告；罚款；没收违法所得、没收非法财物；责令停产停业；暂扣或者吊销许可证、暂扣或者吊销执照；行政拘留；法律、行政法规规定的其他处罚。其中，法律、行政法规规定的其他处罚包括责令停止违法行为、责令改正、关闭等。

（二）民事责任

民事责任是指民事主体在民事活动中违反民事法律规范的行为所引起的法律后果应当承担的法律责任。承担民事责任的方式主要有：赔偿损失、恢复原状、停止侵害、消除危险、承担连带赔偿责任等。以产生责任的法律基础为标准，民事责任可分为违约责任和侵权责任。违约责任是指行为人不履行合同义务而承担的责任；侵权责任是指行为人侵犯国家、集体和公民的财产权利以及侵犯法人名称和自然人的人身权利时所应承担的责任。

安全生产民事责任是指责任主体违反安全生产法律规定造成民事损害，由人民法院依照民事法律强制其行使民事赔偿的一种法律责任。民事责任追究的目的是为了最大限度地维护当事人受到民事损害时享有获得民事赔偿的权利。《安全生产法》是我国众多的安全生产法律、行政法规中唯一设定民事责任的法律，其中第八十六条和第九十五条规定了应承担民事责任的行为和主体。

（三）刑事责任

刑事责任是依据国家刑事法律规定对犯罪分子依照刑事法律的规定追究的法律责任。我国刑法对触犯刑律的犯罪行为人主要采取剥夺其某些权利，包括剥夺财产、人身自由、政治权利，甚至剥夺生命等刑罚措施。我国《刑法》规定的刑罚包括：管制、拘役、有期徒刑、无期徒刑和死刑5种主刑，罚金、剥夺政治权利和没收财产3种附加刑。

安全生产刑事责任是指责任主体违反法律构成犯罪，由司法机关依照刑事法律给予刑罚的一种法律责任。安全生产刑事责任是三种安全生产法律责任中最严厉的，依法处以剥夺犯罪分子人身自由的刑罚。《中华人民共和国刑法修正案（六）》（主席令第五十一号）有关安全生产违法行为的罪名，主要是交通肇事罪、重大责任事故罪、强令违章冒险作业罪、重大劳动安全事故罪、危险物品肇事罪和工程重大安全事故罪等。

二、水利安全生产主要法律责任的内容

（一）《中华人民共和国刑法修正案（六）》中有关安全生产的法律责任

2006年6月29日，第十届全国人民代表大会常务委员会第二十二次会议通过了《中华人民共和国刑法修正案（六）》，自公布之日起施行。

《中华人民共和国刑法修正案（六）》中有关违反安全生产的法律责任的规定包括下列内容。

1. 交通肇事罪

第一百三十三条　违反交通运输管理法规，因而发生重大事故，致人重伤、死亡或者使公私财产遭受重大损失的，处三年以下有期徒刑或者拘役；交通运输肇事后逃逸或者有其他特别恶劣情节的，处三年以上七年以下有期徒刑；因逃逸致人死亡的，处七年以上有期徒刑。

在道路上驾驶机动车追逐竞驶，情节恶劣的，或者在道路上醉酒驾驶机动车的，处拘役，并处罚金。

有前款行为，同时构成其他犯罪的，依照处罚较重的规定定罪处罚。

2. 重大责任事故罪和强令违章冒险作业罪

第一百三十四条　在生产、作业中违反有关安全管理的规定，因而发生重大伤亡事故或者造成其他严重后果的，处三年以下有期徒刑或者拘役；情节特别恶劣的，处三年以上七年以下有期徒刑。

强令他人违章冒险作业，因而发生重大伤亡事故或者造成其他严重后果的，处五年以下有期徒刑或者拘役；情节特别恶劣的，处五年以上有期徒刑。

3. 重大劳动安全事故罪和大型群众性活动重大安全事故罪

第一百三十五条　安全生产设施或者安全生产条件不符合国家规定，因而发生重大伤亡事故或者造成其他严重后果的，对直接负责的主管人员和其他直接责任人员，处三年以下有期徒刑或者拘役；情节特别恶劣的，处三年以上七年以下有期徒刑。

举办大型群众性活动违反安全管理规定，因而发生重大伤亡事故或者造成其他严重后果的，对直接负责的主管人员和其他直接责任人员，处三年以下有期徒刑或者拘役；情节特别恶劣的，处三年以上七年以下有期徒刑。

4. 危险物品肇事罪

第一百三十六条　违反爆炸性、易燃性、放射性、毒害性、腐蚀性物品的管理规定，在生产、储存、运输、使用中发生重大事故，造成严重后果的，处三年以下有期徒刑或者拘役；后果特别严重的，处三年以上七年以下有期徒刑。

5. 工程重大安全事故罪

第一百三十七条　建设单位、设计单位、施工单位、工程监理单位违反国家规定，降低工程质量标准，造成重大安全事故的，对直接责任人员，处五年以下有期徒刑或者拘役，并处罚金；后果特别

严重的，处五年以上十年以下有期徒刑，并处罚金。

6. 消防责任事故罪和不报、谎报事故罪

第一百三十九条　违反消防管理法规，经消防监督机构通知采取改正措施而拒绝执行，造成严重后果的，对直接责任人员，处三年以下有期徒刑或者拘役；后果特别严重的，处三年以上七年以下有期徒刑。

在安全事故发生后，负有报告职责的人员不报或者谎报事故情况，贻误事故抢救，情节严重的，处三年以下有期徒刑或者拘役；情节特别严重的，处三年以上七年以下有期徒刑。

（二）违反《中华人民共和国安全生产法》的相关法律责任

1. 生产经营单位的安全生产违法行为

安全生产违法行为是危害社会和公民人身安全的行为，是导致生产事故多发和人员伤亡的直接原因，分为作为和不作为两种。作为是指责任主体实施了法律禁止的行为而触犯法律，不作为是指责任主体不履行法定义务而触犯法律。

根据《安全生产法》的规定，生产经营单位违反安全生产法的法律责任主要有以下内容。

第九十条　生产经营单位的决策机构、主要负责人、个人经营的投资人不依照本法规定保证安全生产所必需的资金投入，致使生产经营单位不具备安全生产条件的，责令限期改正，提供必需的资金；逾期未改正的，责令生产经营单位停产停业整顿。

有前款违法行为，导致发生生产安全事故的，对生产经营单位的主要负责人给予撤职处分，对个人经营的投资人处二万元以上二十万元以下的罚款；构成犯罪的，依照刑法有关规定追究刑事责任。

第九十一条　生产经营单位的主要负责人未履行本法规定的安全生产管理职责的，责令限期改正；逾期未改正的，处二万元以上五万元以下的罚款，责令生产经营单位停产停业整顿。

生产经营单位的主要负责人有前款违法行为，导致发生生产安全事故的，给予撤职处分；构成犯罪的，依照刑法有关规定追究刑事责任。

生产经营单位的主要负责人依照前款规定受刑事处罚或者撤职处分的，自刑罚执行完毕或者受处分之日起，五年内不得担任任何生产经营单位的主要负责人；对重大、特别重大生产安全事故负有责任的，终身不得担任本行业生产经营单位的主要负责人。

第九十二条　生产经营单位的主要负责人未履行本法规定的安全生产管理职责，导致发生生产安全事故的，由安全生产监督管理部门依照下列规定处以罚款：

（一）发生一般事故的，处上一年年收入百分之三十的罚款；

（二）发生较大事故的，处上一年年收入百分之四十的罚款；

（三）发生重大事故的，处上一年年收入百分之六十的罚款；

（四）发生特别重大事故的，处上一年年收入百分之八十的罚款。

第九十三条　生产经营单位的安全生产管理人员未履行本法规定的安全生产管理职责的，责令限期改正；导致发生生产安全事故的，暂停或者撤销其与安全生产有关的资格；构成犯罪的，依照刑法有关规定追究刑事责任。

第九十四条　生产经营单位有下列行为之一的，责令限期改正，可以处五万元以下的罚款；逾期未改正的，责令停产停业整顿，并处五万元以上十万元以下的罚款，对其直接负责的主管人员和其他直接责任人员处一万元以上二万元以下的罚款：

（一）未按照规定设立安全生产管理机构或者配备安全生产管理人员的；

（二）危险物品的生产、经营、储存单位以及矿山、金属冶炼、建筑施工、道路运输单位的主要负责人和安全生产管理人员未按照规定经考核合格的；

（三）未按照规定对从业人员、被派遣劳动者、实习学生进行安全生产教育和培训，或者未按照规定如实告知有关的安全生产事项的；

（四）未如实记录安全生产教育和培训情况的；

（五）未将事故隐患排查治理情况如实记录或者未向从业人员通报的；

（六）未按照规定制定生产安全事故应急救援预案或者未定期组织演练的；

（七）特种作业人员未按照规定经专门的安全作业培训并取得相应资格，上岗作业的。

第九十五条　生产经营单位有下列行为之一的，责令停止建设或者停产停业整顿，限期改正；逾期未改正的，处五十万元以上一百万元以下的罚款，对其直接负责的主管人员和其他直接责任人员处二万元以上五万元以下的罚款；构成犯罪的，依照刑法有关规定追究刑事责任：

（一）未按照规定对矿山、金属冶炼建设项目或者用于生产、储存、装卸危险物品的建设项目进行安全评价的；

（二）矿山、金属冶炼建设项目或者用于生产、储存、装卸危险物品的建设项目没有安全设施设计或者安全设施设计未按照规定报经有关部门审查同意的；

（三）矿山、金属冶炼建设项目或者用于生产、储存、装卸危险物品的建设项目的施工单位未按照批准的安全设施设计施工的；

（四）矿山、金属冶炼建设项目或者用于生产、储存危险物品的建设项目竣工投入生产或者使用前，安全设施未经验收合格的。

第九十六条　生产经营单位有下列行为之一的，责令限期改正，可以处五万元以下的罚款；逾期未改正的，处五万元以上二十万元以下的罚款，对其直接负责的主管人员和其他直接责任人员处一万元以上二万元以下的罚款；情节严重的，责令停产停业整顿；构成犯罪的，依照刑法有关规定追究刑事责任：

（一）未在有较大危险因素的生产经营场所和有关设施、设备上设置明显的安全警示标志的；

（二）安全设备的安装、使用、检测、改造和报废不符合国家标准或者行业标准的；

（三）未对安全设备进行经常性维护、保养和定期检测的；

（四）未为从业人员提供符合国家标准或者行业标准的劳动防护用品的；

（五）危险物品的容器、运输工具，以及涉及人身安全、危险性较大的海洋石油开采特种设备和矿山井下特种设备未经具有专业资质的机构检测、检验合格，取得安全使用证或者安全标志，投入使用的；

（六）使用应当淘汰的危及生产安全的工艺、设备的。

第九十七条　未经依法批准，擅自生产、经营、运输、储存、使用危险物品或者处置废弃危险物品的，依照有关危险物品安全管理的法律、行政法规的规定予以处罚；构成犯罪的，依照刑法有关规定追究刑事责任。

第九十八条　生产经营单位有下列行为之一的，责令限期改正，可以处十万元以下的罚款；逾期未改正的，责令停产停业整顿，并处十万元以上二十万元以下的罚款，对其直接负责的主管人员和其他直接责任人员处二万元以上五万元以下的罚款；构成犯罪的，依照刑法有关规定追究刑事责任：

（一）生产、经营、运输、储存、使用危险物品或者处置废弃危险物品，未建立专门安全管理制度、未采取可靠的安全措施的；

（二）对重大危险源未登记建档，或者未进行评估、监控，或者未制定应急预案的；

（三）进行爆破、吊装以及国务院安全生产监督管理部门会同国务院有关部门规定的其他危险作业，未安排专门人员进行现场安全管理的；

（四）未建立事故隐患排查治理制度的。

第九十九条　生产经营单位未采取措施消除事故隐患的，责令立即消除或者限期消除；生产经营单位拒不执行的，责令停产停业整顿，并处十万元以上五十万元以下的罚款，对其直接负责的主管人员和其他直接责任人员处二万元以上五万元以下的罚款。

第一百条　生产经营单位将生产经营项目、场所、设备发包或者出租给不具备安全生产条件或者相应资质的单位或者个人的，责令限期改正，没收违法所得；违法所得十万元以上的，并处违法所得二倍以上五倍以下的罚款；没有违法所得或者违法所得不足十万元的，单处或者并处十万元以上二十万元以下的罚款；对其直接负责的主管人员和其他直接责任人员处一万元以上二万元以下的罚款；导致发生生产安全事故给他人造成损害的，与承包方、承租方承担连带赔偿责任。

生产经营单位未与承包单位、承租单位签订专门的安全生产管理协议或者未在承包合同、租赁合同中明确各自的安全生产管理职责，或者未对承包单位、承租单位的安全生产统一协调、管理的，责令限期改正，可以处五万元以下的罚款，对其直接负责的主管人员和其他直接责任人员可以处一万元以下的罚款；逾期未改正的，责令停产停业整顿。

第一百零一条　两个以上生产经营单位在同一作业区域内进行可能危及对方安全生产的生产经营活动，未签订安全生产管理协议或者未指定专职安全生产管理人员进行安全检查与协调的，责令限期改正，可以处五万元以下的罚款，对其直接负责的主管人员和其他直接责任人员可以处一万元以下的罚款；逾期未改正的，责令停产停业。

第一百零二条　生产经营单位有下列行为之一的，责令限期改正，可以处五万元以下的罚款，对其直接负责的主管人员和其他直接责任人员可以处一万元以下的罚款；逾期未改正的，责令停产停业整顿；构成犯罪的，依照刑法有关规定追究刑事责任：

（一）生产、经营、储存、使用危险物品的车间、商店、仓库与员工宿舍在同一座建筑内，或者与员工宿舍的距离不符合安全要求的；

（二）生产经营场所和员工宿舍未设有符合紧急疏散需要、标志明显、保持畅通的出口，或者封闭、堵塞生产经营场所或者员工宿舍出口的。

第一百零三条　生产经营单位与从业人员订立协议，免除或者减轻其对从业人员因生产安全事故伤亡依法应承担的责任的，该协议无效；对生产经营单位的主要负责人、个人经营的投资人处二万元以上十万元以下的罚款。

第一百零四条　生产经营单位的从业人员不服从管理，违反安全生产规章制度或者操作规程的，由生产经营单位给予批评教育，依照有关规章制度给予处分；构成犯罪的，依照刑法有关规定追究刑事责任。

第一百零六条　生产经营单位主要负责人在本单位发生重大生产安全事故时，不立即组织抢救或者在事故调查处理期间擅离职守或者逃匿的，给予降职、撤职的处分，并由安全生产监督管理部门处上一年年收入百分之六十至百分之一百的罚款；对逃匿的处十五日以下拘留；构成犯罪的，依照刑法有关规定追究刑事责任。

生产经营单位主要负责人对生产安全事故隐瞒不报、谎报或者拖延不报的，依照前款规定处罚。

第一百零八条　生产经营单位不具备本法和其他有关法律、行政法规和国家标准或者行业标准规定的安全生产条件，经停产停业整顿仍不具备安全生产条件的，予以关闭；有关部门应当依法吊销其有关证照。

第一百零九条　发生生产安全事故，对负有责任的生产经营单位除要求其依法承担相应的赔偿等责任外，由安全生产监督管理部门依照下列规定处以罚款：

（一）发生一般事故的，处二十万元以上五十万元以下的罚款；

（二）发生较大事故的，处五十万元以上一百万元以下的罚款；

（三）发生重大事故的，处一百万元以上五百万元以下的罚款；

（四）发生特别重大事故的，处五百万元以上一千万元以下的罚款；情节特别严重的，处一千万元以上二千万元以下的罚款。

第一百一十一条　生产经营单位发生生产安全事故造成人员伤亡、他人财产损失的，应当依法承担赔偿责任；拒不承担或者其负责人逃匿的，由人民法院依法强制执行。

生产安全事故的责任人未依法承担赔偿责任，经人民法院依法采取执行措施后，仍不能对受害人给予足额赔偿的，应当继续履行赔偿义务；受害人发现责任人有其他财产的，可以随时请求人民法院执行。

2. 负有安全生产监督管理职责部门的安全生产违法行为

第八十七条　负有安全生产监督管理职责的部门的工作人员，有下列行为之一的，给予降级或者撤职的行政处分；构成犯罪的，依照刑法有关规定追究刑事责任：

（一）对不符合法定安全生产条件的涉及安全生产的事项予以批准或者验收通过的；

（二）发现未依法取得批准、验收的单位擅自从事有关活动或者接到举报后不予取缔或者不依法予以处理的；

（三）对已经依法取得批准的单位不履行监督管理职责，发现其不再具备安全生产条件而不撤销原批准或者发现安全生产违法行为不予查处的；

（四）在监督检查中发现重大事故隐患，不依法及时处理的。

负有安全生产监督管理职责的部门的工作人员有前款规定以外的滥用职权、玩忽职守、徇私舞弊行为的，依法给予处分；构成犯罪的，依照刑法有关规定追究刑事责任。

第八十八条　负有安全生产监督管理职责的部门，要求被审查、验收的单位购买其指定的安全设备、器材或者其他产品的，在对安全生产事项的审查、验收中收取费用的，由其上级机关或者监察机关责令改正，责令退还收取的费用；情节严重的，对直接负责的主管人员和其他直接责任人员依法给予处分。

第一百零七条　有关地方人民政府、负有安全生产监督管理职责的部门，对生产安全事故隐瞒不报、谎报或者拖延不报的，对直接负责的主管人员和其他直接责任人员依法给予行政处分；构成犯罪的，依照刑法有关规定追究刑事责任。

（三）违反《建设工程安全生产管理条例》的相关法律责任

1. 行政管理部门相关法律责任

第五十三条　违反本条例的规定，县级以上人民政府建设行政主管部门或者其他有关行政管理部门的工作人员，有下列行为之一的，给予降级或者撤职的行政处分；构成犯罪的，依照刑法有关规定追究刑事责任：

（一）对不具备安全生产条件的施工单位颁发资质证书的；

（二）对没有安全施工措施的建设工程颁发施工许可证的；

（三）发现违法行为不予查处的；

（四）不依法履行监督管理职责的其他行为。

2. 建设单位相关法律责任

第五十四条　违反本条例的规定，建设单位未提供建设工程安全生产作业环境及安全施工措施所需费用的，责令限期改正；逾期未改正的，责令该建设工程停止施工。建设单位未将保证安全施工的措施或者拆除工程的有关资料报送有关部门备案的，责令限期改正，给予警告。

第五十五条　违反本条例的规定，建设单位有下列行为之一的，责令限期改正，处20万元以上50万元以下的罚款；造成重大安全事故，构成犯罪的，对直接责任人员，依照刑法有关规定追究刑事责任；造成损失的，依法承担赔偿责任：

（一）对勘察、设计、施工、工程监理等单位提出不符合安全生产法律、法规和强制性标准规定的要求的；

（二）要求施工单位压缩合同约定的工期的；

（三）将拆除工程发包给不具有相应资质等级的施工单位的。

3. 勘察、设计单位相关法律责任

第五十六条　违反本条例的规定，勘察单位、设计单位有下列行为之一的，责令限期改正，处

10万元以上30万元以下的罚款；情节严重的，责令停业整顿，降低资质等级，直至吊销资质证书；造成重大安全事故，构成犯罪的，对直接责任人员，依照刑法有关规定追究刑事责任；造成损失的，依法承担赔偿责任：

（一）未按照法律、法规和工程建设强制性标准进行勘察、设计的；

（二）采用新结构、新材料、新工艺的建设工程和特殊结构的建设工程，设计单位未在设计中提出保障施工作业人员安全和预防生产安全事故的措施建议的。

4. 工程监理单位相关法律责任

第五十七条　违反本条例的规定，工程监理单位有下列行为之一的，责令限期改正；逾期未改正的，责令停业整顿，并处10万元以上30万元以下的罚款；情节严重的，降低资质等级，直至吊销资质证书；造成重大安全事故，构成犯罪的，对直接责任人员，依照刑法有关规定追究刑事责任；造成损失的，依法承担赔偿责任：

（一）未对施工组织设计中的安全技术措施或者专项施工方案进行审查的；

（二）发现安全事故隐患未及时要求施工单位整改或者暂时停止施工的；

（三）施工单位拒不整改或者不停止施工，未及时向有关主管部门报告的；

（四）未依照法律、法规和工程建设强制性标准实施监理的。

5. 设备供应单位相关法律责任

第五十九条　违反本条例的规定，为建设工程提供机械设备和配件的单位，未按照安全施工的要求配备齐全有效的保险、限位等安全设施和装置的，责令限期改正，处合同价款1倍以上3倍以下的罚款；造成损失的，依法承担赔偿责任。

第六十条　违反本条例的规定，出租单位出租未经安全性能检测或者经检测不合格的机械设备和施工机具及配件的，责令停业整顿，并处5万元以上10万元以下的罚款；造成损失的，依法承担赔偿责任。

6. 设施安装拆卸单位相关法律责任

第六十一条　违反本条例的规定，施工起重机械和整体提升脚手架、模板等自升式架设设施安装、拆卸单位有下列行为之一的，责令限期改正，处5万元以上10万元以下的罚款；情节严重的，责令停业整顿，降低资质等级，直至吊销资质证书；造成损失的，依法承担赔偿责任：

（一）未编制拆装方案、制定安全施工措施的；

（二）未由专业技术人员现场监督的；

（三）未出具自检合格证明或者出具虚假证明的；

（四）未向施工单位进行安全使用说明，办理移交手续的。

施工起重机械和整体提升脚手架、模板等自升式架设设施安装、拆卸单位有前款规定的第（一）、（三）项行为，经有关部门或者单位职工提出后，对事故隐患仍不采取措施，因而发生重大伤亡事故或者造成其他严重后果，构成犯罪的，对直接责任人员，依照刑法有关规定追究刑事责任。

7. 施工单位相关法律责任

第六十二条　违反本条例的规定，施工单位有下列行为之一的，责令限期改正；逾期未改正的，责令停业整顿，依照《中华人民共和国安全生产法》的有关规定处以罚款；造成重大安全事故，构成犯罪的，对直接责任人员，依照刑法有关规定追究刑事责任：

（一）未设立安全生产管理机构、配备专职安全生产管理人员或者分部分项工程施工时无专职安全生产管理人员现场监督的；

（二）施工单位的主要负责人、项目负责人、专职安全生产管理人员、作业人员或者特种作业人员，未经安全教育培训或者经考核不合格即从事相关工作的；

（三）未在施工现场的危险部位设置明显的安全警示标志，或者未按照国家有关规定在施工现场设置消防通道、消防水源、配备消防设施和灭火器材的；

（四）未向作业人员提供安全防护用具和安全防护服装的；

（五）未按照规定在施工起重机械和整体提升脚手架、模板等自升式架设设施验收合格后登记的；

（六）使用国家明令淘汰、禁止使用的危及施工安全的工艺、设备、材料的。

第六十三条　违反本条例的规定，施工单位挪用列入建设工程概算的安全生产作业环境及安全施工措施所需费用的，责令限期改正，处挪用费用20%以上50%以下的罚款；造成损失的，依法承担赔偿责任。

第六十四条　违反本条例的规定，施工单位有下列行为之一的，责令限期改正；逾期未改正的，责令停业整顿，并处5万元以上10万元以下的罚款；造成重大安全事故，构成犯罪的，对直接责任人员，依照刑法有关规定追究刑事责任：

（一）施工前未对有关安全施工的技术要求作出详细说明的；

（二）未根据不同施工阶段和周围环境及季节、气候的变化，在施工现场采取相应的安全施工措施，或者在城市市区内的建设工程的施工现场未实行封闭围挡的；

（三）在尚未竣工的建筑物内设置员工集体宿舍的；

（四）施工现场临时搭建的建筑物不符合安全使用要求的；

（五）未对因建设工程施工可能造成损害的毗邻建筑物、构筑物和地下管线等采取专项防护措施的。

施工单位有前款规定第（四）、（五）项行为，造成损失的，依法承担赔偿责任。

第六十五条　违反本条例的规定，施工单位有下列行为之一的，责令限期改正；逾期未改正的，责令停业整顿，并处10万元以上30万元以下的罚款；情节严重的，降低资质等级，直至吊销资质证书；造成重大安全事故，构成犯罪的，对直接责任人员，依照刑法有关规定追究刑事责任；造成损失的，依法承担赔偿责任：

（一）安全防护用具、机械设备、施工机具及配件在进入施工现场前未经查验或者查验不合格即投入使用的；

（二）使用未经验收或者验收不合格的施工起重机械和整体提升脚手架、模板等自升式架设设施的；

（三）委托不具有相应资质的单位承担施工现场安装、拆卸施工起重机械和整体提升脚手架、模板等自升式架设设施的；

（四）在施工组织设计中未编制安全技术措施、施工现场临时用电方案或者专项施工方案的。

第六十六条　违反本条例的规定，施工单位的主要负责人、项目负责人未履行安全生产管理职责的，责令限期改正；逾期未改正的，责令施工单位停业整顿；造成重大安全事故、重大伤亡事故或者其他严重后果，构成犯罪的，依照刑法有关规定追究刑事责任。

作业人员不服管理、违反规章制度和操作规程冒险作业造成重大伤亡事故或者其他严重后果，构成犯罪的，依照刑法有关规定追究刑事责任。

施工单位的主要负责人、项目负责人有前款违法行为，尚不够刑事处罚的，处2万元以上20万元以下的罚款或者按照管理权限给予撤职处分；自刑罚执行完毕或者受处分之日起，5年内不得担任任何施工单位的主要负责人、项目负责人。

第六十七条　施工单位取得资质证书后，降低安全生产条件的，责令限期改正；经整改仍未达到与其资质等级相适应的安全生产条件的，责令停业整顿，降低其资质等级直至吊销资质证书。

（四）违反《生产安全事故报告和调查处理条例》的相关法律责任

1. 事故发生单位主要负责人的法律责任

第三十五条　事故发生单位主要负责人有下列行为之一的，处上年年收入40%至80%的罚款；

属于国家工作人员的，并依法给予处分；构成犯罪的，依法追究刑事责任：

（一）不立即组织事故抢救的；

（二）迟报或者漏报事故的；

（三）在事故调查处理期间擅离职守的。

第三十八条　事故发生单位主要负责人未依法履行安全生产管理职责，导致事故发生的，依照下列规定处以罚款；属于国家工作人员的，并依法给予处分；构成犯罪的，依法追究刑事责任：

（一）发生一般事故的，处上一年年收入30%的罚款；

（二）发生较大事故的，处上一年年收入40%的罚款；

（三）发生重大事故的，处上一年年收入60%的罚款；

（四）发生特别重大事故的，处上一年年收入80%的罚款。

2. 事故发生单位及其有关人员的法律责任

第三十六条　事故发生单位及其有关人员有下列行为之一的，对事故发生单位处100万元以上500万元以下的罚款；对主要负责人、直接负责的主管人员和其他直接责任人员处上一年年收入60%至100%的罚款；属于国家工作人员的，并依法给予处分；构成违反治安管理行为的，由公安机关依法给予治安管理处罚；构成犯罪的，依法追究刑事责任：

（一）谎报或者瞒报事故的；

（二）伪造或者故意破坏事故现场的；

（三）转移、隐匿资金、财产，或者销毁有关证据、资料的；

（四）拒绝接受调查或者拒绝提供有关情况和资料的；

（五）在事故调查中作伪证或者指使他人作伪证的；

（六）事故发生后逃匿的。

第三十七条　事故发生单位对事故发生负有责任的，依照下列规定处以罚款：

（一）发生一般事故的，处10万元以上20万元以下的罚款；

（二）发生较大事故的，处20万元以上50万元以下的罚款；

（三）发生重大事故的，处50万元以上200万元以下的罚款；

（四）发生特别重大事故的，处200万元以上500万元以下的罚款。

第四十条　事故发生单位对事故发生负有责任的，由有关部门依法暂扣或者吊销其有关证照；对事故发生单位负有事故责任的有关人员，依法暂停或者撤销其与安全生产有关的执业资格、岗位证书；事故发生单位主要负责人受到刑事处罚或者撤职处分的，自刑罚执行完毕或者受处分之日起，5年内不得担任任何生产经营单位的主要负责人。

3. 地方人民政府、安全生产监督管理部门和负有安全生产监督管理职责的有关部门的法律责任

第三十九条　有关地方人民政府、安全生产监督管理部门和负有安全生产监督管理职责的有关部门有下列行为之一的，对直接负责的主管人员和其他直接责任人员依法给予处分；构成犯罪的，依法追究刑事责任：

（一）不立即组织事故抢救的；

（二）迟报、漏报、谎报或者瞒报事故的；

（三）阻碍、干涉事故调查工作的；

（四）在事故调查中作伪证或者指使他人作伪证的。

第四十二条　违反本条例规定，有关地方人民政府或者有关部门故意拖延或者拒绝落实经批复的对事故责任人的处理意见的，由监察机关对有关责任人员依法给予处分。

4. 事故调查人员的法律责任

第四十一条　参与事故调查的人员在事故调查中有下列行为之一的，依法给予处分；构成犯罪

的，依法追究刑事责任：

（一）对事故调查工作不负责任，致使事故调查工作有重大疏漏的；

（二）包庇、袒护负有事故责任的人员或者借机打击报复的。

本章思考题

1. 安全生产法规是指什么？

2. 我国的安全生产法律法规的形式有哪些？

3. 安全生产法律分为哪几类？

4. 我国政府批准加入的国际公约已有20多部，与安全生产有关的主要有哪些？

5. 依据《安全生产法》，应如何设置安全生产管理机构、配备安全生产管理人员？

6. 《安全生产法》对生产经营单位“三同时”的要求是什么？

7. 简述《职业病防治法》对生产经营单位职业病前期预防的规定。

8. 依据《职业病防治法》劳动者享有的职业卫生保护权利有哪些？

9. 依据《特种设备安全法》，简述特种设备安全技术档案的内容。

10. 依据《建设工程安全生产管理条例》（国务院令第393号），施工单位存在的达到一定规模的危险性较大的分部分项工程有哪些？

11. 简述《生产安全事故报告和调查处理条例》（国务院令493号）对事故等级的划分。

12. 依据《生产安全事故报告和调查处理条例》（国务院令493号），简述生产经营单位事故报告的内容。

13. 依据《生产安全事故报告和调查处理条例》（国务院令493号），简述事故报告的程序和时限。

14. 依据《安全生产许可证条例》（国务院令第397号），生产经营单位取得安全生产许可证的基本安全条件有哪些？

15. 《通知》（国发〔2010〕23号）提出以重特大事故多发的8个重点行业领域为重点，全面加强企业安全生产工作，其主要任务包括什么？

16. 简述《意见》（国发〔2010〕40号）提出建立和完善的十项制度。

17. 《水库大坝安全管理条例》（国务院令第77号）规定的安全管理的职责有哪些？

18. 《水利工程建设安全生产管理规定》（水利部令第26号）对建设单位和项目法人的安全责任如何规定的？

19. 《安全生产事故隐患排查治理暂行规定》（国家安监总局令第16号）对生产经营单位的安全职责做了哪些规定？

20. 依据《关于完善水利行业生产安全事故统计快报和月报制度的通知》（办安监〔2009〕112号），简述水利生产安全事故月报和快报的内容。

21. 《行政处罚法》规定的行政处罚的种类有哪些？

22. 《关于进一步加强水利安全生产监督管理工作的意见》（水人教〔2006〕593号）明确的各级水行政主管部门和流域管理机构安全生产监督管理的内容有哪些？

23. 《企业安全生产标准化基本规范》（AQ/T 9006—2010）体现了哪些特点？

24. 《中华人民共和国刑法修正案（六）》中有关违反安全生产的法律责任主要有哪些？

25. 生产经营单位违反《安全生产法》的法律责任主要有哪些？

26. 简述违反《生产安全事故报告和调查处理条例》（国务院令493号）的事故发生单位负责人将受到哪些处罚。

第三章　安全生产监督管理体制

本章内容提要

本章首先简要介绍了我国的安全生产方针，安全生产监督管理的原则和特征；然后，介绍了我国安全生产监督管理体制、我国安全生产工作的格局，我国安全生产监督管理机构的设置与职责；最后，重点介绍水利安全生产监督管理部门及职责，明确水利安全生产监督检查人员和水利生产经营单位的职责。

水利安全生产工作的根本目的是保证劳动者的生命与健康，维护正常的生产和发展，它直接关系到人民群众生命财产的安全，关系到国民经济持续、快速、健康的发展。我国的安全生产工作从无到有，经历了一个曲折的过程。目前，我国安全生产工作取得较好的成绩，主要表现在确立了“安全第一、预防为主、综合治理”的安全生产方针，建立了安全生产工作管理体制及有力的安全监督管理队伍，逐渐形成了完善的安全生产监督管理体系。

第一节　概　　述

一、我国安全生产方针

安全生产方针是指政府对安全生产工作总的要求，它是安全生产工作的方向。

《安全生产法》将“安全第一、预防为主”规定为我国安全生产工作的基本方针。2005 年 10 月，党的十六届五中全会，指出坚持以科学发展观为指导，从经济和社会发展的全局出发，提出了“安全第一、预防为主、综合治理”的安全生产方针。胡锦涛总书记在 2006 年 3 月 27 日中共中央政治局进行的第 30 次集体学习会上的重要讲话和温家宝总理在国务院 2006 年 1 月底召开的全国安全生产工作会议上的讲话中都进一步明确了这一方针。“安全第一、预防为主、综合治理”的方针高度概括了安全生产管理工作的目的和任务，是安全生产工作的方向和指针，必须坚决贯彻和执行。

“安全第一”，就是在生产经营活动过程中，始终把安全放在首要位置，优先考虑从业人员和其他人员的人身安全，实行“安全优先”原则。

“预防为主”是指安全生产工作的重点应放在预防事故的发生上。安全生产活动中，应当运用系统化、科学化的管理思想，按照事故发生的规律和特点，事先就充分考虑事故发生的可能性，并自始至终采取有效的措施以防止和减少事故。

“综合治理”，就是标本兼治、重在治本，具体是指自觉遵循安全生产规律，抓住安全生产工作中的主要矛盾和关键环节。综合运用科技、经济、法律和必要的行政手段，并充分发挥社会、职工、舆论的监督作用，有效解决安全生产领域的问题，做到思想认识上警钟长鸣，制度保证上严密有效，技术支撑上坚强有力，监督检查上严格细致，事故处理上严肃认真。“预防为主”是实现“安全第一”的基础，“综合治理”是安全生产方针的基石。

二、安全生产监督管理的原则及特征

（一）安全生产监督管理体制的含义

安全生产监督管理是行政机关代表国家所实施的行政管理活动，安全生产监督管理体制是指国家行政机关管理安全生产行政事务的行政组织体制，而行政组织体制是行政组织内部职能、职权划分，

各要素配置的结构而形成纵横交错的各种类型的行政机构。

因此，安全生产监督管理体制主要包括安全生产监督管理的各级各类行政机关的设置，以及各机关的职责权限划分与运行等制度。

（二）安全生产监督管理的基本原则

安全生产监督管理部门和其他负有安全生产监督管理职责的部门对生产经营单位实施监督管理职责时，遵循以下几个基本原则：

（1）坚持“有法必依、执法必严、违法必究”原则。

（2）坚持以事实为依据，以法律为准绳的原则。

（3）坚持预防为主的原则。

（4）坚持行为监督与技术监督相结合的原则。

（5）坚持监督与服务相结合的原则。

（6）坚持教育与惩罚相结合的原则。

（三）安全生产监督管理基本特征

国家机关为安全生产监督管理的实施主体，其职权是由法律法规所规定的，对生产经营单位履行安全生产职责和执行安全生产法规、政策和标准的情况，依法进行监督、监察、纠正和惩戒。我国的安全生产监督管理具有以下三个基本特征。

1. 权威性

法律确定国务院和地方人民政府有关部门及负责安全生产的监督管理部门，依法对生产经营单位的安全生产工作进行监督管理。这些部门代表国家行使监督职权，执行国家意志，具有法的权威性。

2. 强制性

安全生产监督管理部门对监督对象的违法或者违规行为，可以依照法定程序作出相应处罚，或依法提交或建议司法、纪检等机关依法惩办。这种监督是法定的，是以国家强制力为保障的，被监督的生产经营单位是否愿意不影响其效力。

3. 普遍约束性

在安全生产监督管理机关管辖领域的范围内，在固定场所从事生产、经营的单位，都必须接受安全生产监督管理，不存在例外。

第二节　我国安全生产监督管理体制

一、我国安全生产监督管理体制简介

新中国成立60多年来，我国的安全生产监督管理体制经历了曲折的变化，安全生产监察制度从无到有，在摸索中不断发展完善。目前，我国安全生产监督管理体制形成了综合监管与行业监管相结合、国家监察与地方监管相结合的格局。

《安全生产法》第九条对安全生产监督管理体制做了规定：国务院安全生产监督管理的部门依法对全国安全生产工作实施综合监督管理；县级以上地方各级人民政府安全生产监督管理部门对本行政区域内的安全生产工作实施综合监督管理。国务院有关部门依法在各自的职责范围内对有关行业、领域的安全生产工作实施监督管理；县级以上地方各级人民政府有关部门依法在各自的职责范围内对有关行业领域的安全生产工作实施监督管理。

上述规定，实现了我国安全生产监督管理综合监管与行业监管相结合的监督管理体制的法律化、制度化。

国务院负责安全生产监督管理的部门是指国家安全生产监督管理总局，它是国务院负责安全生产监督管理的正部级直属机构，依照法律和国务院批准的新“三定”方案确定的职责，对全国安全生产

工作实施综合监督管理，同时，按照国务院明确的部门分工，国家安全生产监督管理总局负责工矿商贸行业的安全生产监督管理，行业监督管理部门负责本行业或制定产品、领域的安全生产监督管理。

县级以上地方各级人民政府负责安全生产监督管理的部门主要是指地方政府依法设立或者授权负责本行政区域内安全生产综合监督管理的部门，履行综合监管和行业监管的职能，行业监管是指对消防、道路交通、水上交通、建设、质检、旅游、民爆等专项安全生产活动实施监督管理。

国务院有关部门主要是指水利部、公安部、交通运输部、国家安全部、住房和城乡建设部、环境保护部等国务院的部、委和其他有关机构，依照法律、行政法规和国务院批准的新“三定”方案规定负责有关行业、领域的专项安全生产监督管理工作。

为加强对全国安全生产工作的领导，加强综合监管与行业监管间协调配合，国务院成立安全生产委员会，办公室设在国家安全生产监督管理总局，负责研究全国安全生产形势，制定安全生产对策和重要措施，指导协调监督检查国务院有关部门和各省、自治区、直辖市人民政府的安全生产工作。各省、自治区、直辖市人民政府，以及市、县、区也建立了相应的安全生产委员会，对安全生产的监督管理起到了相互协调、相互配合的作用。

总体而言，我国安全生产的监督管理体制实行的是政府负责，综合监管和部门专项监管有效结合的制度。政府负责制定安全生产方面的宏观政策，对安全生产监督管理进行领导、支持和督促；综合监管负责解决各行业安全生产工作中的普遍性、共性问题；部门专项监管负责解决某一方面或者行业安全生产工作中的特殊性、个性问题。安全生产综合监督管理部门对安全生产专项监督管理部门的工作进行协调、指导和监督。

安全生产除政府监督外，还要充分发挥其他方面的监督作用，如工会监督、社会公众监督、新闻媒体监督、安全中介监督、居民委员会和村民委员会等社区组织监督等。发挥社会各界和各方面力量，关心安全生产，监督安全生产，是我国安全生产监督管理体制的重要组成部分。

二、我国的安全生产工作格局

我国的安全生产工作格局随着社会经济发展，经历了三个阶段。

1983 年，国务院在转批《关于加强安全生产和劳动安全监察》（国发〔1983〕85 号）的通知中，明确提出了实行国家劳动安全监察制度。随之，我国逐渐形成了“国家监察、企业管理、群众监督”的劳动安全卫生监督管理体制。

1993 年，国务院下发了《关于加强安全生产工作的通知》（国发〔1993〕50 号），提出了在建立社会主义市场经济过程中，实行“企业负责、行业管理、国家监察、群众监督”的安全生产管理体制。该体制也称为四结合体制，1994 年有些专家认为把“安全生产管理体制”改称为“安全生产工作体制”，这也是一种改革的思路。1996 年 1 月 22 日召开的全国安全生产工作电视电话会议“确立了安全生产工作体制”，使“企业负责、行业管理、国家监察、群众监督、劳动者遵章守纪”的体制得以完善。因我国正处在经济体制改革时期，安全生产工作作为经济建设和社会发展的一个组成部分，将随着经济的发展，社会的进步，不断推陈出新，最终建立适应社会主义市场经济发展的体制。

2004 年，《国务院关于进一步加强安全生产工作的决定》（国发〔2004〕2 号）第 22 条提出，构建全社会齐抓共管的安全生产工作格局，努力构建“政府统一领导、部门依法监管、企业全面负责、群众参与监督、社会广泛支持”的安全生产工作格局。

（1）政府统一领导。政府统一领导是指安全生产工作必须在国务院和地方各级人民政府的领导下，依据国家安全生产法律法规，做到统一的要求。政府对任何生产经营单位的安全生产要求都是相同的，都必须保障安全生产的物质和技术条件符合安全生产的要求。

政府应该建立健全安全生产监督管理体系和安全生产法律法规体系，把安全生产纳入经济发展规划和指标考核体系，形成强有力的安全生产工作、组织领导和协调管理机制。

（2）部门依法监管。部门依法监管是指各级安全生产监督管理部门和相关部门，要依法履行综合监督管理和专项监督管理的职责。依法加大行政执法力度，加强执法监督。政府有关部门要在各自的职责范围内，对有关安全生产工作依法实施监督管理。

(3) 企业全面负责。企业全面负责是指生产经营单位要依法做好方方面面的工作，切实保证本单位的安全生产。各类企业（包括生产经营单位）要建立健全安全生产责任制和各项规章制度，依法保障所需的安全投入，加强管理，做好基础工作，形成自我约束、不断完善的安全生产工作机制。

(4) 群众参与监督。群众参与监督指工会组织和全社会形成"关爱生命、关注安全"的社会舆论氛围，形成社会舆论监督、工会群众监督的机制。

(5) 社会广泛支持。社会广泛支持是指发挥社会中介组织的作用，为安全生产提供技术支持和服务。目前，我国的安全生产中介服务业还处于初级阶段，多数安全生产中介服务机构仍然不同程度的负有一定的行政职能，并没有完全实现真正意义上的安全生产中介服务。但是中介服务已经逐步走向社会化、市场化，这个方向是不可逆转的。

上述五个方面的安全生产管理机制缺一不可，不能互相替代，各有各的职责，各有各的特点。它们是相互联系、相互促进、相辅相成的，是统一的、有机的整体，必须统筹协调，形成合力，总体推进，形成市场经济条件下安全生产工作的监督体系，使安全生产的监督管理更加规范。

三、我国安全生产监督管理机构的设置与职责

(一) 安全生产监督管理机构设置

目前，我国安全生产监督管理机构在中央和地方都有设置。在中央，国家安全生产监督管理总局是国务院主管安全生产综合监督管理的直属机构，也是国务院安全生产委员会的办事机构。在省、地、市分别设置安全生产监督管理部门，由各级地方政府分级管理。同时，在一些重点行业设有专门的安全监督体系，如在煤矿行业中设有煤矿安全监察局。

除专门的安全生产监督管理机关外，县级以上地方各级人民政府有关部门，在其职责范围内，对有关安全生产工作实施监督管理。

(二) 安全生产监督管理机构的职责

行政机构的职责是法律规定其必须履行的义务。职责明确是依法行政的前提条件，每一个国家行政机关在其成立设置时，其职责权限都有明确的界定，职责明确才能各司其职、各行其权，有效地防止各管理机关之间相互推诿、相互冲突，这既有利于对公民权益的保护，也有利于提高行政效率。

1. 国务院安全生产委员会

国务院安全生产委员会一般由国务院副总理任主任，各个相关部门分管安全生产的领导作为成员，下设国务院安全生产委员会办公室作为国务院安全生产委员会的办事机构。国务院安全生产委员会主要职责包括：

(1) 负责研究部署、指导协商全国安全生产工作。

(2) 研究提出全国安全生产工作的重大方针政策。

(3) 分析全国安全生产形势，研究解决安全生产工作中的重大问题。

(4) 审定和下达年度安全生产控制考核指标。

(5) 协调解决相关问题。必要时，协调总参谋部、公安部和武警总部调集军队和武警参加特大安全事故应急救援工作。

(6) 完成国务院交办的其他安全生产工作。

2. 国家安全生产监督管理总局

2010年1月7日，国务院安全生产委员会全体会议审议通过《国务院安全生产委员会成员单位安全生产工作职责》（以下简称《安全生产工作职责》），并于2010年1月29日在《国务院安委会关于印发〈国务院安全生产委员会成员单位安全生产工作职责〉的通知》（安委〔2010〕2号）中予以公布。《安全生产工作职责》中明确规定，国家安全生产监督管理总局的职责为：

(1) 组织起草安全生产综合性法律法规草案，拟订安全生产政策和规划，指导协调全国安全生产工作，分析和预测全国安全生产形势，发布全国安全生产信息，协调解决安全生产中的重大问题。

(2) 承担国家安全生产综合监督管理责任，依法行使综合监督管理职权，指导协调、监督检查国务院有关部门和各省、自治区、直辖市人民政府安全生产工作，监督考核并通报安全生产控制指标执行情况，监督事故查处和责任追究落实情况。

(3) 承担工矿商贸行业安全生产监督管理责任，按照分级、属地原则，依法监督检查工矿商贸生产经营单位贯彻执行安全生产法律法规情况及其安全生产条件和有关设备（特种设备除外）、材料、劳动防护用品的安全生产管理工作，负责监督管理中央管理的工矿商贸企业安全生产工作。

(4) 承担中央管理的非煤矿矿山企业和危险化学品、烟花爆竹生产经营企业安全生产准入管理责任，依法组织并指导监督实施安全生产准入制度；负责危险化学品安全监督管理综合工作和烟花爆竹安全生产监督管理工作。

(5) 承担工矿商贸作业场所（煤矿作业场所除外）职业卫生监督检查责任，负责职业卫生安全许可证的颁发管理工作，组织查处职业危害事故和违法违规行为。

(6) 制定和发布工矿商贸行业安全生产规章、标准和规程并组织实施，监督检查重大危险源监控和重大事故隐患排查治理工作，依法查处不具备安全生产条件的工矿商贸生产经营单位。

(7) 负责组织国务院安全生产大检查和专项督查，根据国务院授权，依法组织特别重大生产安全事故调查处理和办理结案工作，监督事故查处和责任追究落实情况。

(8) 负责安全生产应急管理的综合监管，组织指挥和协调安全生产应急救援工作，综合管理全国生产安全事故和安全生产行政执法统计分析工作。

(9) 负责综合监督管理煤矿安全监察工作，拟订煤炭行业管理中涉及安全生产的重大政策，按规定制定煤炭行业规范和标准，指导煤炭企业安全标准化、相关科技发展和煤矿整顿关闭工作，对重大煤炭建设项目提出意见，会同有关部门审核煤矿安全技术改造和瓦斯综合治理与利用项目。

(10) 负责监督检查职责范围内新建、改建、扩建工程项目的安全设施与主体工程同时设计、同时施工、同时投产使用情况。

(11) 组织指导并监督特种作业人员（煤矿特种作业人员、特种设备作业人员除外）的考核工作和工矿商贸生产经营单位主要负责人、安全生产管理人员的安全资格（煤矿矿长安全资格除外）考核工作，监督检查工矿商贸生产经营单位安全生产和职业安全培训工作。

(12) 指导协调全国安全生产检测检验工作，监督管理安全生产社会中介机构和安全评价工作，监督和指导注册安全工程师执业资格考试和注册管理工作。

(13) 指导协调和监督全国安全生产行政执法工作。

(14) 组织拟订安全生产科技规划，指导协调安全生产重大科学技术研究和推广工作。

(15) 组织开展安全生产方面的国际交流与合作。

(16) 承担国务院安全生产委员会的日常工作和国务院安全生产委员会办公室的主要职责。

(17) 承担煤矿整顿关闭工作部际联席会议、危险化学品安全生产监管部际联席会议、尾矿库专项整治工作协调小组的日常工作。

3. 县级以上地方各级人民政府

县级以上地方各级人民政府是安全生产监督管理的主体，主要是组织落实安全生产检查工作。一般来说，对生产经营单位的安全生产检查由政府有关部门依法在各自的职责范围内分别进行或联合进行。政府的职责包括：

(1) 加强对安全生产工作的领导。

(2) 支持和监督各有关部门依法履行安全生产监督管理职责。

(3) 对安全生产监督中存在的问题及时予以协调、解决。

(4) 根据本行政区内的安全生产专科，组织有关部门对容易发生重大安全生产事故的生产经营单位进行严格检查，并及时处理发现的事故隐患。

4. 其他部门

(1) 工矿商贸生产经营单位的安全生产监督管理实行分级、属地管理。国家安全生产监督管理总局负责中央管理的工矿商贸生产经营单位总公司（总厂、集团公司）的安全生产监督管理工作。

(2) 除工矿商贸行业外，交通、民航、水利、电力、建筑、国防工业、电信、旅游、消防、核安全等有专门的安全生产主管部门的行业和领域的安全监督管理工作分别由交通运输部、民用航空局、水利部、能源局、住房和城乡建设部、科学技术部、工业和信息化部、旅游局、公安部、环境保护部等国务院部门负责，国家安全生产监督管理总局从综合监督管理全国安全生产工作的角度，指导、协调和监督上述部门的安全生产监督管理工作，不取代这些部门具体的安全生产监督管理工作。

(3) 国家煤矿安全监察局负责煤矿作业场所职业卫生的监督检查工作，组织查处职业危害事故和有关违法行为；卫生部负责拟定职业卫生法律法规、标准，规范职业病的预防、保健、检查和救治，负责职业卫生技术服务机构资质认定和职业卫生评价及化学品毒性鉴定工作。

第三节　水利安全生产监督管理部门与职责

一、水利安全生产监督管理的依据

水利安全生产监督管理的主要依据是有关安全生产的法律、法规、规章和技术标准、规程等，具体包括：

(1) 国家安全生产法律，行政法规。

(2) 国务院安全生产委员会、国家安全生产监督管理总局、水利部、住房和城乡建设部、能源局（或原电监会）等机构颁布实施的有关安全生产规章、办法等。

(3) 水利部职能部门制定的相关水利安全生产规范性文件。

水利安全生产适用相关法律、法规、规章、标准等已在第二章讲述，此处不再作进一步说明。

水行政主管部门、流域管理机构或其委托的安全生产监督管理部门应当严格按照有关安全生产的法律、法规、规章、技术标准和规范性文件，对水利安全生产活动实施监督管理。

二、水利安全生产监督管理部门的职责

我国水利安全生产监督实行分级管理。国务院负责安全生产监督管理的部门指导、协调和监督全国水利安全生产工作的综合管理工作；水利部负责水利行业安全生产工作，组织、指导水利工程建设和水利生产运行的安全监督管理，结合行业特点制定相关的规章制度和标准，并对水利生产各项活动实施行政监督；流域管理机构负责所管辖的水利工程建设项目的安全生产监督工作。

2008年9月，水利部在新的“三定”方案中增设了安全监督司负责水利安全生产的监督管理工作，进一步增强了水利安全生产监管职能。水利部安全生产领导小组于2010年8月发布了《关于印发〈水利部安全生产领导小组工作规则〉的通知》（水安〔2010〕1号），修订了《水利部安全生产领导小组工作规则》，明确了水利部安全生产领导小组的工作职责、水利部安全生产领导小组办公室的工作职责、水利部安全生产领导小组各成员单位的职责分工。同时设立长江、黄河、淮河、海河、珠江、松辽水利委员会和太湖流域管理局7个流域管理机构负责对其所管辖的水利工程项目和单位的安全生产活动实行监督管理。截至目前，各流域机构和31个省（区、市）水利厅（局）陆续设立了专门的安全监督部门，其余都明确了承担安全生产监督职责的处室，充实了人员，初步形成了水利安全生产监管工作体系，使水利安全生产监管工作逐步纳入常态化、专业化、规范化管理轨道。

(一) 水利部安全生产工作职责

根据国务院批准的部门新“三定”规定和有关法律、行政法规及规范性文件规定，2010年1月

国务院安全生产委员会印发了《国务院安全生产委员会成员单位安全生产工作职责》，明确了国家安全生产监督管理总局、卫生部、住房和城乡建设部等31个成员单位的安全生产工作职责。其中水利部安全生产工作职责主要有以下几个方面：

(1) 负责水利行业安全生产工作，组织、指导水库、水电站大坝、农村水电站及其配套电网的安全监督管理。

(2) 组织实施水利工程建设安全生产监督管理工作，按规定制定水利工程建设有关政策、制度、技术标准和重大事故应急预案并监督实施。

(3) 负责组织、协调和指导长江宜宾以下干流河道采砂活动的统一管理和监督检查；牵头负责河道采砂监督管理工作并对采砂影响防洪安全、河势稳定、堤防安全负责。

(4) 负责病险水库除险加固工作。

(5) 指导、监督水利系统从业人员的安全生产教育培训考核工作。

(6) 负责水利系统安全生产统计分析，依法组织或参与水利工程建设重大事故的调查处理。

(二) 水利部安全监督司职责

水利部安全监督司的安全生产工作职责包括以下几个方面：

(1) 组织拟订水利安全生产以及水利建设项目稽查的法规、政策和技术标准并监督实施。

(2) 指导水利行业安全生产工作，负责水利安全生产综合监督管理。

(3) 组织开展水利行业安全生产大检查和专项督查。

(4) 组织开展水利工程建设安全生产和水库、水电站大坝等水利工程安全的监督管理和检查。

(5) 组织落实水利工程项目安全设施“三同时”制度，组织开展水利工程项目安全评价工作，监督管理水利安全生产社会中介机构，负责管理水利生产经营单位主要负责人和安全管理人员的安全资格考核工作。

(6) 组织或参与重大水利生产安全事故的调查处理，负责水利行业生产安全事故统计、报告，承担部安全生产领导小组办公室的日常工作。

(7) 指导水利行业稽查工作。

(8) 组织开展对中央投资的水利工程建设项目的稽查，以及整改落实情况的监督检查。

(9) 组织或参与调查水利建设项目违规违纪事件，并按照规定提出处理意见。

(10) 承办部领导交办的其他事项。

(三) 各级水行政主管部门的安全职责

水行政主管部门根据各自职能，依法对水利安全实施监督管理。主要包括以下几方面的安全职责：

(1) 制定水利安全生产目标责任制，与下级机关和所属水利生产经营单位签订安全生产目标责任书。

(2) 采取多种形式，加强对有关水利安全生产法律、法规的宣传，提高全社会水利安全意识。

(3) 加强全员安全培训和教育，保证其具备必要的安全知识及管理能力。

(4) 鼓励和支持水利安全科学技术研究和先进技术的推广应用，不断提高安全保障水平。

(5) 组织开展安全质量标准化活动，制定和颁布水利安全生产技术规范和安全生产质量工作标准，强化安全生产基础工作。

(6) 定期召开安全生产例会，认真落实会议决定；定期组织安全检查，加强重点地区、特殊时段的安全管理。

(7) 建立水利安全生产事故应急救援体系，组织制定水利生产安全事故应急救援预案。

(8) 接到水利生产安全事故报告后，应立即赶到事故现场组织事故抢救，作好善后处理工作。

(9) 加强对水利工程、水电工程的安全管理，采取措施，保障水利工程、水电工程安全，限期消除险情。

(10) 加强防洪工程安全设施建设，做好重要河流、湖泊的防洪规划，防御、减轻洪涝灾害，提高防御洪水能力，保证汛期防洪安全。

(11) 加强水库大坝安全管理，开展水库大坝的安全风险评价工作，对水库大坝安全进行定期检查，特别是汛期、暴风、暴雨、特大洪水或者强烈地震发生后的安全检查。对未达到设计洪水标准、抗震设防要求或者有严重质量缺陷的险坝，组织有关单位采取除险加固措施，限期消除危险。

三、水利安全生产监督检查人员的职责

水利安全生产监督检查人员是在各级水利安全生产监督管理机构中，代表机关履行职责，实施安全生产各项具体监督检查活动的工作人员。水利安全生产监督检查人员的职责主要体现在以下几个方面：

(1) 监督检查生产经营单位执行安全生产法律、法规的情况。

(2) 在履行监督管理职责时，发现违法行为，有权制止或责令改正、责令限期改正、责令停产停业整顿、责令停产停业、责令停止建设。

(3) 对存在重大事故隐患、职业危害严重的用人单位，要求立即消除或者限期整改；发现有冒险作业或违章指挥的，有权责令其立即纠正；发现有威胁从业人员生命安全的紧急情况时，有权责令其立即停止作业。

(4) 参加安全事故应急救援与事故调查处理。

(5) 忠于职守，坚持原则，秉公执法。

(6) 对不符合保障水利安全生产国家标准或行业标准的设施、设备、器材应当责令立即停止使用并予以查封或扣押。

(7) 法律、法规规定的其他职责。

四、水利生产经营单位的职责

水利生产经营单位应当按照国家或水利有关法律法规的规定，履行自身职责。其安全生产工作职责如下：

(1) 单位法定代表人是安全生产的第一责任人，对安全生产工作负全面责任，应履行以下安全职责：

1) 贯彻执行有关安全生产的法律、法规和方针政策。

2) 保证安全生产责任制的落实，开展安全生产标准化活动。

3) 组织制定并实施本单位安全生产教育和培训计划。

4) 保证安全生产的必要投入，不断改善安全生产条件。

5) 督促检查本单位安全生产工作，及时排查事故隐患。

6) 组织制定并实施本单位的生产安全事故应急救援预案。

7) 及时、如实报告生产安全事故。

(2) 建立健全安全生产机构，并配备具有与所从事生产经营活动相适应的安全生产知识和能力的专（兼）职安全管理人员。

(3) 建立安全生产目标责任制，层层签订安全生产目标责任书。

(4) 制定安全生产年度计划和中长期发展规划并组织实施。

(5) 建立隐患排查、预防事故工作会议制度，及时解决生产安全问题，会议作出的决定要认真落实。对事故隐患要制定排除和整改措施，重大事故隐患报告行业管理部门。

(6) 建立生产安全事故应急救援组织，配备必要的应急救援器材、设备，并经常进行维护、保养。

(7) 不得使用国家明令淘汰、禁止使用的危及生产安全的工艺、设备。

(8) 运输、使用危险物品或者处置废弃危险物品，必须执行有关法律、法规和国家标准或者行业标准，建立专门的安全管理制度，采取可靠的安全措施。

(9) 对从业人员进行安全生产教育和培训，保证其具备必要的安全生产知识，熟悉有关的安全生产规章制度和操作规程，掌握本岗位的安全操作技能。未经教育和培训合格的从业人员，不得上岗作业。

(10) 与从业人员签订劳动合同，并依法为从业人员办理工伤社会保险；为从业人员提供符合国家标准或者行业标准的劳动防护用品。

(11) 新建、改建、扩建的水利工程建设项目，其安全设施必须与主体工程同时设计、同时施工、同时投入生产使用；安全设施资金应当纳入建设项目概算。

(12) 发生水利生产安全事故后，事故现场有关人员应当立即报告本单位负责人，单位负责人接到事故报告后，应当立即组织抢救，防止事故扩大，减少人员伤亡和财产损失，并如实报告当地安全生产监督管理部门和有关部门，不得隐瞒不报、谎报或者迟报，不得故意破坏事故现场、毁灭有关证据。

(13) 水库大坝管理单位要建立水库大坝监控制度，科学地进行水库大坝安全评价、危险辨识工作，对重大危险源应登记建档，并定期进行检测、评估、监控。

(14) 水库大坝管理单位要对水库大坝安全进行定期检查，特别是汛期、暴风、暴雨、特大洪水或者强烈地震发生后的安全检查。对未达到设计洪水标准、抗震设防要求或者有严重质量缺陷的险坝，积极采取除险加固措施，限期消除危险。

本章思考题

1. 简述对我国安全生产方针的理解。
2. 何谓安全生产监督管理体制，简述对我国安全生产监督管理体制的认识。
3. 简述我国当前的安全生产工作格局。
4. 简述各级水行政主管部门的安全职责。
5. 简述水利安全生产监督检查人员的职责。
6. 简述水利生产经营单位的安全生产职责。

第四章　水利安全生产监督检查与行政执法

本章内容提要

本章主要从水利工程建设、水利工程运行、其他水利安全三个方面分别介绍了水利安全生产监督检查的要点，并讲述了水利安全生产行政执法的基础知识及水行政处罚的项目、依据。

水利安全生产监督管理的重点在于检查督促水利生产经营单位落实安全责任，完善安全制度，保证安全投入，防范安全事故；以水利工程建设和运行、防汛抗旱、农村水电、水文测验、车船交通、防火防爆、水利旅游等为重点开展安全生产专项治理和事故隐患排查，消除事故隐患；加强安全生产宣传教育和培训，倡导安全文化，提高职工安全意识；积极推进水利安全生产标准化、科学化管理，实行有利于安全生产的制度措施，形成科学的安全事故预防制度；加强水利安全生产应急管理，提高安全生产事故应急救援和处置能力；认真查处责任事故，严肃追究有关责任人员的责任。

第一节　水利工程建设安全监督检查

一、水利工程建设安全生产监督检查内容

依据《关于印发水利工程建设安全生产监督检查导则的通知》（水安监〔2011〕475号），结合《水利工程项目法人安全生产标准化评审标准（试行）》、《水利水电施工企业安全生产标准化评审标准（试行）》的要求，水利工程建设过程中，安全监督机构应对以下内容加强监督检查。

（一）项目法人的安全生产行为

（1）安全生产管理制度建立健全情况。

（2）安全生产管理机构设立情况。

（3）安全生产责任制建立及落实情况。

（4）安全生产例会制度执行情况。

（5）保证安全生产措施方案的制定、备案与执行情况。

（6）安全生产教育培训情况。

（7）施工单位安全生产许可证、“三类人员”（施工单位主要负责人、项目负责人及专职安全生产管理人员，下同）安全生产考核合格证及特种作业人员持证上岗等核查情况。

（8）安全施工措施费用管理。

（9）生产安全事故应急预案管理。

（10）安全生产事故隐患排查和治理。

（11）生产安全事故报告、调查和处理。

（12）杜绝使用国家公布淘汰的工艺、设备、材料。

（13）影响施工现场及毗邻区域管线及工程安全的资料管理。

（14）拆除、爆破等危险性较大工程管理。

（15）安全度汛管理等。

项目法人安全生产检查内容见表4－1。

表4－1　　项目法人安全生产检查表

检　查　项　目	检查内容要求与记录
安全生产管理制度	明确本单位适用的工程建设安全生产的规章、规范性文件、技术标准，制定本工程建设项目相关安全生产管理制度
安全生产管理机构	按规定设置安全生产管理机构、配备专职或兼职安全管理人员
安全生产责任制	(1) 相关人员职责和权力、义务明确
	(2) 检查合同单位安全生产责任制（分解到各相关岗位和人员）
安全生产例会	(1) 按期召开例会
	(2) 适时召开安全生产专题会议
	(3) 会议记录完整
	(4) 会议要求落实
施工单位安全生产许可证	(1) 资格审查时已对安全生产许可证进行审查
	(2) 对分包单位安全生产许可证进行审查
	(3) 建设过程中安全生产许可证有效性审查
“三类人员”安全生产考核合格证	(1) 进场时，核查“三类人员”安全生产考核合格证
	(2) 建设过程中新进人员安全生产考核合格证核查
	(3) 建设过程中安全合格证的有效性核查
特种作业人员和特种设备作业人员	(1) 特种作业人员持证情况检查，证书有效性检查
	(2) 特种设备作业人员持证情况检查，证书有效性检查
安全施工措施费用管理	(1) 招标文件明确
	(2) 建设过程中落实
生产安全事故应急预案管理	(1) 预案完整并具有可操作性
	(2) 本单位预案与其他相关预案衔接合理
	(3) 按期演练
	(4) 应急管理队伍完整
	(5) 应急通信录完整、更新及时
	(6) 督促相关单位制定预案
保证安全生产措施方案的制定、备案与执行情况	(1) 备案及时
	(2) 内容完整
	(3) 更新及时
安全生产事故隐患排查和治理	(1) 定期排查、及时上报
	(2) 隐患治理“五落实”
生产安全事故报告、调查和处理	(1) 报告制度建立情况
	(2) 生产安全事故及时报告情况
杜绝使用国家公布淘汰的工艺、设备、材料	(1) 工艺
	(2) 设备
	(3) 材料
影响施工现场及毗邻区域管线及工程安全的资料	(1) 招标时提供
	(2) 完整、准确、真实
	(3) 符合有关技术规范

续表

检　查　项　目	检查内容要求与记录
拆除、爆破等危险性较大工程管理	(1) 施工单位资质
	(2) 备案及时
	(3) 备案资料完整
接受安全监督	(1) 监督手续完善
	(2) 及时提供监督所需资料
	(3) 监督意见及落实
安全度汛管理	(1) 编制度汛方案
	(2) 报批手续完备
	(3) 度汛措施落实

(二) 勘察 (测) 设计单位的安全生产行为

(1) 工程建设强制性标准执行情况。

(2) 对工程重点部位和环节防范生产安全事故的指导意见或建议。

(3)“三新”(新结构、新材料、新工艺) 及特殊结构防范生产安全事故措施建议。

(4) 事故分析、文件审签及标识等。

勘察 (测)、设计单位安全生产检查内容见表 4-2。

表 4-2　　勘察 (测)、设计单位安全生产检查表

检　查　项　目	检查内容要求与记录
工程建设强制性标准	(1) 相关强制性标准要求识别完整
	(2) 标准适用正确
工程重点部位和环节防范生产安全事故指导意见	(1) 工程重点部位明确
	(2) 工程建设关键环节明确
	(3) 指导意见明确
	(4) 指导及时、有效
“三新”(新结构、新材料、新工艺) 及特殊结构防范生产安全事故措施建议	(1) 工程“三新”明确
	(2) 特殊结构明确
	(3) 措施建议及时有效
事故分析	(1) 无设计原因造成的事故
	(2) 参与事故分析
文件审签及标识	(1) 施工图纸单位证章
	(2) 责任人签字
	(3) 执业证章

(三) 监理单位的安全生产行为

(1) 工程建设强制性标准执行情况。

(2) 施工组织设计中的安全技术措施及专项施工方案审查和监督落实情况。

(3) 安全生产责任制建立及落实情况。

(4) 监理例会制度、生产安全事故报告制度等执行情况。

(5) 监理大纲、监理规划、监理细则中有关安全生产措施执行情况等。

监理单位安全生产检查内容见表4-3。

表4-3　　监理单位安全生产检查表

检　查　项　目	检查内容要求与记录
工程建设强制性标准	(1) 相关强制性标准要求识别完整
	(2) 标准适用正确
	(3) 发现不符合强制性标准时，有记录
审查施工组织设计的安全措施	(1) 审查施工组织设计
	(2) 审查专项安全技术方案
	(3) 相关审查意见有效
	(4) 安全生产措施执行情况
安全生产责任制	(1) 相关人员职责和权力、义务明确
	(2) 检查施工单位安全生产责任制
安全生产事故隐患排查和治理	(1) 及时发现并报告
	(2) 及时要求整改
	(3) 复查整改验收
监理例会制度	(1) 按期召开例会
	(2) 会议记录完整
	(3) 会议要求检查落实
生产安全事故报告制度等执行情况	(1) 报告制度
	(2) 及时报告
	(3) 处理措施检查监督
监理大纲、监理规划、监理细则中有关安全生产措施执行情况	(1) 措施完善
	(2) 执行情况
执业资格	(1) 执业资格符合规定
	(2) 执业人员签字

(四) 施工单位的安全生产行为

(1) 安全生产管理制度建立健全情况。

(2) 资质等级、安全生产许可证的有效性。

(3) 安全生产管理机构设立及人员配备。

(4) 安全生产责任制建立及落实情况。

(5) 安全生产例会制度、隐患排查制度、事故报告制度和培训制度等安全生产规章制度的执行情况。

(6) 安全生产操作规程制定及执行情况。

(7) “三类人员”安全生产考核合格证及特种作业人员持证上岗情况。

(8) 劳动防护用具、机械设备、机具管理情况。

(9) 安全费用的提取及使用情况。

(10) 生产安全事故应急预案制定及演练情况。

(11) 生产安全事故报告、调查和处理情况。

(12) 危险源分类、识别管理及应对措施等。

施工单位安全生产检查内容见表4-4。

表 4-4　　施工单位安全生产检查表

检　查　项　目	检查内容要求与记录
资质等级	(1) 本单位资质
	(2) 项目经理资质
	(3) 分包单位资质
	(4) 分包项目经理资质
安全生产许可证	(1) 本单位许可证
	(2) 分包单位许可证
安全管理机构设立和人员配备	(1) 安全管理机构设立
	(2) 安全管理人员到位
现场专职安全生产管理人员配备	(1) 人员数量满足需要
	(2) 人员跟班作业
安全生产责任制	(1) 相关人员职责和权力、义务明确
	(2) 单位与现场机构责任明确
	(3) 检查分包单位安全生产责任制（包括总包与分包的安全生产协议）
安全生产培训	(1) 制度明确、有效实施
	(2) 所有员工每年至少培训一次
	(3) 进入新工地或换岗培训
	(4) 使用“四新”（新技术、新材料、新设备、新工艺）培训
	(5) 培训档案齐全
安全生产规章制度	(1) 制度明确
	(2) 执行有效
	(3) 记录完整
定期安全生产检查制度	(1) 制度明确
	(2) 执行有效
	(3) 整改验收情况
	(4) 记录完整
制定安全生产规章和安全生产操作规程	(1) 制度明确
	(2) 制度齐全、执行有效
“三类人员”安全生产考核合格证	(1) 施工企业主要负责人
	(2) 项目负责人
	(3) 专职安全生产管理人员
特种作业人员资格证	(1) 所有特种作业人员资格证
	(2) 资格证有效期
安全费用的提取和使用	(1) 措施费用使用计划
	(2) 有效使用费用不低于报价
	(3) 满足需要
生产安全事故应急预案管理	(1) 预案完整并与其他相关预案衔接合理
	(2) 定期演练
	(3) 应急设备器材

续表

检 查 项 目	检查内容要求与记录
安全生产事故隐患排查和治理	(1) 定期排查、及时上报
	(2) 隐患治理“五落实”
安全生产事故报告、调查和处理	(1) 报告制度
	(2) 及时报告
接受安全监督	(1) 及时提供监督所需资料
	(2) 监督意见及时落实
分包合同管理	(1) 安全生产权利、义务明确
	(2) 安全生产管理及时、有效
专项施工方案	(1) 危险性较大的工程明确
	(2) 制定专项施工方案
	(3) 制定施工现场临时用电方案
	(4) 审核手续完备
	(5) 专家论证
施工前安全技术交底	(1) 项目技术人员向施工作业班组
	(2) 施工作业班组向作业人员
	(3) 签字手续完整
专项防护措施	(1) 毗邻建筑物、地下管线
	(2) 粉尘、废气、废水、固体废物、噪声、振动
	(3) 施工照明
安全防护用具、机械设备、机具	(1) 管理制度的制定与执行
	(2) 生产许可证
	(3) 产品合格证
	(4) 定期检查、维修和保养
	(5) 资料档案齐全
	(6) 使用有效期
特种设备	(1) 施工起重设备验收
	(2) 整体提升脚手架验收
	(3) 自升式模板验收
	(4) 租赁设备使用前验收
	(5) 特种设备使用有效期
	(6) 验收合格证标志置放
	(7) 特种设备合格证或安全检验合格标志
	(8) 维修保养制度建立和维修、保养、定期检测落实情况
危险作业人员	(1) 危险作业明确
	(2) 办理意外伤害保险
	(3) 保险有效期
	(4) 保险费用支付
工程度汛	(1) 度汛措施落实
	(2) 组织防汛抢险演练

（五）施工现场

（1）施工支护、脚手架、爆破、吊装、临时用电、安全防护设施和文明施工等情况。

（2）安全生产操作规程执行与特种作业人员持证上岗情况。

（3）个体防护与劳动防护用品使用情况。

（4）应急预案中有关救援设备、物资落实情况。

（5）特种设备检验与维护状况。

（6）消防设施等落实情况。

（7）安全警示标志设置情况等。

施工现场安全生产检查内容见表4-5。

表4-5　　施工现场安全生产检查表

检查项目	检查内容要求与记录
文明施工	（1）建筑材料、构件、料具按总平面布局堆放；料堆应挂名称、品种、规格等标牌；堆放整齐，做到工完场地清
	（2）易燃易爆物品分类存放
	（3）施工现场应能够明确区分工人住宿区、材料堆放区、材料加工区施工现场材料堆放加工应整齐有序
施工管理措施	（1）爆破、吊装等危险作业有专门人员进行现场安全管理
	（2）人、车分流，道路畅通，设置限速标志。场内运输机动车辆不得超速、超载行驶或人货混载
	（3）在建工程禁止住人
	（4）集体宿舍符合要求，安全距离满足要求
脚手架	（1）架管、扣件、安全网等合格证及检测资料
	（2）有脚手架、卸料平台施工方案
	（3）验收记录（含脚手架、卸料平台、安全网、防护棚、马道、模板等）
施工支护	（1）深度超过2m的基坑施工有临边防护措施
	（2）按规定进行基坑支护变形监测，支护设施已产生局部变形应及时采取措施调整
	（3）人员上下应有专用通道
	（4）垂直作业上下应有隔离防护措施
爆破作业	（1）爆破作业和爆破器材的采购、运输、贮存、加工和销毁
	（2）爆破人员资质和岗位责任制、器材领发、清退制度、培训制度及审批制度
	（3）爆破器材贮存在专用仓库内
临时用电	（1）施工现场应做好供用电安全管理，并有临时用电方案。配电箱开关箱符合三级配电两级保护
	（2）设备专用箱做到“一机、一闸、一漏、一箱”；严禁一闸多机
	（3）配电箱、开关箱应有防尘、防雨措施
	（4）潮湿作业场所照明安全电压不得大于24V，使用行灯电压不得大于36V，电源供电不得使用其他金属丝代替熔丝
	（5）配电线路布设符合要求，电线无老化、破皮
	（6）有备用的“禁止合闸、有人工作”标志牌
	（7）电工作业应佩戴绝缘防护用品，持证上岗
吊装作业	（1）塔吊应有力矩限制器、限位器、保险装置及附墙装置与夹轨钳
	（2）制定安装拆卸方案；安装完毕有验收资料或责任人签字
	（3）有设备运行维护保养记录
	（4）起重吊装作业应设警戒标志，并设专人警戒

续表

检查项目	检查内容要求与记录
安全警示标志	在有较大危险因素的生产场所和有关设施、设备上，设置明显的安全警示标志
安全防护设施	(1) 在建工程应有预留洞口的防护措施
	(2) 在建工程的临边有防护措施
	(3) 在高处外立面，无外脚手架时，应张挂安全网
	(4) 防护棚搭设与拆除时，应设警戒区，并应派专人监护。严禁上下同时拆除
	(5) 对进行高处作业的高耸建筑物，应事先设置避雷设施
个体安全防护	(1) 进入生产经营现场按规定正确佩戴安全帽，穿防护服装；从事高空作业应当正确使用安全带
	(2) 电气作业应当穿戴绝缘防护用品
安全设备	(1) 有维护、保养、检测记录；能保证正常运转
	(2) 有易燃、易爆气体和粉尘的作业场所，应当使用防爆型电气设备或者采取有效的防爆技术措施
消防安全管理	(1) 制定消防安全制度、消防安全操作规程
	(2) 防火安全责任制，确定消防安全责任人
	(3) 对职工进行消防宣传教育
	(4) 防火检查，及时消除火灾隐患
	(5) 建立防火档案，确定重点防火部位，设置防火标志
	(6) 灭火和应急疏散预案，定期演练
	(7) 按规定配备相应的消防器材、设施
	(8) 消防通道畅通、消防水源保证
	(9) 消防标志完整
施工现场安全保卫	(1) 施工现场进出口应有大门，有门卫
	(2) 非施工人员不进入现场
	(3) 必要遮挡围栏设置

二、水利工程建设现场安全监督检查程序

水利工程建设项目安全生产监督检查活动由各级水行政主管部门和流域管理机构根据工程建设实际，适时组织开展。水利工程安全监督活动的步骤如图4-1所示。

图4-1 水利工程安全监督活动的步骤

1. 成立监督检查组

安全生产监督检查由监督检查组织单位成立的安全生产监督检查组实施。监督检查组成员一般由监管部门的领导和人员、相关部门的代表和专家组成。

2. 制定检查方案

监督检查组应根据工程项目具体情况，制定检查方案，明确检查项目、内容和要求等。

3. 实施现场检查

监督检查组首先在被监督检查单位或施工工地主持召开工作会议，介绍监督检查的内容、方法和要求，听取有关单位安全生产工作情况的介绍。

监督检查人员应查阅有关资料，针对检查对象的具体情况，对重点场所、关键部位实施现场检查，并记录检查结果。还应现场反馈检查情况，并针对现场检查发现的安全生产问题、薄弱环节和安

全生产事故隐患，提出整改要求。

4. 编制监督检查报告

监督检查报告经监督检查组负责人签字后报监督检查组织单位。监督检查报告内容主要包括：

（1）工程概况。

（2）开展安全生产监督的主要工作。

（3）参建单位安全生产管理体系。

（4）现场监督巡查情况。

（5）安全生产事故隐患排查、治理和安全生产事故处理情况。

（6）涉及安全生产的遗留问题及处理措施。

（7）工程建设安全生产监督意见及建议。

（8）相关附件。主要指有关该工程项目安全监督人员情况表，工程建设过程中安全监督意见汇总。

5. 下发整改意见

监督检查组织单位根据检查情况，向被检查单位下发整改意见；情节严重的，依法实施行政处罚或其他具体行政行为。有关部门和工程各参建单位应认真研究制定整改方案，落实整改措施，尽快完成整改并及时向监督检查组织单位反馈整改意见落实情况。

三、水利工程安全验收监督检查

国家安全生产监督管理总局《关于做好建设项目安全监管工作的通知》（安监总协调〔2006〕124号）强调：建设项目投入生产和使用前，必须进行安全验收评价，按照规定的程序和要求进行验收；组织验收的部门对建设项目的安全设施和安全条件应依法进行全面、严格的审查。

对施工过程中安全生产管理不善的项目，安全监督人员应提出是否将该项目经理列为重点监控人员的建议，经安全监督部门负责人审定后，列入重点监控人员名单，并定期予以公布。

1. 水利水电建设工程安全设施竣工验收应具备的条件

（1）验收范围内的土建和金属结构工程及安全监测系统等已按批准的文件全部建成投入使用，全部机电设备投入运行后半年，并完成了工程安全鉴定。

（2）安全评价机构已提出安全验收评价报告。

（3）有关验收的文件、资料齐全。

2. 竣工验收安全监督报告内容

根据《水利水电建设工程验收规程》（SL 223—2008）的要求，工程安全监督报告的内容为：

（1）工程建设基本情况。简要叙述工程位置、工程布置、主要技术经济指标、主要建设内容等。

（2）安全监督工作。安全监督工作的分工和工作方式等。

（3）参建单位安全管理体系。参建单位安全管理体系检查，依据国家和行业规定对安全管理体系的建立和工程建设过程中的实际运行情况检查等，还包括参建单位的安全生产许可证、特种作业人员上岗证、有关人员的安全生产考核合格证等复核。

（4）现场监督检查情况。指施工现场监督检查的结果。

（5）遗留的工程安全问题、生产安全事故及处理情况。遗留的工程安全问题如何处理，工程建设过程中是否发生过生产安全事故以及如何处理等。

（6）工程安全生产评价意见。工程安全生产评价，对工程安全管理情况进行总体评价。

（7）附件。包括有关该工程项目安全监督人员情况表和工程建设过程中安全监督意见（书面材料）汇总。

3. 工程安全监督档案

为使水利工程建设安全监督管理工作做到规范化、程序化、制度化、档案化，监督必须建立健全

安全监督台账和安全监督档案，且应做到及时、准确、真实、完整。

（1）水利工程安全监督台账主要包括以下三点内容：

1）水利工程安全监督登记台账（包括监督工程登记表、示范工地登记表和塔吊报监登记表等）。

2）水利工程安全生产监督检查记录簿。

3）水利工程隐患整改台账（包括隐患整改通知书、隐患整改复查报告、违法行为处罚建议书及相关结案材料）、专项治理台账（专项治理资料、预警单位专项监督台账）、不良行为记录台账、工伤事故台账、行业管理相关文件、投诉登记台账。

（2）水利工程安全监督档案主要包括以下六点内容：

1）水利工程安全监督报监材料、安全监督申报材料审查表。

2）安全监督通知书、安全监督工作计划。

3）监督检查记录。

4）水利工程安全生产事故隐患整改资料（含整改通知书、企业整改报告、隐患复查及销案资料）。

5）水利工程安全执法资料（含取证资料、处罚建议书、企业整改报告、复查销案资料）。

6）水利工程安全监督报告。

第二节　水利工程运行管理安全监督检查

一、安全生产组织保障体系监督检查

水利安全管理工作贯穿于水利生产的全过程，融入水利工程管理的各项工作中，涉及水利工程管理单位的方方面面。因此，安全管理不是单靠个人或单个部门能完成的，它必须有一个完善的组织体系来保障。

水利工程管理单位应根据《安全生产法》等法律法规的要求，设置安全生产管理机构或配备专（兼）职的安全生产管理人员，负责本单位的安全生产管理工作。

水行政主管部门、流域机构或者其委托的安全生产监督机构应监督水利工程管理单位是否按照相关法律法规的要求建立安全生产监督管理机构或配备安全生产管理人员。

二、安全生产责任制监督检查

要加强水利安全生产管理和监督，应督促水利工程管理单位落实安全生产主体责任，建立完善安全生产管理和责任体系，把安全生产工作落到实处。

（一）安全生产责任制的制定情况

《安全生产法》第四条规定："生产经营单位必须遵守本法和其他有关安全生产的法律、法规，加强安全生产管理，建立、健全安全生产责任和安全生产规章制度，改善安全生产条件，推进安全生产标准化建设，提高安全生产水平，确保安全生产。"

因此，对安全生产责任制的监督首先应是相关单位是否按照有关法律法规的要求建立了安全生产责任制，且各项责任具有明确的责任主体，各责任主体具有明确具体的职责。

根据《水利部关于加强水库安全管理工作的通知》（水建管〔2006〕131号）的规定，水库大坝安全生产责任制应以地方政府行政首长负责制为核心，按照隶属关系，逐步落实同级政府责任人、水库主管部门责任人和水库管理单位责任人，明确各类责任人的具体责任，并落实责任追究制度。各级水利、建设、农业、交通、国资、林业等部门是其所管辖水库的主管部门；企业项目法人是其所属水库的责任主体；乡镇、农村集体经济组织管理的水库，由所在地的乡镇人民政府承担主管部门责任，县级人民政府行政首长为政府责任人。

小型水库安全管理的责任主体包括相应的地方人民政府、水行政主管部门、水库主管部门或水库

所有者（业主）及水库管理单位。农村集体组织所有的小型水库，所在地的乡镇人民政府承担其主管部门的职责。各责任主体的职责主要为：

(1) 小型水库安全管理实行政府行政领导负责制，每座小型水库要确定一名相应的政府行政领导为安全责任人，对水库安全负总责，协调有关部门做好水库安全管理工作，包括建立管理机构、配备管理人员、筹措管理经费、组织抢险和除险加固等。

(2) 县级以上水行政主管部门负责对本行政区域内所有小型水库的安全管理实施监督，向同级人民政府报告小型水库的安全状况、提出建议，切实履行行业主管部门的职责。

(3) 水库主管部门或所有者（业主）负责组织水库管理单位进行大坝注册登记、安全鉴定、管理人员培训、实施年度检查、除险加固等，对每座小型水库要确定一名技术责任人。

(4) 水库管理单位负责水库安全管理的日常工作，包括巡视检查、工程养护、实施水库调度、抢险救灾及水毁工程修复等。

一个完善的安全生产责任制，需达到如下要求：

(1) 建立的安全生产责任制必须符合国家安全生产法律法规和政策、方针的要求，并应适时修订。

(2) 建立的安全生产责任制体系要与本单位管理体制协调一致。

(3) 制定安全生产责任制要根据本单位、部门、岗位的实际情况，明确、具体、具有可操作性，防止形式主义。

(4) 制定、落实安全生产责任制要有专门的人员和机构保障。

(5) 在建立安全生产责任制的同时，建立安全生产责任制的监督、检查制度，特别要注意发挥群众的监督作用，以保证安全生产责任制得到真正落实。

此外，安全生产责任制的内容应当涵盖以下两个方面：

(1) 纵向方面。即从上到下所有类型人员的安全生产职责。在建立安全生产责任制时，可首先将本单位从主要负责人一直到岗位工人分成相应的层级；然后结合本单位的实际工作，对不同层级的人员在安全生产中应承担的职责做出规定。纵向方面至少应包括下列几类人员：主要负责人、其他负责人、各职能部门负责人及其工作人员和岗位人员。

(2) 横向方面。即各职能部门的安全生产职责。在建立安全生产责任制时，可按照本单位职能部门的设置，分别对其在安全生产中应承担的职责做出规定。

(二) 安全生产责任制的落实情况

安全生产责任制是水利工程管理单位各项安全生产规章制度的核心，是国家有关法律法规在企业安全生产中的具体体现，因此不仅要制定内容全面的安全生产责任制度，更重要的是要将这些制度落实到实际的安全生产活动中，才能真正发挥其作用。

水行政主管部门、流域机构或者其委托的安全生产监督机构主要通过现场检查、资料调查、人员询问等方式监督检查水利工程管理单位安全生产责任制的执行和落实情况。

三、安全生产规章制度监督检查

实现水利安全生产，基本点是建立健全完善的安全生产规章制度，并加以落实。安全生产规章制度是为了实现安全生产，根据安全生产的客观规律和实践经验总结，对各项安全管理工作和劳动操作的安全要求所作的规定，是水利工程管理单位全体职工安全方面的行动规范和准则，同时，也是安全管理体系的重要内容，与安全生产管理机构相辅相成，还是水利工程管理单位规章制度的重要组成部分。

(一) 安全生产规章制度的建立与健全

根据《水利工程管理单位安全生产标准化评审标准（试行）》的规定，水利工程管理单位的安全生产规章制度至少应包含：安全生产目标管理、安全生产责任制、安全例会、法律法规标准规范管理、安全投入管理、工伤保险、文件和档案管理、安全教育培训管理、特种作业人员管理、设备安全管理（含特种设备管理）、安全设施管理、工程观测、工程养护、设备检修、安全检查及隐患治理、

交通安全管理、消防安全管理、防洪度汛安全管理、作业安全管理、用电安全管理、危险物品及重大危险源管理、相关方及外用工（单位）安全管理、职业健康管理、安全标志管理、劳动防护用品（具）管理、安全保卫、建设项目安全设施三同时管理、安全生产预警预报和突发事件应急管理、信息报送及事故管理、安全绩效评价与奖罚等制度。

（二）安全生产规章制度的贯彻执行

不仅要按规定建立符合国家法律法规和标准要求的规章制度，还要将这些制度付诸实施，才能减少安全生产事故的发生。水行政主管部门、流域机构或者其委托的安全生产监督机构应对被检查单位安全生产规章制度的制定、执行情况进行监督检查，通过现场检查、资料审查、人员询问等方式发现安全生产规章制度的制定、落实中存在的问题和漏洞，并提出改进的建议、意见。

四、安全生产投入监督检查

《安全生产法》第二十条明确指出生产经营单位应当具备安全生产条件所必需的资金投入，由生产经营单位的决策机构、主要负责人或者个人经营的投资人予以保证，并对由于安全生产所必需的资金投入不足导致的后果承担责任。

水利工程管理单位要按照水利部《水利部关于加强水库安全管理工作的通知》（水建管〔2006〕131号）等文件的要求，保证水利工程安全运行的措施经费。

水行政主管部门、流域机构或者其委托的安全生产监督机构主要通过抽查水利工程管理单位和生产经营现场、向有关部门和人员询问、检查相关材料等方式，监督水利工程管理单位的安全防护设施、文明生产（施工）措施费用的提取和使用，安全防护用品和安全防护服装的购置和配备情况，员工工伤保险和现场作业人员意外伤害保险的办理等是否符合相关法律法规标准的规定。

五、安全教育培训监督检查

国家安全生产监督管理总局先后发布了《生产经营单位安全培训规定》（国家安监总局令第3号）、《特种作业人员安全技术培训考核管理规定》（国家安监总局令第30号）等规章，并于2013年8月发布了《国家安全监管总局关于修改〈生产经营单位安全培训规定〉等11件规章的决定》（国家安监总局令第63号），这一系列的文件对各类人员的培训内容、培训时间、考核等做出了具体规定。水利工程管理单位应依法对相关人员进行安全教育培训，对安全培训效果进行评估和改进。做好培训记录，并建立档案。

水行政主管部门、流域机构或者其委托的安全生产监督机构对安全培训的监督管理，主要是对水利工程管理单位主要负责人和安全生产管理人员及其他从业人员培训考核工作的监督管理，通过对培训材料、记录等的检查，主要监督水利工程管理单位安全培训工作的以下几个方面。

（一）安全培训的内容

1. 主要负责人安全培训内容

（1）主要负责人安全培训应当包括下列内容：

1）国家安全生产方针、政策和有关安全生产的法律、法规、部门规章、技术标准和规范性文件；

2）水利水电安全生产管理基本知识、安全生产技术、安全生产专业知识；

3）水利水电重大危险源管理、重大事故防范、应急管理和救援组织以及事故调查处理的有关规定；

4）企业安全生产责任制和安全生产规章制度的内容和制定方法；

5）国内外水利水电生产经营单位安全生产管理经验；

6）典型生产安全事故和应急救援案例分析。

（2）主要负责人每年应进行安全生产再培训。再培训的主要内容是新知识、新技能和新本领，包括：

1）有关安全生产的法律、法规、规章、规程、标准和政策；

2）安全生产的新技术、新知识；

3）安全生产管理经验；

4）典型事故案例。

2. 安全管理人员安全培训内容

（1）安全生产管理人员安全培训应当包括下列内容：

1）国家有关安全生产的法律、法规、政策及有关行业安全生产的规章、规程、规范和标准；

2）水利水电安全生产管理知识、安全生产技术、劳动卫生知识和安全文化知识，有关行业安全生产管理专业知识；

3）工伤保险的法律、法规、政策；

4）伤亡事故和职业病统计、报告及调查处理方法；

5）事故现场勘验技术，以及应急处理措施；

6）水利水电重大危险源管理与应急救援预案编制方法；

7）国内外先进的安全生产管理经验；

8）典型事故案例。

（2）安全生产管理人员每年也应进行安全生产再培训。再培训的主要内容是新知识、新技能和新本领，包括：

1）有关安全生产的法律、法规、规章、规程、标准和政策；

2）安全生产的新技术、新知识；

3）安全生产管理经验；

4）典型事故案例。

3. 特种作业人员安全培训的内容

特种作业人员应当接受与其所从事的特种作业相应的安全技术理论培训和实际操作培训。水利工程管理单位可以根据工作性质对其他从业人员进行安全培训，保证其具备本岗位安全操作、应急处置等知识和技能。

（二）安全培训的时间

根据《生产经营单位安全培训规定》（国家安监总局令第 3 号）的规定，水利生产经营单位主要负责人和安全生产管理人员初次安全培训时间不得少于 32 学时。每年再培训时间不得少于 12 学时。

特种作业操作证申请复审或者延期复审前，特种作业人员应当参加必要的安全培训并考试合格，安全培训时间不少于 8 个学时。新上岗的从业人员，岗前培训时间不得少于 24 学时。

六、职业健康监督检查

职业健康监督管理工作是督促相关单位有效落实职业危害预防控制主体责任，促进其依法开展各项职业危害预防控制工作，预防、控制和消除职业危害，保障劳动者职业健康合法权益的重要手段。

（一）水利安全生产常见职业危害

水利安全生产过程中的职业危害主要有粉尘、毒物、红外、紫外辐射、噪声、振动及高温，这些职业危害因素可以多种并存，加重危害程度，如振动与噪声的共同作用，可加重听力损伤；粉尘在高温环境下可增加肺通气量，增加粉尘吸入，对人体产生不利影响。

（二）监督检查的主要内容

《工作场所职业卫生监督管理规定》（国家安监总局令第 47 号）第三十九条规定，安全生产监督管理部门应当依法对用人单位执行有关职业病防治的法律、法规、规章和国家职业卫生标准的情况进行监督检查，重点监督检查下列内容：

（1）设置或者指定职业卫生管理机构或者组织，配备专职或者兼职的职业卫生管理人员情况。

（2）职业卫生管理制度和操作规程的建立、落实及公布情况。

（3）主要负责人、职业卫生管理人员和职业病危害严重的工作岗位的劳动者职业卫生培训情况。

（4）建设项目职业卫生“三同时”制度落实情况。

（5）工作场所职业病危害项目申报情况。

（6）工作场所职业病危害因素监测、检测、评价及结果报告和公布情况。

（7）职业病防护设施、应急救援设施的配置、维护、保养情况，以及职业病防护用品的发放、管理及劳动者佩戴使用情况。

（8）职业病危害因素及危害后果警示、告知情况。

（9）劳动者职业健康监护、放射工作人员个人剂量监测情况。

（10）职业病危害事故报告情况。

（11）提供劳动者健康损害与职业史、职业病危害接触关系等相关资料的情况。

（12）依法应当监督检查的其他情况。

七、作业安全监督检查

水利工程运行场所的作业安全至关重要，对水利工程管理单位的监督检查要点如下。

1. 调度运用

（1）是否制定控制运用计划或调度方案，并按控制运用计划或上级主管部门的指令组织实施；操作运行是否规范。

（2）操作人员是否固定，并定期培训，持证上岗；按操作规程和调度指令运行，无人为事故；记录规范。

2. 度汛管理

（1）是否按规定编制工程度汛方案和应对超标准洪水预案，并报上级主管部门和有关地方防汛指挥机构。

（2）是否建立健全防汛组织机构，全面落实各项防汛措施，正确执行上级洪水调度指令。

（3）工程险点隐患是否清楚，有险点隐患度汛措施和预案，并落实险情抢护措施。

（4）是否严格执行防汛物资（防汛器材、料物、抢险设备等）管理有关规定，加强设备、料物等日常管理，记录规范。

（5）险点隐患的度汛预案或险情抢护措施是否按规定进行演练。

3. 安全监测

（1）是否对土工建筑物和重要建筑物进行日常观测、监测。有记录、分析和报告，并符合有关编制规定。

（2）是否对影响工程安全的结构、主体建筑物等进行安全鉴定或评价，未除险前是否有保证安全运行的应急措施或预案。

4. 除险加固和更新改造

（1）是否有相应的除险加固规划及实施计划。

（2）是否有更新改造规划及实施计划。

（3）工程除险前是否有安全度汛措施。

5. 安全生产检查

（1）是否按规定开展定期、经常性、假日前后、极端天气前后等安全生产检查活动。

（2）是否保存有安全生产检查记录。

（3）检查发现问题是否有及时处理。

6. 警示标志和安全防护

（1）在存在较大危险因素的作业场所或有关设备上，是否按照有关规定设置明显的安全警示标志。

(2) 工程设施设备是否定期维护保养，安全防护设施和装置是否到位，个人安全防护用品配备是否齐全，特种设备是否按规定进行检验。

八、其他安全保障监督检查

水行政主管部门、流域机构或者其委托的安全生产监督机构还应对水利工程管理单位的隐患排查情况、重大危险源监控情况、生产安全事故管理情况和应急救援情况的合规性进行监督检查，详细内容见后文相关章节。

第三节 其他水利安全监督检查

一、农村水电安全监督检查

水利部《关于进一步加强水利安全生产监督管理工作的指导意见》(水人教〔2006〕593 号) 中强调：各级水行政主管部门以及农村水电企业和单位要按照《水利部关于加强农村水电安全生产监察管理工作的指导意见》的要求，建立健全农村水电安全生产监察与管理体系，完善农村水电安全监察员培训考核和监察员资格证制度，制定农村水电站及其配套电网重大事故应急预案。强化对小水电项目建设的安全监管，防止无相应资质、资格的单位和人员进入农村水电工程建设市场。严格清理无规划、无审查、无监管、无验收的“四无”水电站，消除事故隐患，对无序开发、越权审批、未经验收擅自投产发电的，要严肃追究有关人员的责任。无人值班或少人值守的水电站要制定相应的安全生产管理制度，加强安全监督检查。

(一) 农村水电管理水平分级

根据《农村水电站安全生产管理分类及年检办法》(水电〔2006〕146 号) 的要求，对于我国境内已投入运行的单站装机容量为 5 万 kW 及以下的水电站，实行安全分类管理与年度检验管理制度。

水电站按照安全管理水平分为 A、B、C、D 四类，A 类水电站是安全可靠，管理优秀，实现了“无人值班，少人值守”，具有示范作用的水电站，冠名金牌水电站；B 类水电站是管理较好，能安全生产的水电站；C 类水电站是管理差，存在重要安全隐患，需限期整改的水电站；D 类水电站是存在严重安全隐患，必须停产整改的水电站。水行政主管部门应按照《农村水电站安全生产管理分类及年检办法》(水电〔2006〕146 号) 中分级管理的规定和分类标准确定有关水电站类别，并逐级上报至省级水行政主管部门备案。经首次分类确定的水电站应于次年 3 月 1 日前将水电站安全管理分类年度检验申报表上报相应水行政主管部门。水行政主管部门对上报的年度检验申报表进行检验，可采取适当方式进行现场检验或抽查。水行政主管部门在对水电站进行年度检验时，应当严格按照水电站安全管理分类标准，对已确定类别的水电站进行定级、晋级或降级。

被确定为 C 类的水电站，必须在限期内进行整改。整改后报原审核单位验收并重新确定类别；被确定为 D 类的水电站，必须立即停产整改。整改仍不合格或拒不接受整改或年检的水电站，由水行政主管部门吊销其使用证，并通知电网企业不准其并网，建议工商行政管理部门吊销其营业执照；对造成严重后果的，追究其法定代表人及相关负责人责任；对构成犯罪的，依照相关法律，移交司法部门追究当事人法律责任。

(二) 农村水电安全监督管理

对农村水电的监督管理主要包括：农村水电安全生产监察管理体系是否完善，农村水电企业各类安全管理规章制度是否健全，“两票三制”是否得到贯彻执行，民营及乡以下水电站安全生产管理体系的建立情况；农村水电供电区安全供电情况，是否编制大面积停电事故应急预案等；已建水电站是否进行了安全管理分类和年检，C、D 类限期整改的水电站是否按期限要求进行了整改；违规水电站清查工作是否全面彻底，对清查出的违规水电站是否按要求及时进行整改，未彻底整改的是否采取了

安全措施，违规水电站整改行政责任人是否在媒体上进行公示等。

为加强农村水电监督管理工作，水利部《关于印发农村水电安全生产监察管理工作指导意见的通知》（水电〔2006〕210号）中进一步明确了行业安全监察工作和企业安全生产管理工作的职责，其具体规定如下。

1. 行业安全监察工作主要职责

（1）有关电力安全生产和安全监察工作的政策和规章制度等。

（2）本部门管辖范围内的年度安全监察工作计划，并组织实施。

（3）管辖范围内的生产单位，就安全生产法规、规程的执行情况及有关安全规章制度的完善和执行情况进行监督检查。

（4）参加所管辖范围内的电力安全生产大检查。

（5）执行事故报告制度，做好电力生产事故统计和上报工作，参与事故的调查和处理。

（6）安全宣传和教育工作。依照有关规定对在安全生产中做出显著成绩的单位和个人进行表彰；对违反安全管理的单位和个人进行批评和处理。

2. 企业安全生产管理工作职责

（1）宣传、贯彻国家有关安全生产方针、法规和政策。

（2）制定本单位安全生产管理工作计划，并组织实施。

（3）检查作业现场的安全状况及设备的安全运行情况，及时提出加强和改进安全生产的意见和建议。及时制止违章指挥、违章作业等行为，发现事故隐患，要求限期消除。

（4）发生事故后，协助保护事故现场，进行必要的调查，了解与事故有关的情况，对事故的调查分析处理等有不同意见时，有权直接向上级主管部门反映。

（5）对安全生产中存在和发生的重大问题隐瞒不报的，有权向上级或越级直接反映。

（6）做好电力生产事故的统计分析和上报工作。

二、水文测验安全监督检查

水文测验是高危的野外作业，水上和高空作业给安全生产工作带来了许多不确定的因素。当前，水文行业点多、面广、高度分散，汛期水文测报危险性大，水文工作季节性强等给安全生产管理加大了难度。而且一些安全隐患还没有彻底消除，部分危旧站房和测报设施还未改造，有些过河设备老化失修，有些站房和测报设施严重失修，个别单位用电不规范，个别测工业务技能水平较低，违章操作现象时有发生，这些问题都迫切需要加强安全生产监督，水文测验工作的安全监督检查内容主要包括以下内容。

（1）测验工作安全生产规章制度和操作规程是否完备，如水文测报作业人员、作业水文气象条件、测量船只设备、通信联络、应急救援等安全管理规定和安全操作规程是否完备，以及安全生产规章制度与安全生产责任制度落实情况。

（2）水文作业人员的安全生产和安全技术培训情况，如是否对水上人员进行安全生产教育，对参与水上作业的人员集中进行安全技能培训，使其具有基本自救、逃生知识，是否对新参加工作或新上岗的人员进行必要的安全教育等。

（3）测验设备安全防护状况，如水文测船定期检查、维修和消防救生设备、堵漏器材配备情况等，对有毒有害物品、贵重仪器设备是否指定专人保管等。

（4）测验单位安全投入情况，如是否按照不同工种、不同劳动环境和条件，发给职工符合国家规定的技术标准和要求的防护用品等。

（5）水文测验事故处理情况。

三、水利工程勘察（测）设计安全监督检查

水利工程勘察（测）设计单位要严格执行水利部《工程建设标准强制性条文》（水利工程部分）

和有关安全生产规程规范，加强野外勘察、测量作业和设计查勘、现场设计配合的安全管理与监督。要加强对水利工程勘测设计人员的安全教育与培训，增强安全防范意识，做好野外、露天作业的安全防护，加强山地灾害、水灾、火灾和有毒气体监测与防治，制定预防和应急避险方案，确保安全。

四、水利安全生产标准化监督检查

《国务院安委会关于深入开展企业安全生产标准化建设的指导意见》（安委〔2011〕4号）指出："各地区、各有关部门和企业要把深入开展企业安全生产标准化建设的思想行动统一到《国务院通知》的规定要求上来，充分认识深入开展安全生产标准化建设对加强安全生产工作的重要意义。"

《关于印发水利行业开展安全生产标准化建设实施方案的通知》（水安监〔2011〕346号）指出：大中型水利工程项目法人、水利系统施工企业、大中型水利工程管理单位要在2013年底前实现达标；小型水利工程项目法人和管理单位、农村水电企业要在2015年底前实现达标。

因此，在水利行业推行水利安全生产标准化建设刻不容缓，水行政主管部门、流域机构或者其委托的安全生产监督机构应加强对安全生产标准化建设工作的指导和督促检查，结合日常安全监管工作，以以下几个方面作为水利安全生产标准化工作开展情况监督管理的重点。

（一）安全生产标准化建设

开展水利安全生产标准化建设工作是加强水利安全生产工作的一项基础性、长期性的工作，是新形势下安全生产工作方式方法的创新和发展。水行政主管部门、流域机构或者其委托的安全生产监督机构应充分认识开展水利安全生产标准化建设的重要意义，切实增强推动水利安全生产标准化建设的自觉性和主动性，确保标准化建设工作取得实效。

水利生产经营单位是安全生产标准化建设工作的责任主体，水行政主管部门、流域机构或者其委托的安全生产监督机构应指导和督促水利生产经营单位按照水利部《水利工程管理单位安全生产标准化评审标准（试行稿）》、《水利工程项目法人安全生产标准化评审标准（试行稿）》、《水利水电施工企业安全生产标准化评审标准（试行稿）》、《农村水电站安全生产标准化评审标准（暂行）》的要求，结合本单位（或工程建设项目）实际，加强风险管理和控制，完善安全生产管理标准、作业标准和技术标准，开展以安全生产目标、组织机构和职责、安全生产投入、法律法规与安全管理制度、教育培训、生产设备设施、作业安全、隐患排查和治理、重大危险源监控、职业健康、应急救援、信息报送和事故调查处理以及绩效评定和持续改进等为主要内容的安全生产标准化建设工作。同时，要坚持高标准、严要求，全面落实安全生产法规规章和标准规范，加大投入，规范管理，加快实现水利行业岗位达标、专业达标和企业达标。

（二）安全生产标准化评审

按照分级管理和"谁主管、谁负责"的原则，水利部负责直属单位和直属工程项目以及水利行业安全生产标准化一级单位的评审、公告、授牌等工作；地方水利生产经营单位的安全生产标准化二级、三级达标考评的具体办法，由省级水行政主管部门制定并组织实施，考评结果报送水利部备案。有关水行政主管部门在水利生产经营单位的安全生产标准化创建中不得收取费用并严格达标等级考评，明确专业达标最低等级为单位达标等级，有一个专业不达标则该单位不达标。

水行政主管部门、流域机构或者其委托的安全生产监督机构应指导水利生产经营单位开展安全生产标准化达标评级工作，不断加强安全生产标准化达标评级管理，将达标评级与评优评先、事故处理等结合起来。按照安全生产标准化达标评级管理办法和实施细则规定，对申请单位是否符合条件、现场评审是否规范、评审结果是否完整和真实等方面进行审核，对审核符合要求并经公示无异议的企业（或工程建设项目）颁发证书，授予牌匾。对于申请单位隐瞒事实、不符合条件、评审过程不按规定程序开展以及评审结果严重失实的，不予认定申请级别，并视情况按规定对相关单位进行通报和处理。

结合专项安全监管工作，水行政主管部门、流域机构或者其委托的安全生产监督机构还应开展评

审机构现场评审质量的监督检查，组织专家对已进行现场评审的水利生产经营单位（或工程建设项目）进行抽查，发现现场评审不严格、不到位或有失实的，视其情形对评审机构提出警告，直到撤销评审资格。

第四节 水利安全生产行政执法与处罚

安全生产行政执法用于指导安全生产行政执法的实践，使安全生产监督管理机构及其安全生产行政执法人员在执法过程中，正确地行使国家赋予的执法职权，维护国家和人民群众的安全生产权益，防止和查处安全生产违法行为，预防和减少生产安全事故发生，保障我国社会主义和谐社会建设的顺利进行。

一、安全生产行政执法基础知识

（一）安全生产行政执法的概念

行政执法是法制建设的一项重要内容。广义的行政执法是国家行政机关执行宪法和法律的总称，包括行政决策、行政立法和行政执行等行政行为；狭义的行政执法是指行政机关依照法定的职权和程序，执行国家规范性法律文件，对特定的人或事采取的直接产生法律效果，而又有别于行政立法的具体行政行为。我们平常所说的行政执法，一般是指狭义概念的行政执法。

安全生产行政执法是指安全生产监督管理机构根据法律或行政机关的委托，实施安全生产监督检查，并依照法定程序执行或适用安全生产法律法规，作出直接影响行政相对方权利和义务的行政行为。作为整个国家行政执法活动的一个组成部分，安全生产行政执法除了具有行政执法的共同属性，作为一个安全生产行政管理部门的一项专门的执法活动，它还具有自己的特殊性，其特征包括以下几点。

（1）安全生产行政执法的主体特定。根据《安全生产法》第九条的规定，安全生产行政执法的主体是安全生产监督管理机构以及法律法规授权的组织。各级安全生产监督管理机构是依法对辖区内所有单位和个人履行安全生产法律、法规，执行安全生产各项行政政策并且对生产单位进行监督、检查和处理的专职机构。它们的职责是依法对生产经营单位执行有关安全生产的法律法规、国家标准、行业标准的情况进行监督检查，对安全生产违法行为进行行政处罚等。其他的行政管理机构不得擅自对安全生产经营单位进行监督和管理。

（2）安全生产行政执法的依据是与安全生产有关的法律、法规以及规章。行政执法行为必须要有法律依据，其基本要求是依法行政。安全生产行政执法的依据是与安全生产相关的法律、法规和规章，它有一个完整的法律体系，包括宪法中的有关安全生产的条款、安全生产法律、安全生产法规、安全生产规章等。

（3）安全生产行政执法是一种单方面的、直接影响安全生产行政管理相对方权利和义务的具体行政行为。大部分行政执法行为都无须经对方当事人的请求和同意，仅以行政机关单方面的决定即可成立，具有其单方面性和主动性。安全生产行政执法是对特定的安全生产行政管理相对方和特定的事件所采取的具体行政行为，并且由执法主体即安全生产监督管理机构单方面决定。

（4）安全生产行政执法是具有技术性的行政行为。安全生产法律法规的基本原则、管理制度以及法律规定均是从安全生产的技术规律中提炼出来的，特别是与安全生产相关的检查标准和安全系数，关系到生产经营单位的切身利益，具有较强的科学技术性。因此，安全生产行政执法必须借助一定的技术手段进行现场检测与监控。

（二）安全生产行政执法的基本原则

安全生产行政执法的过程中，“依法行政”对全部执法活动具有指导意义。安全生产是一项系统的、浩大的工程，如果遇到某些法律没有规定的新情况、新问题时，安全生产监督管理机构就应该把握基本原则，按安全生产行政执法的基本要求来实施行政行为。安全生产行政执法的基本原则是指安全生产监督管理机构及其安全生产行政执法人员依法行政的行为规则，必须贯穿于一切安全生产行政执法活动的始终。

1. 执法合法原则

执法合法原则（也称依法行政原则），要求在安全生产行政执法活动中，必须贯彻我国“有法可依，有法必依，执法必严，违法必究”这一社会主义法制的基本要求。执法合法就是既要符合安全生产行政实体法，又要符合安全生产行政程序法。

2. 执法合理原则

执法合理原则是指安全生产行政决定的内容要客观、适度、合理。

执法行为内容要合理，它要求执法行为的动因要符合安全生产行政的目的，不能追求法定目的以外的目的，绝不能任意作为。

执法行为程序要合理，它要求安全生产监督管理机构办事的程序、根据、结果，除法律、法规规定不宜公开或需保密以外一律公开。

3. 执法统一原则

执法统一原则是指国家的安全生产行政权力必须依法统一行使。国家的安全生产行政法律规范、权力、执法行为必须协调统一。

安全生产行政法制是统一的整体，安全生产行政法律规范之间必须统一、协调，低层次的安全生产行政法律文件不得与高层次的安全生产法律文件相抵触。

安全生产监督管理机构实行民主集中制指导下的首长负责制，使安全生产行政指挥形成一个中心，保证事权一致，统一指挥。

安全生产监督管理机构及其安全生产行政执法人员，在行使安全生产行政职权中，前后的安全生产行政行为应该协调衔接，上下级之间的安全生产行政行为必须统一。

4. 执法效能原则

执法效能原则是安全生产行政执法的基本原则之一。所谓效能，是指投入与产出或者消耗与结果之间的比例关系，它表现为安全生产监督管理机构及其安全生产行政执法人员完成任务的数量、速度和质量。执法效能是安全生产行政执法的基本要求。

（三）安全生产行政执法的基本内容

随着安全生产法制建设的发展和安全生产意识的提高，安全生产行政执法的内容也在不断的充实和扩充。根据现行法律法规的规定和各地安全生产行政执法的实践，当前安全生产行政执法的主要内容包括行政监督检查、行政许可、行政强制执行和行政处罚，具体包括下列几个方面：

（1）监督检查有关组织和个人履行安全生产法律法规义务的情况，并对违法行为追究其法律责任。

（2）监督检查有关组织和个人执行各项安全生产管理制度的情况，并对违反制度的行为依法给予行政处罚。

（3）对工程建设施工等生产企业的生产经营活动实施行政许可。

（4）为了预防、控制或制止危险和隐患行为的发生，依法对有关企业和个人的人身和财产采取行政强制措施。

（5）对在改善安全生产条件、防止生产安全事故等方面取得显著成绩的单位和个人给予行政奖励。

（四）水行政执法的内容及种类

1. 水行政主管部门安全生产行政执法的主要内容

国家各级水行政主管部门安全生产行政执法的主要内容包括：突出抓好水利工程建设和运行、农

村水电、防汛抗旱、勘测设计以及水资源管理、灌区管理、河道管理、水土保持、水库旅游、后勤保障等重点领域和重要环节的安全执法，集中整治违法违规违章行为，严肃查处各类水事违法事件，进一步规范水利安全生产法治秩序。重点治理和查处下列行为：

(1) 违法破坏水利工程设施，影响水利工程安全运行和水源地安全保护的。

(2) 违反安全生产市场准入条件、非法从事水利工程建设以及违反建设项目安全设施“三同时”规定的。

(3) 不按规定进行安全培训或无证上岗作业的。

(4) 违反河道管理规定，非法采砂，乱采滥挖，人为造成水土流失，擅自建设涉河违章建筑，影响河道防洪、堤坝防护以及桥梁、管线等跨河、穿河、临河建筑物安全的。

(5) 不符合水资源开发利用规划和水功能区划目标的取水工程和行为。

(6) 违反水利技术标准强制性条文等规章制度行为的。

(7) 迟报、漏报、谎报、瞒报事故的。

(8) 重大隐患隐瞒不报或不按规定期限予以整治的。

(9) 拒不执行安全监管指令、抗拒水利安全执法的。

(10) 其他非法违法生产、经营、建设行为以及水事违法案件。

2. 水利安全生产行政执法的主要目标

水利安全生产行政执法的主要目标包括以下几点：

(1) 通过深入开展水利安全生产治理行动，进一步加强水利安全生产监督与管理，治理和纠正“三违”(违章指挥、违章操作、违反劳动纪律) 现象。

(2) 加强隐患排查治理工作，通过开展水利安全生产重点领域和关键环节的隐患排查和治理整改，预防和控制水利安全生产事故。

(3) 强化水利企、事业单位安全生产“三项制度”建设 (安全生产责任制、安全生产规章制度和安全生产操作规程)，切实解决水利安全生产薄弱环节和突出问题，促进安全生产主体责任的落实。

(4) 通过开展安全生产执法行动和各类安全生产检查，查处水利工程建设和运行中的违法违规行为，规范水利安全生产秩序。

(5) 扎实推进水利安全标准化建设，实施分类监管，提高水利生产经营单位安全管理水平，促进水利安全生产形势持续稳定。

3. 水利安全生产行政执法的基本种类

(1) 行政许可 (也称行政审批) 是指国家行政机关根据相对人的申请，通过颁发许可证、执照等形式，依法赋予相对人从事某种活动的法律资格或者实施某种行为的法律权利的具体行政行为。水行政主管部门对下列情况做行政许可：

1) 水利工程管理范围内新建建筑物、构筑物和其他设施审批。

2) 大坝管理和保护范围内修建建筑物审批。

3) 水利工程开工审批等。

(2) 行政处罚是指具有法定管辖权的行政机关，依照法定权限和程序对违反有关行政法规规范，尚未构成犯罪的公民、法人或其他组织给予行政制裁的具体行政行为。水利安全生产行政处罚是水利安全生产领域中的行政处罚活动，是水利安全生产监督管理工作的重要组成部分。

水行政主管部门对下列违法行为进行行政处罚：

1) 在河道管理范围内建设妨碍行洪的建筑物、构筑物，或者从事影响河势稳定、危害河岸堤防安全和其他妨碍河道行洪的活动的。

2) 未经水行政主管部门对其工程建设方案审查同意或者未按照有关水行政主管部门审查批准的位置、界限，在河道、湖泊管理范围内从事工程设施建设活动的。

3）毁坏大坝或者其他违反大坝安全管理措施的行为的。

4）水利工程未经验收或者经验收不合格而进行后续工程施工的。

5）其他违法行为。

（3）行政强制包括两种：一是行政强制措施，是指行政机关为了预防、控制或制止正在发展或可能发生的违法行为、危险状态以及不利后果，或者为了保全证据、确保案件查处工作的顺利进行而对相对人的人身自由、财产予以强行限制的一种具体行政行为，也叫“即时强制”；二是行政强制执行，是指公民、法人或其他组织逾期不履行行政法上的义务时，行政机关依法采取必要的强制性手段，迫使其履行义务，或达到与履行义务相同状态的具体行政行为。水行政主管部门对下列情况采取行政强制：

1）强制清除或拆除阻碍行洪的障碍物（防汛指挥机构）。

2）强制清除或拆除河道管理范围内违法的建筑物、构筑物。

3）强行拆除排污口（县级以上人民政府）。

4）拆除或者封闭其取水工程或者设施。

5）强制清除或拆除未经批准擅自设立的水文测站或影响水文监测的工程等。

（4）行政征收是指行政部门根据法律规定的职权，通过一定的方式无偿收取负有法定义务的公民、法人或其他组织的财产权益的行政行为。

（5）行政给付是指行政机关或法规授权组织在公民年老、疾病或丧失劳动能力等情况或其他特殊情况下，依照有关法律、法规规定，赋予其一定的物质权益或与物质有关的权益的具体行政行为。

（6）行政裁决是指特定的行政机关以第三者、公断人身份依法对发生在行政管理活动中的平等主体间的特定民事争议进行审查并作出裁决的具体行政行为。

（7）行政检查是指行政机关为实现行政管理职能，依照法定的权限和程序对行政相对人遵守法律、法规、规章以及具体行政处理决定所进行的强制性调查或了解活动。

（8）行政确认是指行政机关或法规授权组织依法对相对人的法律地位、权利义务和相关的法律事实进行审核、甄别，予以确认、认定、证明并予以宣告的具体行政行为。

（9）行政奖励是指行政机关对符合条件的公民、法人或其他组织的精神奖励和物质奖励。

二、水行政处罚

（一）水行政处罚的概念和原则

水行政处罚是水行政主管部门根据《行政处罚法》对具体的水事违法行为，依据法律法规严格按照法定程序实施的水行政处罚措施。

《水行政处罚实施办法》（水利部令第8号）第三条明确规定，水行政处罚遵循公正、公开的原则。实施水行政处罚必须以事实为依据，与违法行为的事实、性质、情节以及社会危害程度相当。实施水行政处罚，纠正违法行为，应当坚持处罚与教育相结合，教育公民、法人或者其他组织自觉守法。

1. 一事不再罚原则

一事不再罚原则是指对当事人的同一个违法行为，不得给予两次以上罚款的水行政处罚。两个以上当事人共同实施违法行为的，应当根据各自的违法情节，分别给予水行政处罚。

违法行为在二年内未被发现的，不再给予水行政处罚。法律另有规定的除外。前款规定的期限，从违法行为发生之日起计算；违法行为有连续或者继续状态的，从行为终了之日起计算。

2. 行政处罚与违法行为相适应原则

依据法律、法规设定的罚款实施水行政处罚的，罚款限额按法律、法规的规定执行。依据国务院水行政主管部门规章设定的罚款实施水行政处罚的，罚款限额按以下标准执行：对非经营活动中的违法行为，罚款不得超过一千元；对经营活动中的违法行为，有违法所得的，罚款不得超过违法所得的

三倍，但是最高不得超过三万元；没有违法所得的，罚款不得超过一万元。国务院另有规定或者特别批准的除外。

(二) 水行政处罚的适用

1. 水行政处罚的适用阶段

广义的水行政处罚的适用活动，应包括以下四个阶段：

(1) 预备阶段，即确认行为人是否违法，是否需要依法给以行政处罚。

(2) 裁量阶段，即行政机关根据行政相对人的违法事实和情节以及有关法律的规定，裁量对该违法行为给以何种形式以及何种程度的处罚。

(3) 决定阶段。

(4) 执行阶段。

狭义的适用，主要是从处罚的基本原则入手，重点对处罚如何确定行为人违法以及对违法者裁量何种行政处罚作些介绍，关于行政处罚的决定和执行问题，不包括在狭义的适用中。

2. 减轻水行政处罚的情形

当事人有下列情形之一的，应当依法从轻或者减轻水行政处罚：

(1) 主动消除或者减轻违法行为危害后果的。

(2) 受他人胁迫有违法行为的。

(3) 配合水行政处罚机关查处违法行为有立功表现的。

(4) 其他依法从轻或者减轻水行政处罚的。违法行为轻微并及时纠正，没有造成危害后果的，不予水行政处罚。

(5) 违法行为轻微并及时纠正，没有造成危害后果的，不予水行政处罚。

(三) 水行政处罚的实施机关和执法人员

《水行政处罚实施办法》(水利部令第 8 号) 第三章指出了水行政处罚的实施机关的范围和执法人员。

1. 以自己的名义独立行使水行政处罚权的机关

依照法律、法规的规定，下列机关以自己的名义独立行使水行政处罚权：

(1) 县级以上人民政府水行政主管部门。

(2) 法律、法规授权的流域管理机构。

(3) 地方性法规授权的水利管理单位。

(4) 地方人民政府设立的水土保持机构。

2. 受县级以上人民政府水行政主管部门委托行使水行政处罚权的机关

根据《水行政处罚实施办法》(水利部令第 8 号) 县级以上人民政府水行政主管部门可以在其法定权限内委托符合以下规定条件的水政监察专职执法队伍或者其他组织实施水行政处罚。

受委托的组织应当符合下列条件：

(1) 依法成立的管理水利事务的事业组织。

(2) 具备熟悉有关法律、法规、规章和水利业务的工作人员。

(3) 对违法行为需要进行技术检查或者技术鉴定的，应当有条件组织进行相应的技术检查或者技术鉴定。

委托实施水行政处罚，委托水行政主管部门应当同受委托组织签署委托书，并报上一级水行政主管部门备案，委托书应当载明下列事项：

(1) 委托水行政主管部门和受委托组织的名称、地址、法定代表人姓名。

(2) 委托实施水行政处罚的权限和委托期限。

(3) 违反委托事项的责任。

（4）其他需载明的事项。

受委托组织在委托权限内应当以委托水行政主管部门的名义，依照法律、法规和《水行政处罚实施办法》（水利部令第8号）的规定实施水行政处罚。受委托组织实施水行政处罚，不得超越委托书载明的权限和期限；超越权限和期限进行处罚的，水行政处罚无效。受委托组织不得再委托其他组织或者个人实施水行政处罚。

委托水行政主管部门应当对受委托组织实施水行政处罚的行为负责监督，并对受委托组织在委托权限和期限内行为的后果承担法律责任。委托不免除委托水行政主管部门的水行政处罚权。

委托水行政主管部门发现受委托组织不符合委托条件的，应当解除委托，收回委托书。

3. 执法人员

水政监察人员是水行政处罚机关和受委托组织实施水行政处罚的执法人员。

（四）水行政处罚程序

水行政处罚是水行政执法的一个组成部分，水行政处罚的程序在水行政执法中尤为重要，如果水行政处罚程序不正确，将会导致水行政执法实体的败诉。在水行政处罚执行时，不论是简易程序还是一般程序，必须做到程序合法，只有做到程序合法、规范，才能更好地为水利事业保驾护航。

1. 简易程序

水行政处罚简易程序一般又称为当场处罚程序，它具有简便、快捷、省时、高效等特点，适用水行政处罚简易程序时应当注意：

（1）水行政处罚简易程序的范围。根据《水行政处罚实施办法》（水利部令第8号）第二十二条的规定："违法事实确凿并有法定依据，对公民处以五十元以下、对法人或者其他组织处以一千元以下罚款或者警告的，可以当场做出水行政处罚的决定。"此条款明确了法定罚款数额，只要是在法定数额的幅度内，均可以适用本简易程序。

（2）当场处罚与当场收缴罚款的关系。当场处罚与当场收缴罚款有着紧密的联系，在一般情况下，两者可以同时实施，但是在两者之间并不能划上等号。在以下几种情况下可以当场处罚并可以当场收缴罚款；否则，只能进行当场处罚，而不能当场收缴罚款：

1）当场处罚并依法给予二十元以下罚款时。

2）实施当场处罚并且不当场收缴罚款，事后难以执行时。

3）在边远、水上、交通不便地区，不论适用简易程序还是一般程序，当事人向指定银行收缴罚款确有困难并经当事人主动提出的。

（3）当场做出的水行政处罚决定书须载明下列事项：

1）当事人的姓名或者名称。

2）违法事实。

3）水行政处罚的种类、罚款数额和依据。

4）罚款的履行方式和期限。

5）不服水行政处罚决定，申请行政复议或者提起行政诉讼的途径和期限。

6）水行政监察人员的签名或者盖章。

7）做出水行政处罚决定的日期、地点和水行政处罚机关名称。

2. 一般程序

水行政处罚的一般程序通常称为普通程序。它是水行政处罚中最完整、最广泛的法律程序，一般是对于事实比较复杂或者情节比较严重的违法行为，给予法定较重的行政处罚时，所适用的行政处罚程序。在适用水行政处罚的一般程序时要做到：

（1）水行政执法人员的执法身份证件。水行政执法人员在进行案件调查时，必须向当事人出示水政监察证件；另外，已经取得地方政府执法证的人员，也应同时出示省级人民政府监制的行政执

法证。

(2) 案件承办人员与办案情况。对立案查处的案件，水行政处罚机关应当及时指派两名以上水政监察人员进行调查。并且案件承办人员是有合法办案资格的人员，在承办案件时，对正在进行的水事违法行为，应当责令当事人立即停止，必要时向当事人发出《责令停止水事违法行为告知书》。同时，《水行政处罚实施办法》（水利部令第8号）规定：调查人员与本案有直接利害关系的，应当回避。

(3) 水行政处罚的决定。对于公民处以超过三千元罚款、对法人或者其他组织处以超过三万元罚款、吊销许可证等较重的水行政处罚，应由行政主管机关负责人集体讨论决定。所以，对于情节比较严重的或者有重大违法行为和对违法行为拟给予较重的处罚时，要经过集体讨论决定。

(4) 权利告知到位。水行政处罚机关在做出水行政处罚决定之前，应当口头或者书面告知当事人给予水行政处罚的事实、理由、依据和拟作出的水行政处罚决定，并告知当事人依法享有的权利。当事人有权进行陈述和申辩。水行政处罚机关应当充分听取当事人的意见，对当事人提出的事实、理由和证据进行复核。水行政处罚机关不得因当事人申辩而加重处罚。在水行政处罚机关做出处罚的告知书上，应当明确告知当事人应有的权利，这也是水行政处罚的必要程序。如果没有该告知程序，水行政处罚不能成立，或者在以后的行政诉讼中，也将会造成败诉的局面。

(5) 行政处罚决定书。水行政处罚机关做出水行政处罚决定，应当制作水行政处罚决定书。水行政处罚决定应当向当事人宣告，并当场交付当事人；当事人不在场的，应当在七日内按照民事诉讼法的有关规定送达当事人。

3. 听证程序

水行政处罚听证程序是指水行政处罚机关在做出水行政处罚决定之前，依法由非本案件调查人员主持，听取当事人对水行政处罚决定的事实、依据和拟作出的处罚决定进行的申辩和质证的程序，这在水行政处罚程序当中，也是一个重要的程序。

(1) 听证程序不是一个独立的水行政处罚程序，只是给当事人行使陈述和申辩的权利。它具有范围的有限性，当水行政处罚机关对当事人或组织处罚较重时，当事人有要求听证的申请后，才适用听证程序。

(2) 听证由当事人提出申请，由做出水行政处罚决定的处罚机关负责，其他机关无权负责。如果当事人放弃要求举行听证的权利，不申请听证，则不必组织听证。

(五) 水行政处罚的执行

水行政处罚的执行是指公民、法人或者其他组织被依法给予水行政处罚后，自动履行或者被国家机关采取强制执行措施后，迫使其履行处罚的行为。水行政处罚的执行中可能会出现下列问题：

(1) 执行告知没有到位。在行政处罚当中，不论是简易程序，还是一般程序，还是听证程序，告知是所有程序中必须有的一个步骤，如果缺少告知这一步骤，整个处罚程序就不完善，有时还要影响到水行政处罚的有效性，所以，对当事人的告知权利，必须向当事人交代清楚。

(2) 对案件调查不细。水行政执法人员在调查案件时，对勘察现场、收集证据、询问当事人、核对证词时不认真，不仔细，证据不全面，不制作笔录，事后凭记忆补作，或制作了笔录但未有当事人的签字，均会造成日后不必要的麻烦。

(3) 文书制作不规范。执法文书在水行政处罚程序上是至关重要的一项，对案发过程、损害程度记录不准，语句不精，引用有关法律法规不准确或法律与规章重复引用等。

(六) 水行政处罚决定的送达

水行政处罚决定的送达是一项重要制度。根据《行政处罚法》、《水行政处罚实施办法》（水利部令第8号）的规定：水行政处罚决定书应当在宣告后当场交付当事人，当事人不在场，应当在七日内按照民事诉讼法的有关规定送达当事人。

(1) 直接送达。一般情况下，水行政处罚决定书应当直接送达。

(2) 留置送达。

(3) 邮递送达。

(4) 公告送达。

三、水行政处罚（行政处理措施）项目及依据

(一) 水工程管理

1. 水工程

(1) 违法行为：未经水行政主管部门签署规划同意书，擅自在江河、湖泊上建设防洪工程和其他水工程、水电站的。

行政处罚（行政处理措施）：责令停止违法行为，补办规划同意书手续；责令限期拆除；责令限期采取补救措施，罚款。

处罚依据：

《中华人民共和国防洪法》(以下简称《防洪法》）第五十四条。

《关于流域管理机构决定〈防洪法〉规定的行政处罚和行政措施权限的通知》（水利部水政法〔1999〕231号）。

(2) 违法行为：破坏、侵占、毁损堤防、水闸、护岸、抽水站、排水渠系等防洪工程和水文、通信设施以及防汛备用的器材、物料的。

行政处罚（行政处理措施）：责令停止违法行为，采取补救措施，罚款。

处罚依据：

《防洪法》第六十一条。

《关于流域管理机构决定〈防洪法〉规定的行政处罚和行政措施权限的通知》（水利部水政法〔1999〕231号）。

(3) 违法行为：侵占、毁坏水工程及堤防、护岸等有关设施，毁坏防汛、水文监测、水文地质监测设施，且防洪法未作规定的。

行政处罚（行政处理措施）：责令停止违法行为，采取补救措施，罚款。

处罚依据：

《水法》第七十二条第（一）项。

(4) 违法行为：在水工程保护范围内，从事影响水工程运行和危害水工程安全的爆破、打井、采石、取土等活动，且防洪法未作规定的。

行政处罚（行政处理措施）：责令停止违法行为，采取补救措施，罚款。

处罚依据：

《水法》第七十二条第（二）项。

2. 水库大坝

(1) 违法行为：毁坏大坝或者其观测、通信、动力、照明、交通、消防等管理设施的。

行政处罚（行政处理措施）：责令停止违法行为，采取补救措施，罚款。

处罚依据：

《水库大坝安全管理条例》（国务院令第78号）第二十九条第（一）项。

(2) 违法行为：在大坝管理和保护范围内进行爆破、打井、采石、采矿、取土、挖沙、修坟等危害大坝安全活动的。

行政处罚（行政处理措施）：责令停止违法行为，采取补救措施，罚款。

处罚依据：

《水库大坝安全管理条例》（国务院令第78号）第二十九条第（二）项。

(3) 违法行为：擅自操作大坝的泄洪闸门、输水闸门以及其他设施，破坏大坝正常运行的。

行政处罚（行政处理措施）：责令停止违法行为，采取补救措施，罚款。

处罚依据：

《水库大坝安全管理条例》（国务院令第78号）第二十九条第（三）项。

（4）违法行为：在库区内围垦的。

行政处罚（行政处理措施）：责令停止违法行为，采取补救措施，罚款。

处罚依据：

《水库大坝安全管理条例》（国务院令第78号）第二十九条第（四）项。

（5）违法行为：在坝体修建码头、渠道或者堆放杂物、晾晒粮草的。

行政处罚（行政处理措施）：责令停止违法行为，采取补救措施，罚款。

处罚依据：

《水库大坝安全管理条例》（国务院令第78号）第二十九条第（五）项。

（6）违法行为：擅自在大坝管理和保护范围内修建码头、鱼塘的。

行政处罚（行政处理措施）：责令停止违法行为，采取补救措施，罚款。

处罚依据：

《水库大坝安全管理条例》（国务院令第78号）第二十九条第（六）项。

（二）水利建设质量管理

1. 勘测设计咨询单位

（1）违法行为：由于咨询、勘测、设计单位责任造成质量事故的。

行政处罚（行政处理措施）：立即整改，罚款；停业整顿。

处罚依据：

《水利工程质量事故处理暂行规定》（水利部令第9号）第三十三条。

（2）违法行为：勘察单位、设计单位未按照法律、法规和工程建设强制性标准进行勘察、设计的。

行政处罚（行政处理措施）：责令限期改正，罚款；责令停业整顿。

处罚依据：

《建设工程安全生产管理条例》（国务院令第393号）第五十六条第（一）项。

《水利工程建设安全生产管理规定》（水利部令第26号）第十二条、第十三条、第四十条。

2. 监理单位

违法行为：由于监理单位责任造成质量事故的。

行政处罚（行政处理措施）：立即整改，罚款；停业整顿。

处罚依据：

《水利工程质量事故处理暂行规定》（水利部令第9号）第三十二条。

3. 施工单位

违法行为：由于施工单位责任造成质量事故的。

行政处罚（行政处理措施）：罚款，停业整顿。

处罚依据：

《水利工程质量事故处理暂行规定》（水利部令第9号）第三十四条。

4. 其他

违法行为：由于设备、原材料等供应单位责任造成质量事故的。

行政处罚（行政处理措施）：罚款。

处罚依据：

《水利工程质量事故处理暂行规定》（水利部令第9号）第三十五条。

（三）水利工程建设

1. 建设单位

（1）违法行为：建设单位未提供建设工程安全生产作业环境及安全施工措施所需费用的。

行政处罚（行政处理措施）：责令限期改正；责令停止施工。

处罚依据：

《安全生产法》第八十条。

《建设工程安全生产管理条例》（国务院令第393号）第五十四条第一款。

《水利工程建设安全生产管理规定》（水利部令第26号）第八条、第十条、第四十条。

（2）违法行为：建设单位未将保证安全施工的措施或者拆除工程的有关资料报送有关部门备案的。

行政处罚（行政处理措施）：责令限期改正，警告。

处罚依据：

《建设工程安全生产管理条例》（国务院令第393号）第五十四条第二款。

《水利工程建设安全生产管理规定》（水利部令第26号）第九条第一款、第十一条第二款、第四十条。

（3）违法行为：建设单位将拆除工程发包给不具有相应资质等级的施工单位的。

行政处罚（行政处理措施）：责令限期改正，罚款。

处罚依据：

《建设工程安全生产管理条例》（国务院令第393号）第五十五条第（三）项。

《水利工程建设安全生产管理规定》（水利部令第26号）第十一条第一款、第四十条。

2. 勘察、设计单位

违法行为：勘察单位、设计单位采用新结构、新材料、新工艺的建设工程和特殊结构的建设工程，设计单位未在设计中提出保障施工作业人员安全和预防生产安全事故的措施建议的。

行政处罚（行政处理措施）：责令限期改正，罚款；责令停业整顿。

处罚依据：

《建设工程安全生产管理条例》（国务院令第393号）第五十六条第（二）项。

《水利工程建设安全生产管理规定》（水利部令第26号）第十三条第三款、第四十条。

3. 监理单位

（1）违法行为：工程监理单位未对施工组织设计中的安全技术措施或者专项施工方案进行审查的。

行政处罚（行政处理措施）：责令限期改正；责令停业整顿，罚款。

处罚依据：

《建设工程安全生产管理条例》（国务院令第393号）第五十七条第（一）项。

《水利工程建设安全生产管理规定》（水利部令第26号）第十四条第二款、第四十条。

（2）违法行为：工程监理单位发现安全事故隐患未及时要求施工单位整改或者暂时停止施工的。

行政处罚（行政处理措施）：责令限期改正；责令停业整顿，罚款。

处罚依据：

《建设工程安全生产管理条例》（国务院令第393号）第五十七条第（二）项。

《水利工程建设安全生产管理规定》（水利部令第26号）第十四条第三款、第四十条。

（3）违法行为：施工单位拒不整改或者不停止施工，工程监理单位未及时向有关主管部门报告的。

行政处罚（行政处理措施）：责令限期改正；责令停业整顿，罚款。

处罚依据：

《建设工程安全生产管理条例》（国务院令第393号）第五十七条第（三）项。

《水利工程建设安全生产管理规定》（水利部令第26号）第十四条第三款、第四十条。

(4) 违法行为：工程监理单位未依照法律、法规和工程建设强制性标准实施监理的。

行政处罚（行政处理措施）：责令限期改正；责令停业整顿，罚款。

处罚依据：

《建设工程安全生产管理条例》（国务院令第393号）第五十七条第（四）项。

《水利工程建设安全生产管理规定》（水利部令第26号）第十四条第一款、第四十条。

4. 施工单位

(1) 违法行为：施工单位未设立安全生产管理机构、配备专职安全生产管理人员或者分部分项工程施工时无专职安全生产管理人员现场监督的。

行政处罚（行政处理措施）：责令限期改正；责令停业整顿，罚款。

处罚依据：

《安全生产法》第八十二条。

《建设工程安全生产管理条例》（国务院令第393号）第六十二条第（一）项。

《水利工程建设安全生产管理规定》（水利部令第26号）第二十条第一款、第四十条。

(2) 违法行为：施工单位的主要负责人、项目负责人未履行安全生产管理职责的。

行政处罚（行政处理措施）：责令限期改正；责令停业整顿。

处罚依据：

《安全生产法》第八十一条。

《建设工程安全生产管理条例》（国务院令第393号）第六十六条第一款。

《水利工程建设安全生产管理规定》（水利部令第26号）第十八条、第四十条。

(3) 违法行为：施工单位的主要负责人、项目负责人、专职安全生产管理人员、作业人员或者特种作业人员，未经安全教育培训或者经考核不合格即从事相关工作的。

行政处罚（行政处理措施）：责令限期改正；责令停业整顿，罚款。

处罚依据：

《安全生产法》第八十二条。

《建设工程安全生产管理条例》（国务院令第393号）第六十二条第（二）项。

《水利工程建设安全生产管理规定》（水利部令第26号）第二十二条、第二十五条第一、二款、第四十条。

(4) 违法行为：施工单位在施工组织设计中未编制安全技术措施、施工现场临时用电方案或者专项施工方案的。

行政处罚（行政处理措施）：责令限期改正；责令停业整顿，罚款。

处罚依据：

《安全生产法》第八十三条。

《建设工程安全生产管理条例》（国务院令第393号）第六十五条第（四）项。

《水利工程建设安全生产管理规定》（水利部令第26号）第二十三条第一款、第四十条。

(5) 违法行为：施工单位挪用列入建设工程概算的安全生产作业环境及安全施工措施所需费用的。

行政处罚（行政处理措施）：责令限期改正，罚款。

处罚依据：

《建设工程安全生产管理条例》（国务院令第393号）第六十三条。

《水利工程建设安全生产管理规定》(水利部令第 26 号) 第十九条、第四十条。

(6) 违法行为：施工单位使用未经验收或者验收不合格的施工起重机械和整体提升脚手架、模板等自升式架设设施的。

行政处罚 (行政处理措施)：责令限期改正；责令停业整顿，罚款。

处罚依据：

《安全生产法》第八十三条。

《建设工程安全生产管理条例》(国务院令第 393 号) 第六十五条第 (二) 项。

《水利工程建设安全生产管理规定》(水利部令第 26 号) 第二十四条、第四十条。

5. 设备供应单位

(1) 违法行为：为建设工程提供机械设备和配件的单位，未按照安全施工的要求配备齐全有效的保险、限位等安全设施和装置的。

行政处罚 (行政处理措施)：责令限期改正，罚款。

处罚依据：

《建设工程安全生产管理条例》(国务院令第 393 号) 第五十九条。

《水利工程建设安全生产管理规定》(水利部令第 26 号) 第十五条、第四十条。

(2) 违法行为：施工起重机械和整体提升脚手架、模板等自升式架设设施安装、拆卸单位未编制拆装方案、制定安全施工措施的。

行政处罚 (行政处理措施)：责令限期改正，罚款；责令停业整顿。

处罚依据：

《建设工程安全生产管理条例》(国务院令第 393 号) 第六十一条第一款第 (一) 项。

《水利工程建设安全生产管理规定》(水利部令第 26 号) 第二十三条、第四十条。

本章思考题

1. 水利工程建设过程中，简述安全监督机构对项目法人安全生产行为监督的内容。

2. 水利工程建设过程中，简述安全监督机构对勘察 (测) 设计单位安全生产行为监督的内容。

3. 水利工程建设过程中，简述安全监督机构对监理单位安全生产行为监督的内容。

4. 水利工程建设过程中，简述安全监督机构对施工单位安全生产行为监督的内容。

5. 水利工程建设过程中，简述安全监督机构对施工现场安全生产行为监督的内容。

6. 简述各级水行政主管部门和流域管理机构开展水利工程安全监督活动的步骤。

7. 水利水电建设工程安全设施竣工验收应具备哪些条件?

8. 一个完善的安全生产责任制，需达到哪些要求?

9. 谈谈水利工程管理单位应建立的安全生产规章制度包括哪些?

10. 水利工程管理单位主要负责人安全培训的内容有哪些?

11. 简述《工作场所职业健康监督管理暂行规定》中规定的对生产经营单位职业健康管理工作重点监督的内容?

12. 水利工程运行场所作业安全的监督检查要点有哪些?

13. 农村水电站按照安全管理水平可分为哪几类?

14. 对水利工程勘察 (测) 设计单位的安全监督检查要点有哪些?

15. 水行政主管部门可以对哪些违法行为进行行政处罚?

16. 水行政主管部门可以对哪些情况采取行政强制?

17. 对于毁坏大坝或者其观测、通信、动力、照明、交通、消防等管理设施的行为，应如何进行

行政处罚？依据有哪些？

18. 水利工程建设过程中，对于建设单位没有提供安全生产作业环境及安全施工措施所需费用的行为，应如何进行行政处罚？依据有哪些？

第五章　水利工程安全管理

本章内容提要

本章包括水利工程建设、运行和其他水利安全管理三方面的内容。水利工程建设安全管理主要介绍水利工程建设安全策划、项目安全组织机构的建立、安全责任明确、制度建立、人员教育培训实施、日常安全管理，以及水利工程建设本质安全化建设和现场安全管理工作的开展。水利工程运行安全管理主要介绍水利工程管理单位应开展的基础管理工作，并简单介绍水库大坝、河道堤防、水闸工程、泵站、灌区等安全管理的内容。其他水利安全管理包括农村水电、水文测验和水利工程勘测设计安全管理。

水利工程安全管理是进行水利工程建设和运行活动的一项必不可少的内容，是保证水利工程建设和运行顺利进行的保障，对水利行业的发展起着至关重要的作用。近年来，虽然水利行业安全生产形势总体平稳，但是水利工程安全管理仍然存在一些问题，因此，水利生产经营单位应重视安全管理工作，加强水利工程建设和运行安全基础管理，运用先进的安全管理理念或手段，提高水利工程安全管理水平。

第一节　水利工程建设安全管理

水利工程建设安全管理，就是在水利工程建设项目实施过程中，组织安全生产的全部管理活动。在项目实施前，进行全方位的安全策划；在项目实施过程中，将各项安全基础管理工作落实到位，通过对生产因素具体的状态控制，强化现场基础管理和本质安全化管理，使不安全行为和状态减少或消除，不引发事故，尤其是不引发使人受到伤害的事故，确保建设项目安全生产目标的实现。

一、水利工程建设安全策划

（一）安全策划依据

水利工程建设安全策划的依据包括：

（1）国家、水利行业安全生产法律法规、标准规范要求，集团公司有关工程安全生产规定。

（2）工程安全生产方针。

（3）工程特点及资源现状（包括技术水平、管理水平、财力、物力、员工素质等）。

（4）危险有害因素辨识、评价结果。

（5）其他工程安全工作经验和教训。

（6）国内外安全文明施工的先进经验。

（二）安全策划内容

1．安全生产目标

安全生产目标是指水利工程建设项目安全生产方面要达到的核心目的和预期结果，是安全生产工作的努力方向，也是进行安全生产绩效考核的依据。

（1）安全生产目标制定时应考虑的因素

1）上级机构的整体安全生产方针和目标。

2）危险源辨识、评价和控制的结果。

3）适用法律法规、标准规范和其他要求。

4）可以选择的技术方案。

5）财务、运行和经营上的要求。

6）相关方的意见等。

（2）安全生产目标的内容

1）人员伤亡、机械设备安全、交通安全、火灾事故及职业病等各类事故控制目标。

2）安全生产隐患治理目标。

3）安全生产管理目标。

4）其他。

（3）安全生产目标制定的要求

1）目标指标必须具体、明确。

2）目标指标必须是可衡量的。

3）目标指标必须是可实现的。

4）目标指标必须是实实在在的。

5）目标指标必须有时间表。

6）必要时，可结合一些动词，如：减少、避免、降低等。

2. 安全组织机构及职责

（1）水利工程建设项目应建立安全生产组织机构，明确安全生产组织机构及参建各方的职责和权限，确保各项安全生产工作有序开展。

（2）水利工程建设项目应成立安全生产委员会，组织领导建设项目各项安全生产活动。安全生产委员会应由项目法人主要负责人担任主任，其他领导班子成员及部门负责人和参建单位项目主要负责人参加。当发生机构或人员变动时，应及时作相应调整。

（3）水利工程建设项目项目法人还应设立专门的安全生产管理机构，归口主管项目安全生产事务。同时，组织各参建单位建立有效的项目安全生产管理组织网络，有序地组织开展各项安全生产活动。

3. 危险源识别、评价和控制

在水利工程建设项目开工前，项目法人应组织参建单位全面辨识、评价现场的危险源，制定控制措施，并编制《危险源辨识、评价和控制手册》，给出土石方工程、基础处理工程、砂石料生产、混凝土工程、砌石工程、堤防工程、渠道、水闸与泵站工程、水工建筑工程、金属结构制作、闸门安装、启闭机安装、电气设备安装工程等各阶段危险源及可能导致的事故，确定其风险级别，给出控制措施及责任人。在工程建设过程中，项目法人应根据本工程实际情况，及时更新本项目危险源信息。

4. 安全管理措施

安全管理措施的策划内容应包括安全生产管理制度、安全生产投入、安全教育培训、安全检查等方面。

（1）安全生产管理制度。

建立健全安全生产管理制度是实现项目科学管理、保证工程建设安全、有序进行的重要手段。

安全策划应根据相关法规要求和上级单位安全生产管理制度建立的相关要求，明确参建各方应建立的安全生产管理制度，明确安全生产管理制度修编、更新、贯彻落实的要求。

安全生产管理规章制度主要包括：

1）安全生产责任制。

2）安全生产考核制度。

3）安全生产教育培训制度。

4）安全生产会议制度。

5）安全检查及整改制度。

6）危险性较大工程安全施工组织方案审批制度。

7）安全文明施工奖惩制度。

8）特种作业人员管理制度。

9）消防安全管理制度。

10）机械设备管理制度。

11）民用爆炸物品管理制度。

12）文明施工管理制度。

13）事故调查处理制度。

14）环境管理制度。

15）职业健康管理制度。

16）安全生产应急救援预案管理制度。

（2）安全生产投入。

水利工程建设项目要具备法定的安全生产条件，必须要有相应的安全生产投入资金保障。

安全策划应明确参建各方安全生产投入相关制度建立的要求，明确工程建设项目安全作业环境及安全施工措施所需费用，细化各阶段安全生产投入计划，提出安全生产费用提取、使用、管理的相关要求，保证专款专用。

（3）安全教育培训。

安全教育培训是项目安全管理的一项基础工作，是培养员工安全意识、提高员工安全素质的重要手段。

安全教育培训策划应明确安全教育培训管理程序，提出参建各方各类人员安全教育培训要求，明确安全教育培训记录，档案建立要求。

（4）安全检查。

安全检查是项目安全生产工作的重要内容，重点是辨识安全生产工作存在的漏洞和死角，检查生产现场安全防护设施、作业环境是否存在不安全状态，现场作业人员的行为是否符合安全规范，以及设备、系统运行状况是否符合现场规程的要求等。

安全策划应明确参建各方安全检查的职责、方式、内容，提出安全检查工作开展要求，包括安全检查的频次、检查人员、问题处理、检查记录等。

5. 安全技术措施

水利工程建设安全管理是一个系统的管理过程，必须对施工现场所有的危险源和危险性较大的作业施工项目进行安全控制，包括防火、防毒、防爆、防洪、防雷击、防坍塌、防物体打击、防溜车、防机械伤害、防高空坠落和防交通事故，以及防寒、防暑、防疫和防环境污染等。因此，在进行安全策划时，必须在识别现场危险源的基础上，对现场潜在的风险制定控制措施，包括以下几个方面：

（1）针对危险源和重要环境因素，编制相应的安全技术措施。

（2）对专业性强、危险性大的项目，必须编制专项施工方案，制定详细的安全技术和安全管理措施。

（3）按照爆炸和火灾危险场所的类别、等级、范围，选择电气设备的安全距离及防雷、防静电、防止误操作等设施。

（4）对高处作业、临边作业等危险场所、部位，以及冬季、雨季、夏季高温天气、夜间施工等危险期间应采用安全防护设备、安全设施等安全措施。

(5) 对可能发生的事故做出的应急救援预案，落实抢救、疏散和应急等措施。

6. 职业健康管理

水利工程建设过程中存在着大量粉尘、毒物、红外、紫外辐射、噪声、振动及高温等职业危害因素，这些职业危害因素对劳动者的健康损害极大。

安全策划应明确参建各方职业健康管理制度、记录、档案建立的要求，职业危害告知、警示、监护以及职业病危害申报、防治的要求，确保前期预防管理、建设过程中的管理、职业病诊断及病人保障工作有序开展。

7. 文件和档案管理

文件和档案是各项安全工作的有效证据，因此项目法人应强化项目文件和档案管理。

安全策划应明确参建各方应保存的文件和档案的类别、各类安全报表的上报流程及时间要求等，提出文件和档案管理的要求。

8. 事故及应急管理

安全策划应明确参建各方事故报告及调查处理制度、应急管理制度建立要求，明确事故报告、调查和处理的职责、流程、管理要求，明确应急组织机构和队伍建立、应急物资准备、事故发生后的应急救援要求，并依据《生产经营单位生产安全事故应急预案编制导则》(GB/T 29639—2013)，明确参建各方应建立的应急预案，提出应急培训、演练的要求。

9. 安全生产绩效考核

安全生产绩效考核是对项目安全生产工作的评价，是实现安全生产工作持续改进的重要依据。

安全策划应依据上级主管单位的相关要求，明确安全生产绩效考核工作中参建各方的职责，明确安全生产奖励和处罚的依据、项目以及实施程序等。

10. 现场安全文明施工总规划

现场安全文明施工总规划的内容包括施工场区布置、消防安全管理、交通安全管理、环境保护管理、防汛管理、安全防护设施等内容。

二、水利工程建设安全基础管理

(一) 项目安全组织机构

1. 安全生产委员会

安全生产委员会应由项目法人主要负责人、其他领导班子成员和部门负责人以及参建单位项目主要负责人组成，由项目法人主要负责人担任主任。安全生产委员会主要包括下列职责：

(1) 负责贯彻执行国家有关安全生产法律法规、标准规范及其他要求。

(2) 研究制定工程建设安全管理整体规划，发布现场各参建单位必须遵守的、统一的安全管理工作规定、安全生产总目标，并组织实施。

(3) 研究解决工程建设的重大安全生产问题。

(4) 明确项目安全生产投入。

(5) 协调重大、特大生产安全事故应急救援工作。

(6) 组织安全生产委员会专题会议。

(7) 完成上级主管部门或单位交办的其他安全生产工作。

2. 安全生产委员会办公室

安全生产委员会下设办公室，作为日常办事机构，负责执行和实施安全生产委员会的决定、决议和制度，负责工程建设过程的安全生产文明施工的全面监督和控制。安全生产委员会办公室一般设在项目法人安全生产主管部门，配备专职安全管理人员，办公室主任由项目法人安全主管部门主任担任。

安全生产委员会办公室主要包括下列职责：

（1）负责处理安全文明放施工有关日常管理事务。

（2）负责安全生产委员会组织的安全检查考核评比工作。

（3）组织召开安全生产委员会会议和重要的安全生产活动。

（4）负责监督参建单位执行安全生产委员会决议的落实情况。

（5）负责项目安全事故、事件的统计、汇总与上报，协助有关部门开展生产安全事故的调查处理，并组织协调重大、特别重大事故应急救援工作。

（6）承办安全生产委员会交办的其他工作。

3. 安全生产管理机构

水利工程建设项目安全生产管理机构是安全生产监督管理的具体执行机构。其职责包括：

（1）贯彻安全生产委员会有关安全健康与环境工作的指示。

（2）监督检查各参建单位执行安全生产委员会决议的情况。

（3）对重大安全文明施工问题提出的处理意见交安全生产委员会决议。

（4）负责建设项目有关安全方面的审查工作。

（5）现场协调各参建单位之间涉及安全文明施工问题的关系。

（6）执行日常的安全管理工作，包括日常的安全检查、安全例会、安全培训等。

（7）负责建设项目有关安全标志、设施及安全防护用品、用具的计划、购置工作。

（8）参加参建单位人身死亡事故和其他重、特大事故的调查处理工作。

（二）安全生产职责

1. 明确安全生产责任

水利工程建设项目可通过项目法人与参建单位签订安全生产责任书的形式明确各方的安全生产责任。

安全生产责任书的主要内容包括：甲方（项目法人）和乙方（参建单位）的名称、项目（工作）名称、安全文明施工目标、甲乙双方职责、为实现安全文明施工应采取的措施、考核与奖惩、责任书有效期、甲乙双方安全第一责任人签字及签字时间等。

安全生产责任书应根据参建单位承担的工作内容以及同一参建单位不同年度承担的工作内容，提出有针对性安全措施和考核奖惩办法。

2. 项目法人职责

（1）负责对施工投标单位进行资质审查，对投标单位的主要负责人、项目负责人以及专职安全生产管理人员是否经水行政主管部门安全生产考核合格进行审查，有关人员未经考核合格，不得认定投标单位的投标资格。

（2）向施工单位提供施工现场及施工可能影响的毗邻区域内供水、排水、供电、供气、供热、通信、广播电视等地下管线资料，气象和水文观测资料，拟建工程可能影响的相邻建筑物和构筑物、地下工程的有关资料，并保证有关资料的真实、准确、完整，满足有关技术规范的要求。对可能影响施工报价的资料，应当在招标时提供。

（3）不得调减或挪用批准概算中所确定的水利工程建设有关安全作业环境及安全施工措施等所需费用；工程承包合同中应当明确安全作业环境及安全施工措施所需费用。

（4）组织编制保证安全生产的措施方案，并自开工报告批准之日起15日内日报有管辖权的水行政主管部门、流域管理机构或其委托的水利工程建设安全生产监督机构备案；建设过程中安全生产情况发生变化时，应及时对保证安全生产的措施方案进行调整，并报原备案机关。

（5）在水利工程开工前，应当就落实保证安全生产的措施进行全面系统的布置，明确施工单位的安全生产责任。

（6）将水利工程中的拆除工程和爆破工程发包给有相应水利工程施工资质等级的施工单位。

(7) 应当在拆除工程或者爆破工程施工15日前，将相关资料报送水行政主管部门、流域管理机构或者其委托的安全生产监督机构备案。

(8) 涉及防汛调度或者影响其他工程、设施度汛安全的，项目法人负责报有管辖权的防汛指挥机构批准。

3. 设计单位职责

(1) 履行技术设计有关安全工作责任，按照法律、法规、工程建设强制性标准进行设计，并考虑项目周边环境对施工安全的影响，防止因设计不合理导致生产安全事故的发生。

(2) 考虑施工安全操作和防护的需要，对涉及施工安全的重点部位和环节在设计文件中注明，并对防范生产安全事故提出指导意见。

(3) 采用新结构、新材料、新工艺以及特殊结构的水利工程，设计单位应当在设计中提出保障施工作业人员安全和预防生产安全事故的措施建议。

(4) 设计单位和有关设计人员应当对其设计成果负责。

(5) 应参与与设计有关的生产安全事故分析，并承担相应的职责。

4. 监理单位职责

(1) 依据国家、行业和上级有关安全工作的法律、法规和工程建设强制性标准，执行与项目法人签订的监理合同，对水利工程建设安全生产承担监理责任。

(2) 应当审查施工组织设计中的安全技术措施或者专项施工方案是否符合工程建设强制性标准。

(3) 在实施监理过程中发现存在生产安全事故隐患的，应要求施工单位整改，对情况严重的，应当要求施工单位暂时停止施工，并及时向水行政主管部门、流域管理机构或其委托的安全生产监督机构以及项目法人报告。

5. 施工单位职责

(1) 必须服从项目法人、监理单位对安全工作的管理，遵守项目法人在发包合同中及施工现场规定的各项条款。

(2) 建立健全安全生产责任制度，制定安全生产规章制度和操作规程，保证本单位建立和完善安全生产条件所需资金的投入，对所承担的水利工程进行定期和专项安全检查，并做好安全检查记录。

(3) 在工程报价中应当包含工程施工的安全作业环境及安全施工措施所需费用。对列入建设工程概算的上述费用，应当用于施工安全防护用具及设施的采购和更新、安全施工措施的落实、安全生产条件的改善，不得挪作他用。

(4) 应当设立安全生产管理机构，按照国家有关规定配备专职安全生产管理人员，施工现场必须有专职安全生产管理人员。

(5) 在建设有度汛要求的水利工程时，应当根据项目法人编制的工程度汛方案和措施制定相应的度汛方案，报项目法人批准。

(6) 垂直运输机械作业人员、安装拆卸工、爆破作业人员、起重信号工、登高架设作业人员等特种作业人员，必须按照国家有关规定经过专门的安全作业培训，并取得特种作业操作资格证书后，方可上岗作业。

(7) 应当在施工组织设计中编制安全技术措施和施工现场临时用电方案，对达到一定规模的危险性较大的工程应当编制专项施工方案，并附具安全验算结果，经施工单位技术负责人签字以及总监理工程师核签后实施，由专职安全生产管理人员进行现场监督；对基坑支护与降水工程、土方和石方开挖工程、模板工程、起重吊装工程、脚手架工、拆除及爆破工程、围堰工程、其他危险性较大的工程中涉及高边坡、深基坑、地下暗挖工程、高大模板工程的专项施工方案，施工单位还应当组织专家进行论证、审查。

(8) 在使用施工起重机械和整体提升脚手架、模板等自升式架设设施前，应当组织有关单位进行

验收，也可以委托具有相应资质的检验检测机构进行验收；使用承租的机械设备和施工机具及配件的，由施工总承包单位、分包单位、出租单位和安装单位共同进行验收；验收合格的方可使用。

（9）对管理人员和作业人员每年至少进行一次安全生产教育培训，其教育培训情况记入个人培训档案。安全生产教育培训考核不合格的人员，不得上岗；施工单位在采用新技术、新工艺、新设备、新材料时，应当对作业人员进行相应的安全生产教育培训。

（10）合同规定的施工单位应承担的其他安全职责。

（三）安全生产管理制度

根据我国有关水利安全生产法规规定，项目法人及施工单位必须建立健全的安全生产管理制度包括（不限于此）：

（1）安全生产目标管理制度。

（2）安全生产责任制度。

（3）安全生产费用保障制度。

（4）安全生产法律法规、标准规范管理制度。

（5）文件管理制度。

（6）记录管理制度。

（7）安全教育培训制度。

（8）交通安全管理制度。

（9）消防安全管理制度。

（10）事故隐患排查制度。

（11）自然灾害事故隐患预测预警管理办法。

（12）重大危险源管理制度。

（13）职业健康管理制度。

（14）应急管理制度。

（15）文明施工管理制度。

（16）工程分包安全管理制度。

（17）危险化学品管理制度。

（18）脚手架搭设、拆除、使用管理制度。

（19）防洪度汛安全管理。

（20）施工设备管理制度。

（21）生产安全事故报告、调查和处理制度等。

（22）安全生产绩效评定制度。

（四）安全教育培训

开工前自有作业人员进入现场，就要对其进行必要的安全教育培训。项目法人负责检查参建单位员工是否已接受培训，如有必要，可以针对某些需要强化的内容进行再培训。参建单位应为其员工提供适当的培训和训练，以确保其有足够的安全知识和技能进行作业。

安全教育培训一般包括以下类型：

（1）安全管理人员的培训：主要负责人、项目负责人、专职安全生产管理人员应具备与本单位所从事的生产经营活动相适应的安全生产知识、管理能力和资格，应经水行政主管部门考核合格后才能上岗，每年还应进行再培训。主要负责人、项目负责人、专职安全生产管理人员初次安全培训时间不少于32学时，每年再培训时间不少于12学时。

（2）三级安全教育培训：新进场作业人员在上岗前，必须接受三级安全教育培训，从公司、项目、班组层面上对新进场作业人员进行安全教育培训，培训时间不少于24学时。

(3)“五新”培训：在新工艺、新技术、新材料、新装备、新流程投入使用前，对有关管理、操作人员进行有针对性的安全技术和操作技能培训。

(4) 转岗、离岗培训：作业人员转岗、离岗一年以上重新上岗前，均需进行项目部（队）、班组安全教育培训，经考核合格后上岗工作。

(5) 特种作业人员培训：特种作业人员接受规定的安全作业培训，并取得特种作业操作资格证书后上岗作业；特种作业人员离岗6个月以上重新上岗，应经实际操作考核合格后上岗工作。

(6) 其他人员培训：对外来参观、学习等人员进行有关安全规定、可能接触到的危险及应急知识等内容的安全教育和告知。

(五) 日常安全管理

1. 安全工作计划

项目法人应根据安全文明施工策划的结果，制定工程项目的安全工作计划，计划内容包括安全教育培训、安全工作会议、安全检查、安全月活动和重点开展的安全工作等。

安全工作计划主要是根据安全管理目标，设置各种安全工作过程控制要求，规划一定的时间安排，配备必要的资源，确保安全管理目标的实现。

安全工作计划必须经上级审批后实施，并依照安全工作计划逐步执行安全生产管理制度、开展安全教育培训工作、执行安全技术措施和管理措施等工作。

对于大型工程项目，建设周期较长，安全工作计划一般以一年为一周期，在年底应对安全工作计划执行情况进行考核，并采取措施持续改进。

2. 安全工作会议

通过召开安全工作会议，贯彻落实上级部门对安全工作的要求，及时总结、通报水利工程建设安全生产情况，协调解决有关水利工程建设安全生产问题。一般水利工程建设现场主要有安全生产委员会会议、安全周例会、安全专题会议。

(1) 安全生产委员会会议。由安全生产委员会组织，在水利工程建设项目开工前安全生产委员会必须召开第一次会议，以后每季度至少负责召开一次会议。安全生产委员会会议负责发布现场各参建单位必须遵守的统一的安全健康与环境保护工作的规定，决定水利工程建设中的重大安全问题的解决办法，协调各施工单位之间的关系。

(2) 安全周例会。一般由安全生产管理机构组织，各参建单位安全负责人参加，主要是总结一周的安全工作情况，布置下周的安全工作，交流安全管理的经验。

(3) 安全专题会议。主要是针对重大的安全决议或者安全事件、事故举行的会议，根据具体涉及范围的不同，专题会议可能由安全生产委员会组织，也可能由安全生产管理机构组织。

所有安全工作会议均应形成书面会议纪要，并发布给所有参会单位，以便各参会单位明确并落实会议决议的要求，参会人员和单位要有会议签到和纪要签收记录。

3. 安全检查

在水利工程建设的整个施工过程中，除了施工单位对施工现场进行安全检查工作，项目法人也应联合监理单位从各方面对施工单位及施工现场进行安全检查。如定期综合检查、日常安全检查（现场检查、管理工作检查)、节假日检查、季节性检查、专业专项安全检查、安全文明施工检查考核等。

在安全检查过程中发现的隐患，应认真记录，并对施工单位下发隐患整改通知单。接收到整改通知单的施工单位，必须及时按要求进行整改。并将整改通知单归档保存，供以后查阅。

施工单位整改后，监理单位应检查所需整改的项目是否符合要求，若未按要求进行整改的，应责令立即整改，并向上级部门反应情况，直到所有整改项目按要求整改完毕为止，实现闭环管理。

4. 隐患排查和治理

(1) 建立事故隐患排查治理相关制度。水利工程建设项目法人应制定事故隐患排查和治理的相关制度，并要求施工单位做好日常的隐患排查和治理工作。

（2）事故隐患排查。安全检查是隐患排查的主要实施方式，隐患排查的范围应包括所有与施工生产有关的场所、环境、人员、设备设施和活动。

（3）事故隐患登记建档及报告。在检查中发现的事故隐患，应当按照事故隐患的等级进行登记，建立事故隐患信息档案。按相关规定，水利工程建设项目应定期向水行政主管部门、流域管理机构或者其委托的安全生产监督机构报告重大事故隐患。

（4）事故隐患治理要求：

1）危害和整改难度较小，发现后能够立即整改排除的一般事故隐患，应立即组织整改排除。

2）重大事故隐患应制定隐患治理方案，治理方案内容包括目标和任务、方法和措施、经费和物资、机构和人员、时限和要求；重大事故隐患在治理前应采取临时控制措施并制定应急预案。

（5）事故隐患治理情况验证、评估和统计分析。隐患治理完成后进行验证和效果评估，并定期对事故隐患排查治理情况进行统计分析，召开安全生产风险分析会，通报安全生产状况及发展趋势。

5. 安全活动

安全活动主要目的是增强现场安全文化氛围，提高员工安全意识，安全活动的形式多种多样，水利工程建设现场组织的安全活动一般包括："安全生产月"活动、安全竞赛活动、反违章活动、隐患排查活动等。

项目法人应鼓励现场各参建单位积极组织安全活动，安全生产委员会及安全生产管理机构也可组织策划一些安全活动，统一组织、统一规定活动主题，并编写详细活动计划。各参建单位、组织机构进行的安全活动要有计划、有内容、有检查、有记录、有总结评比。

（六）竣工验收安全管理

按照《水利水电建设工程验收规程》（SL 223—2008）和关于水利工程建设基本程序方面的有关规定，竣工验收应当在工程建设项目全部完成并满足一定运行条件后1年内进行。工程具备竣工验收条件的，项目法人应当提出竣工验收申请，经法人验收监督管理机关审查后报竣工验收主持单位。

水利工程竣工验收前，应当按照国家有关规定，进行环境保护、水土保持、移民安置以及工程档案等专项验收。

竣工验收原则上按照经批准的初步设计所确定的标准和内容进行。项目法人全面负责竣工验收前的各项准备工作，设计、施工、监理等工程参建单位应当做好有关验收准备和配合工作。

（七）其他安全管理

1. 应急管理

（1）应急机构和队伍。水利工程建设现场应建立包括项目法人：监理单位、施工单位人员组成的应急组织机构和应急队伍。必要时与当地驻军、医院、消防队伍签订应急支援协议，取得社会应急支援。

（2）应急预案。各参建单位应对施工过程中潜在突发性事件进行识别和评估，重点是针对传染病、火灾、台风、洪水、破坏性地震、重特大工程事故等，并以此为基础编写应急预案。应急预案在编制时，应充分考虑和利用社会应急资源，与地方政府、上级主管部门、上级单位的应急预案相衔接。

综合应急预案由项目法人编写，项目法人领导审批，向监理单位、施工单位发布；专项应急预案由监理单位与项目法人起草，相关领导审核，向各施工单位发布；现场处置方案由施工单位编制，监理单位审核，项目法人备案。

（3）应急设施、装备、物资。建立应急资金投入保障机制，妥善安排应急管理经费，储备应急物资，建立应急装备和物资台账。

（4）应急培训及演练。项目法人、参建单位要定期组织本单位相关人员进行应急知识和应急预案

培训，组织应急演练，并对应急演练效果进行评估，提出改进措施，修订应急预案。

(5) 应急救援。发生事故后，事故发生单位应立即启动相关应急预案，开展事故救援。

应急救援结束后，事故发生单位应尽快完成善后处理、环境清理、监测等工作，并总结应急救援工作。

2. 事故管理

(1) 事故报告。水利工程建设现场发生事故后，事故现场有关人员应立即报告本单位负责人。

事故单位负责人接到事故报告后，应在1小时之内向上级主管单位以及事故发生地县级以上水行政主管部门报告。

情况紧急时，事故现场有关人员可以直接向事故发生地县级以上水行政主管部门报告。有关单位和水行政主管部门也可以越级上报。

对于水利部直管的水利工程建设项目以及跨省（自治区、直辖市）的水利工程项目，在报告水利部的同时应当报告有关流域管理机构。实行施工总承包的建设工程，由总承包单位负责上报事故。

事故报告内容包括事故发生单位概况，事故发生的时间、地点及事故现场情况，事故的简要经过，事故可能造成的伤亡人数，已经采取的措施等。

(2) 事故抢救。事故发生单位负责人接到事故报告后，应当立即启动相应的事故应急预案，或者采取有效措施，组织抢救，防止事故扩大，减少人员伤亡和财产损失。

(3) 事故调查和处理。在事故调查和处理过程中，事故发生单位应完成以下工作：

1) 积极配合事故调查小组的调查和处理工作，并编制事故内部调查报告。

2) 按照“四不放过”的原则，对事故责任人员进行责任追究，落实防范和整改措施。

3) 建立完善的事故档案和事故管理台账，并定期对事故进行统计分析。

3. 职业健康管理

(1) 一般要求。水利工程建设项目各参建单位应为从业人员提供符合职业健康要求的工作环境和条件，配备与职业健康保护相适应的设施、工具。

各参建单位定期对作业场所职业危害进行检测，在检测点设置标识牌予以告知，并将检测结果录入职业健康档案。对可能发生急性职业危害的有毒、有害工作场所，应设置报警装置，制定应急预案，配置现场急救用品、设备，设置应急撤离通道和必要的泄险区。

各种防护器具应定点存放在安全、便于取用的地方，并有专人负责保管，定期校验和维护。各参建单位应对现场急救用品、设备和防护用品进行经常性的检维修，定期检测其性能，确保其处于正常状态。

(2) 职业危害告知和警示。水利工程建设项目各参建单位与从业人员订立劳动合同时，应将工作过程中可能产生的职业危害及其后果和防护措施如实告知从业人员，并在劳动合同中写明。

水利工程建设项目各参建单位应采用有效的方式对从业人员及相关方进行宣传，使其了解生产过程中的职业危害、预防和应急处理措施，降低或消除危害后果。

对存在职业危害的作业岗位，应按照《工作场所职业病危害警示标识》(GBZ 158—2003) 的要求，设置警示标识和警示说明。警示说明应载明职业危害的种类、后果、预防和应急救治措施。

(3) 职业健康监护。安排相关岗位人员进行职业健康检查（上岗前、在岗期间、离岗时），建立健全职业卫生档案和职工健康监护（包括上岗前、岗中和离岗前）档案。

对于职业病患者，应及时治疗、疗养；对患有职业禁忌症的职工，应及时调整到合适岗位。

(4) 职业危害申报。水利工程建设项目各参建单位应按规定及时、如实向当地主管部门申报生产过程存在的职业危害因素，并依法接受其监督。

4. 安全档案管理

水利工程建设实施完成后，项目法人要做好相关资料的归档管理，根据有关验收规程做好竣工验收及相关安全评价工作。

安全档案除了包括在项目开工前期制定的各种安全管理制度及程序文件外，还包括在现场安全管理过程中产生的大量数据记录及资料，如安全会议记录，安全检查记录，安全培训记录，施工单位主要负责人、项目负责人、专职安全生产管理人员安全资质备案，特种作业人员资质备案，安全奖惩记录、宣传材料、事故报告材料等。

安全档案管理的一般要求有：

（1）安全档案应由专人管理。档案管理人员应能熟练对资料进行分类归档，及时补齐资料，而且能熟练查找有关资料。

（2）安全档案实施分阶段管理。实行每月、每季度、半年开展安全生产档案资料检查，及时解决存在问题。

（3）安全生产资料应分类存档。每年的安全生产资料，经过检查并确定其完整性后，按相关要求统一分类存档。

三、水利工程建设本质安全化管理

水利工程建设本质安全化是通过对建设过程中涉及的人、机、环境、管理等方面要素的控制，使各种危险有害因素限制在可接受的范围内，从而达到规避安全生产风险，避免和减少生产安全事故的发生，实现工程建设的本质安全。

（一）人的本质安全化

人的本质安全化建设过程中，主要采取强化安全教育培训的方式、人员不安全行为控制与管理的方式来提升人的安全作业能力。多媒体安全培训、作业行为安全规范化是常用的有效方法。

1. 多媒体安全培训

水利工程建设现场多媒体安全培训系统要求在工程现场建立一个专业培训场所，并设置相应的硬件设施和软件系统。在此基础上，采用多媒体形式，并利用考试、实践、展览、手册的形式加以辅助，从根本上提高培训效果。具体建设内容包括：

（1）配置专业安全培训教室。设置的专业安全培训教室应包括多媒体培训区、挂图展览区、实践操作区，并配置相应的硬件设施。

多媒体培训区：提供多媒体教学平台，员工在多媒体培训区内观看教学演示和考试。多媒体系统触摸屏式终端设备的方式，方便员工培训使用。挂图展览区：日常对员工开放，在该区域内展览事故图片、宣传挂图、宣传标语、现场照片等。实践操作区：主要用于受培训工人现场参观和当场实践操作，并且该区域也为安全考试实践操作部分提供考试平台。

（2）建立安全培训管理平台。建立科学的安全培训管理机制，利用信息化技术进行安全培训管理，建立安全培训管理平台。安全培训管理平台应能满足现场人员管理、集中培训、在线培训、考试、持证上岗、反馈培训效果等要求。

（3）建立安全培训多媒体教材库。安全培训多媒体教材库采用的多媒体形式包括 Flash 动画、视频、图片、声音等，安全培训多媒体教材库中包含的知识点应该全面，包括安全知识教学、习惯性违章、典型事故重演、亲情教育等方面内容。安全培训多媒体教材库应纳入培训系统中，并不断更新。

（4）建立安全培训多媒体试题库。试题采用多媒体的形式，改变传统考核考试方式，采用多媒体播放题目。多媒体试题的主要形式包括：基础知识题目，违章、隐患识别类题目，场景综合分析题目，安全心理类题目等。试题根据工种分类进行划分，提高针对性。

2. 作业行为安全规范化

作业行为管理应该是系统的和全方位的。实施系统的、全方位的行为管理控制，意味着从各个方面对作业人员的行为实施管理控制。人员不安全行为控制一般包括自我行为控制、横向行为控制和纵向行为控制三种途径。

(1) 自我行为控制。员工的不安全行为可以分为有意选择和无意选择两大类，涉及价值观、员工的安全管理职责、员工的认知能力三个方面问题，所以，员工不安全行为的控制与管理措施也应该从这三个方面入手进行控制。

针对员工有意识选择的不安全行为，管理者应该从以下三个途径来制定控制和管理措施。

1) 通过在刺激因素与安全行为之间建立刺激—反应式的条件反射，使员工有意识做出的不安全行为转变为其无意识的安全行为。主要手段有：教育、训练、誓言口号、承诺等。

2) 通过对员工行为结果的不断反馈来达到正强化安全行为，负强化不安全行为，促使员工更多、更自觉地做出安全行为。

3) 通过构建重视安全的工作环境，促使员工更多地采用安全行为方式。主要手段有：加强沟通，使员工认识到安全行为更有价值，培养崇尚安全行为的企业文化和社会文化等。

针对员工无意选择的不安全行为，管理者应该从员工的安全管理职责和员工的认知能力两个方面入手，让员工通过学习建立起不安全行为的条件反射系统，使其意识到自己的不安全行为，然后采取针对员工有意选择的不安全行为控制和管理的措施。

(2) 横向行为控制。水利工程建设中各种工作任务具有通用性，可以选择一些较为常见的作业类型进行分析，如高处作业、脚手架搭设、电焊气割等作业，分析其危险因素，制定人员行为规范，以指导现场作业人员在施工作业中的行为。

同时，对于一些高危专项施工作业，作业环境相对较为复杂，管理人员可以针对专项施工的作业流程，分析各员工的具体工作任务，制定专项的安全控制措施，提前对作业人员进行技术交底，交代要遵循的安全规定及要求，保障作业人员避免不安全行为。

(3) 纵向行为控制。各级管理人员的监督检查是控制员工行为的重要手段。通过监督检查，及时发现问题，采取一定措施予以制止或改进，不断降低员工不安全行为发生率。企业通过制定科学可行的监督检查制度，明确监督检查方法、具体实现步骤、检查结果的处理方法等。监督检查制度应明确监督检查的执行者、方式方法、时间和空间要求、结果的处理方法、效果的评价和改进等内容。

在水利工程建设现场，制定《现场员工行为规范手册》是实现人员不安全行为控制的一种重要方法。《现场员工行为规范手册》一般是小开本、图文并茂、通俗易懂的手册，携带方便、便于阅读，能够对员工作业行为进行指导，提高员工安全意识，实现员工自律，规范员工安全行为。

(二) 设备设施的本质安全化

安全设施标准化建设在很大程度上能够进一步提升机器设备的本质安全化水平，也是机器设备的本质安全化建设经常采用的手段。

安全设施是防止生产活动中可能发生的人员误操作，以及外因引发的人身伤害、设备损坏等，而设置的安全标志、设备标志、安全警示线和安全防护设施的总称。水利施工现场主要安全设施包括：防护栏杆、安全通道、孔口盖板、设备安全防护设施、安全标志、交通标志、安全警示标识、现场使用安全标识（危险源警示牌、安全宣传牌、部位指示牌等）。下面以现场使用安全标识为例，说明安全设施标准化的配置。

1. 现场使用安全标识

(1) 危险源警示牌。用于危险源相关信息公开、警示，牌板主要内容为工程项目名称、作业内容、危险源名称、危险源描述、可能导致的危险、控制措施、责任单位、相关责任人、联系方式等。

警示牌配置在危险源（点）附近醒目位置，不得妨碍施工。牌板尺寸、结构根据牌板内容和现场实际情况确定。

(2) 安全宣传牌。安全宣传牌应配置在地势开阔的、可以向各单位展示自己的安全文化理念的位置，如：生活区宿舍楼前、进出工地的主要通道两侧。

(3) 施工现场安全警告宣传牌。施工现场安全警告宣传牌配置在现场位置比较固定处，如防护栏上。安全警告宣传牌尺寸一般为120cm×80cm，或以3∶2的长宽比适当缩放。安全警告宣传牌上可写上单位名称，配置安全标志和宣传标语。

（4）部位指示牌。部位指示牌通常配置在爬梯、通道等入口处，用于指示某重要位置的方向。条件允许情况下，牌板中心点距地面1.5m。指示牌框采用25cm×25cm×3cm的角钢，面板采用1mm铁皮制作，底色为蓝色，字体为白色黑体字，尺寸为60cm×80cm。

（5）爆破作业面警示标志。工程施工爆破作业周围300m区域为危险区域，爆破警示标志为标志牌、彩旗、文字标志牌。危险区域边界采用彩旗，以提示爆破区域，危险区域内不得有非施工生产设施。对危险区域内的生产设施设备应采取有效的防护措施；爆破危险区域边界的所有通道应设有明显的提示标志牌，标明规定的爆破时间和危险区域的范围，并悬挂文字标志牌“爆破区域，禁止入内”；区域内设明显警示装置，在爆破作业点插爆破警示旗，使危险区内人员都能清楚看到警示信号。

2. 安全设施标准化实施

尽管水电工程建设施工现场安全设施通用部分较多，但由于不同的施工阶段存在不同的危险源，需配置不同的安全设施；所以可聘请专业机构进行全面策划，实现现场安全设施标准化。具体实施程序如下：

（1）寻找专业策划机构，其必须有水利工程安全设施策划经验。

（2）专业机构派专家进行现场诊断，分析辨识现场危险、有害因素与安全设施配置状况。

（3）专业机构提交现场诊断报告，给出危险、有害因素种类及存在部位，现场安全设施配置情况，存在的问题等。

（4）在现场全面诊断的基础上，专业机构提交初步策划方案，应明确策划内容和采用形式。

（5）专业机构、水利工程建设项目相关单位共同讨论、交流提出意见。

（6）专业机构根据意见进行修改、完善，并进行专业策划。各类设施设计、图片处理、手册排版等，经反复讨论、修改，形成最终标准化手册。

（7）按照安全设施标准化手册，进行现场实施，有针对性全面控制施工现场。

（三）环境本质安全化

现场安全可视化、安全文明施工是环境本质安全化建设的主要方面，也是被广泛使用的一种手段。

1. 现场安全可视化

可视化管理是利用形象直观、色彩适宜的各种视觉感知信息来组织现场生产活动，达到提高劳动生产率目的的一种管理方式。可视化管理是用眼睛观察的管理，体现了主动性和有意识性。可视化管理也称为一目了然的管理。

水利工程建设现场安全可视化管理的内容包括安全文化可视化、安全警示信息可视化、安全行为控制可视化和环境信息可视化。

（1）安全文化可视化。文化作为精神文明的范畴，它是影响人的第二基因。同样企业安全文化，也是企业安全生产的基因。安全文化氛围浓厚则安全生产有保障，反之则事故频发。在企业生产过程中，采用一系列艺术形式，充分展现企业的安全文化，使安全文化不至于成为枯燥的口号，而是为大众所乐见、接受。

（2）安全警示信息可视化。施工现场的各种安全标志、危险源警示牌、危险预知训练都属于安全警示信息可视化内容。通过这一系列的警示信息让入场人员通过眼睛就可知道应该做什么、不应该做什么、哪里危险、哪里安全。

（3）安全行为控制可视化。农民工是水利工程建设的主力军，但由于安全意识不高与安全技能不强，他们也是事故的多发群体。作为控制不安行为的措施之一，可采用内容生动形象的漫画，警示现场工人，使他们不断提高安全意识，减少不安全行为。

农民工文化水平有限，通过运用内容生动形象的现场漫画，激发农民工的兴趣，可起到良好的警示效果。同时，可通过对违章较多的工人进行标记（安全帽、工作服），重点监控。

（4）环境信息可视化。主要包括现场部位通向标志、交通标志、建筑物标志等。用于提示施工现场各类场所在何处、如何走等信息。

2. 安全文明施工

水利工程建设现场环境及施工条件较为复杂，要长效保持安全文明施工处于较好水平，结合工程建设的规模、技术、环境等特点，进行工程安全文明施工策划是最有效的手段。

根据不同企业实施的安全文明施工策划情况来看，安全文明施工策划的内容包括但不限于以下几点：

（1）施工单位安全管理体系的完善。主要包括建立完善的安全管理体系、建立健全各种规章制度等。

（2）水利工程建设安全管理方法、管理模式的创新。包括建立信息化的安全管理系统、区域模块化封闭管理等。

（3）安全生产管理重点内容的建设。包括安全培训系统建设、安全文化建设、特种设备管理、重大危险源管理、隐患排查与治理等方面内容。

（4）现场文明施工的建设。包括施工现场安全管理、安全设施、标志标识等方面内容。

（四）管理的本质安全化

建立、健全安全生产管理体系、实施安全生产管理信息化是实现管理的本质安全化的重要手段。

安全生产管理体系的成果一般体现在管理手册、程序文件、作业指导书的修订与完善上。建立符合《企业安全生产标准化规范》（AQ/T 9006—2010）的工程建设项目安全生产管理体系，也是一种符合国家要求和施工实际需要的好方法。

建立实现项目法人、监理单位、施工单位一体化管理的“水利工程建设安全生产管理信息系统”，实现安全管理各项业务在线申报与审批，各类安全数据信息化管理。

四、水利工程建设现场安全管理

（一）场区平面布置

水利工程建设施工现场平面布置遵循以下原则：

（1）合理划分施工区和生活区，利用围墙将施工区和生活区隔离，并明确场区标识。

（2）施工临时宿舍和大型设备不占用工程项目用地。

（3）利用周围道路形成环形通道，减少场内运输，提高效率。

（4）生活区实行封闭式管理。

（5）充分考虑文明施工要求，做到道路和场区硬化、工地亮化、生活区美化。

（6）现场平面布置合理、紧凑，临时设施占地面积有效利用率大于90％。

1. 施工场区规划

（1）水利工程建设项目整体场区规划由项目法人进行统筹管理，各参建单位在进场前应充分考察场地实际情况，掌握原有建筑物、构筑物、道路、管线资料，针对现有条件科学合理的布置施工现场。

（2）施工区、材料堆放区、加工区应有明显的划分，场地较大的现场应设有导向牌；办公生活区应尽量远离施工区，并设置标准的分隔设施。

（3）施工平面布置图应与现场实际情况保持一致，随现场布局的改变，施工平面布置图应作相应调整。

2. 施工现场围挡及保卫

（1）采用定型板材作围挡的工程，围挡应做到封堵严密，底部设有挡板，防止场内散装物料及污水污染道路。主要景观路段围挡不得低于2.5m，其他地区围挡高度不得低于1.8m。围挡应沿工地四周连续设置，须做到稳固、安全、整洁、美观。

(2) 施工现场应有固定的出入口，围挡大门应当采用封闭门扇，做到大门不可透视，大门设置应当符合消防要求，其宽度不得小于6m，施工作业时应关闭大门，严禁敞口施工。

(3) 施工现场大门应牢固美观，大门上应有企业名称或企业标志，字体工整清晰，门口处挂设文明施工承诺牌，公示监督电话。

(4) 现场出入口和生活区门口应设置门卫室，有专职的门卫保卫人员值守，门口设安全警示标志。门卫室内不应设床铺，并备有适量的安全帽。

(5) 制定门卫管理制度及交接班记录制度，保卫人员应按规定对人员、车辆检查，施工人员进入现场应佩戴胸卡、统一着装，外来人员应进行登记。

(6) 水利工程建设施工现场的安全保卫工作一般由项目法人委托专业现场安全保卫单位统一管理。

3. 五牌一图

“五牌一图”是指工程概况牌、管理人员及监督电话牌、消防保卫牌、安全生产牌、文明施工牌、施工现场总平面布置图。“五牌一图”设置要求包括：

(1) 在大门口处设置整齐明显的“五牌一图”。

(2) 标牌设置格式化，标牌底距地面高度不得低于1.2m。

(3) 标牌安装牢固，并保持清晰完好。

4. 临建设施

(1) 项目法人办理临建用地应当有相关部门的审批手续。

(2) 施工现场的临建设施包括钢筋加工棚、木工棚、操作棚、材料库及其他。

(3) 临建设施地面需作硬化铺装，搭设应做到安全、稳定、整洁、美观。

5. 材料堆放及垃圾池

(1) 建筑材料、构件、料具必须按平面布局堆放，有明显的分区标识。

(2) 材料堆放区地面坚实、平坦，有排水措施，符合安全、防火要求。

(3) 材料应按照品种、规格分类堆放，并设置明显规范的标识。

(4) 围挡内侧禁止堆放泥土、砂石等散体材料及钢管、模板等，严禁将围挡做挡墙使用。

(5) 现场施工垃圾及生活垃圾应设垃圾池分类收集，定期外运，并按相关规定处理。

(二) 施工用电管理

在水利工程建设的施工现场，水利安全生产管理机构的工作人员，针对施工现场的临时用电安全，要做好以下工作：

1. 施工用电组织设计

水利工程开始前，施工单位应依据《施工现场临时用电安全技术规范》(JGJ 46—2005) 和水利安全建设相关要求，结合施工现场实际情况，编制《施工临时用电组织设计》，对工程现场电气线路和装置进行设计，并交项目法人组织监理单位和设计单位审核，经批准后执行。

现场电气线路和装置装设完毕后，由项目法人组织监理单位、设计单位、施工单位共同进行验收，然后投入使用。

2. 施工临时用电设施要求

为保障用电安全，便于管理，现场施工用电应将重要负荷与非重要负荷、生产用电与生活区用电分开配电，使其在使用过程中互不干扰。配电箱应作分级设置，即在总配电箱下，设分配电箱，分配电箱以下设开关箱，开关箱以下就是用电设备，形成三级配电。照明配电与动力配电分别设置，自成独立系统，不致因动力停电影响照明。

电气设备的金属外壳及铆工、焊工的工作平台和铁制的集装箱式办公室、休息室、工具间等均按规范装设接地或接零保护；轨道式起重机械的轨道较长时应每隔20m分段接地；施工现场内的起重机、井字架及龙门架等在相邻建筑物、构筑物的防雷装置的保护范围以外应设置防雷装置，防雷设施接地电阻满足相关要求；施工照明满足作业需要及规范要求。

施工过程中必须与外电线路保持一定安全距离，当因受现场作业条件限制达不到安全距离时，必须采取屏护措施，防止发生因碰触造成的触电事故。如果因工程建设需要，必须对已建成的供、受电设施进行迁移、改造或者采取防护措施时，由用电管理部门或与产权用户协商处理。

3. 施工临时用电控制检查

项目法人安全管理部门应根据《建筑施工安全检查标准》（JGJ 59—2011）等规范和水利工程建设施工现场实际情况制定出施工现场临时施工用电的控制制度，统一实行记录制度，要求所有参建单位执行。

项目法人和监理单位应对各施工单位的电工维修记录、有关测量记录和事故隐患措施整改记录进行检查。同时项目法人要定期对施工现场用电进行检查，监理单位要对施工单位临时用电情况做日常监督检查，检查内容按《建筑施工安全检查标准》（JGJ 59—2011）的有关内容执行。并且项目法人还要对监理单位日常检查记录进行检查。

（三）机械设备管理

进入水利工程建设施工现场的机械设备应符合如下安全管理规定：

（1）项目法人要组织施工单位制定项目内施工机械设备安全管理方案，健全机械设备安全管理体制，完善机械设备安全责任制，确保机械设备的安全运行和现场人员的人身安全。

（2）进场机械设备应与总承包单位报送的设备计划基本一致。现场机械设备安装完毕经总承包单位自检合格后报监理单位验收备案后方可投入使用。电力拖动的机械要做到“一机、一闸、一箱、一漏”。漏电保护装置灵敏可靠，接零和布线符合规范要求。

（3）施工单位应与项目法人协调在施工现场为机械设备使用提供良好的工作环境，设备使用方案应报监理单位安全监理工程师审查并监督落实。

（4）当机械发生重大事故时，必须及时按规定上报和组织抢救，保护现场，查明原因、分清责任、落实及完善安全措施，并按事故性质严肃处理。

（5）进入施工现场的机械设备实行备案管理，一般机械设备由项目法人或委托监理单位组织落实备案管理工作。对符合《特种设备目录》（国质检锅〔2004〕31号）和《关于增补特种设备目录的通知》（国质检特〔2010〕22号）要求的特种设备，其安全管理工作按照《特种设备安全法》规定实施安全管理。

（6）进入施工现场的特种设备应当由项目法人监督施工单位组织有关单位进行验收，也可以委托具有相应资质的检验检测机构进行验收，并出具检测合格报告。并于特种设备投入使用前或投入使用后30日内，向特种设备安全监督管理部门进行登记，登记标志贴置于该设备的显著位置。

（7）起重吊装机械设备报审资料齐全后，需经技术监督部门和项目法人安全管理人员现场验收合格后方可使用。对于投入使用的特种设备，项目法人安全工程师和监理工程师应经常巡检，使设备使用处于可控的安全状态。

（8）机械设备必须实行“定人、定机、定制度”管理，每一台机配备相应操作小组，安全监理工程师和项目法人安全工程师应对设备操作人员上岗资格现场核验，并监督施工单位进行安全技术交底及定期安全教育。特种设备和特种设备作业人员应作为现场安全管理工作重点监控内容，安全监理工程师和项目法人安全工程师应经常巡检，严禁特种设备作业人员无证上岗。

（四）特种作业管理

按照《特种作业人员安全技术培训考核管理规定》（国家安监总局令第30号）的规定，特种作业人员必须经专门的安全技术培训并考核合格，取得《中华人民共和国特种作业操作证》后，方可持证上岗。

依据《水利水电工程施工作业人员安全操作规程》(SL 401—2007)，水利工程建设施工现场涉及的特种作业类型主要有：电工作业、金属焊接切割作业、登高架设及高空悬挂作业、制冷作业、安全监管总局认定的其他作业。

特种作业人员实行入场登记管理，监理单位检查特种作业操作证原件，并为特种作业人员建立档案，同时向项目法人报备存档。项目法人监督监理单位和施工单位落实特种作业持证上岗的核查管控情况，发现无证上岗的，项目法人有权要求清退违规作业人员并追究有关单位和人员的管理责任。

(五) 消防安全管理

在水利工程建设现场存在大量的可燃易燃物及场所，如可燃的建筑材料、物质库房、油库、危化品库、宿舍、动火作业场所等。这些可燃物导致的火灾往往带来很大的财产损失和人身伤亡事故，因此，在项目管理中必须做好消防安全管理。

消防安全管理的主要内容包括：

(1) 项目法人、参建单位应建立相应的消防安全管理制度，施工现场应根据工程实际情况建立完善的、可操作性的消防制度和措施。

(2) 安全生产管理机构应当至少每季度组织一次消防安全检查，消防安全重点单位应当至少每月组织一次消防安全检查。监理单位在日常的巡查过程中要对施工单位的消防安全进行检查。

(3) 负责检查存在的火灾隐患整改落实情况，对不能及时整改的火灾隐患应按有关规定，向责任单位给予警告或相应的处罚。

(4) 对现场动火情况进行严格有效的安全监管，严格执行动火票管理制度。

(5) 安全生产管理机构和监理单位要依照《建设工程消防监督管理规定》(公安部令第119号)等有关规定，对各施工单位的消防器材的配置、采购和验证、消防器材的摆放、消防器材的检查测试情况、器材的及时更换维护和经费的保证情况予以监督。对不符合的要责令其整改落实，以保障消防设施和器材的有效性。

(六) 交通安全管理

水利工程建设的现场交通是安全管理重要的一个环节，它的主要管理内容包括以下三个方面：

1. 对驾驶员从业资格的管理

水利工程建设项目各参建单位根据工作需要配置驾驶员，并进行驾驶员资质审查和技能考核。制定驾驶员管理相关的制度，内容包括驾驶员安全知识的宣传教育、年审、奖惩等相关规定。

2. 对现场车辆通行的管理

项目法人对施工现场机动车辆实行统一的通行证管理，设定指定的部门办理通行证。项目法人建立现场车辆管理相关的制度，对一般机动车辆管理以及供货商、设备厂家或视察、检查人员进场车辆的管理作出具体规定。

3. 对现场交通安全设施的管理

现场的交通安全管理，应符合《工业企业厂内铁路、道路运输安全规程》(GB 4387—2008)和相关规定，并监督落实。道路交通安全设施包括：交通标志、路面标线、护栏、照明设备、视线诱导标等。

(七) 环境保护管理

水利工程建设现场在施工过程中主要会产生噪声、废水、固体废弃物、现场粉尘等污染物，监管单位应对各参建单位的污染治理情况进行统一监督和指导。

1. 环境因素识别

在开工前，项目法人应组织各参建单位对施工过程中潜在的环境因素进行识别，并进行分析评

价，制定控制措施，并编制《施工现场环境因素清单》和《施工现场重大环境因素清单》，同时，各参建单位应根据清单制定的控制措施严格执行。由于清单是在项目开工前进行预计分析的，在具体施工过程可能与实际不符合，因此，清单内容应视工程实际情况定期进行更新。

2. 废水管理

为了有效预防和治理水体污染，各参建单位都必须对施工现场的废水排放控制并进行检查监测，以实现节能减耗和保护环境的目的。废水管理的范围包括雨水管网的管理、施工污水的管理、生活废水的管理。

3. 废弃物管理

施工单位对施工过程中产生的建筑垃圾和办公废弃物制定相应的减排和处理计划，加强建筑垃圾的回收再利用，确保施工环境的清洁。

4. 噪声管理

项目法人、监理单位应监督施工单位编制施工现场噪声源控制清单，施工单位同时将噪声源控制清单报项目法人安全管理部门，监理单位对施工单位噪声控制执行情况进行日常监督检查，对不符合规定的要及时制定有效的纠正措施，并监督其及时整改完毕。

(八) 防汛管理

1. 防汛组织机构

水利工程建设项目应建立由设计、施工、监理等单位参加的工程防汛机构，负责工程安全度汛工作。

各参建单位成立防汛领导小组，下设防汛办公室和抢险突击队，全面负责本单位防洪度汛工作，并协助其他单位的抢险救灾。领导小组由本单位负责人担任组长，成员包括本单位各部门、各作业队的负责人。

各参建单位行政正职是本单位防汛工作的第一责任人，行政副职对分管业务范围内的防汛工作负责。各单位工程部门是防汛工作的归口管理部门，技术部门负责编制和审查防汛方案，安全生产管理部门负责防汛工作的监督检查，其他部门对各自业务范围内的防汛工作负责。

项目法人负责与地方政府气象、水利等部门保持联系，加强通讯设备设施的巡视和维护，保障汛情等信息和调度指令的畅通，并做好汛期水情预报工作。

施工单位应按设计要求和现场施工情况制定措施后报建设单位或监理单位审批后，成立防汛抢险队伍，配置足够的防汛物资。

2. 防汛措施

项目法人应制定工程度汛方案、措施，施工单位制定相应的度汛方案，报项目法人批准。涉及防汛调度或者影响其他工程、设施度汛安全的，由项目法人报有管辖权的防汛指挥机构批准。

在汛前和汛期，各参建单位应全面排查高山滚石、山体滑坡、崩塌和泥石流等安全隐患，划定重点防治区并提出防治措施；梳理重点防汛项目并制定详细进度计划，对易发生泥石流、塌陷、边坡崩塌、落石等危险区域（处所）进行重点检查监控，抓好边坡支护、河道防护、沟水处理等重点环节的安全防范，及时落实病险工程和隐患点的除险加固，汛前要完成水毁工程和度汛应急工程建设。

各参建单位要认真做好营区、边坡、洞室、渣场、挡墙和围堰等重点部位的安全监测和巡视检查，发现险情及时组织抢险，及时向项目法人单位报送防汛信息。各参建单位应在汛前组织防汛应急救援演练，演练结束后进行总结评审，针对发现的问题修改和完善预案和措施。

防汛期间，在抢险时应安排专人进行安全监视，确保抢险人员的安全。当洪水达到警戒水位时，各级防汛机构和抢险队伍进入警戒状态，昼夜巡视检查并加强观测，将防汛物资运到指定地点，做好人员和设备撤离的准备。当洪水超过警戒水位一定值时，要组织抢险队立即就位，进入抢险状态，同时启动防洪度汛应急预案。

3. 抢险救灾

当遭受重大险情或灾害时，建设项目防汛指挥部应即刻将灾情报告当地政府和项目法人防汛指挥机构，需要时发布有关安全禁令。

发生险情后，责任单位、项目法人和监理单位相关部门主要负责人必须及时到达现场，立即启动防洪度汛应急预案，组织、配合抢险工作，并且做好现场证据收集工作。

灾情期间，对要害部位、关键设备、生命线工程、化学危险品库和储罐要加强检查、监护。由于自然灾害造成化学危险品溢出和泄漏，应立即上报有关部门并采取抢护措施。洪水期间施工运输船舶，如发生主流改道，航标漂流移位、熄灭等情况，应停泊于安全地点。堤防工程防汛抢险，应遵循前堵后导、强身固脚、减载平压、缓流消浪的原则。

灾后，各单位应做好受灾职工、家属的生活供给及住房安置，医疗防疫及伤亡人员处理，做好水毁工程修复等工作，尽快恢复正常的生产与生活。相关单位应立即组织灾情调查，按国家统计部门的有关要求，会同当地行政部门、保险公司统计、核实灾情，并及时上报，不应虚报、瞒报。

第二节　水利工程运行安全管理

水利工程运行安全管理，是指在水利工程运行阶段，防止和减少安全事故，消除或控制危险有害因素，保障人身安全与职业健康、设备和设施免受损坏、环境免遭破坏行为的总称。水利工程安全管理不仅包括安全管理机构及安全管理人员、安全管理规章制度、安全检查、隐患排查和治理、安全教育与培训等基础管理工作，还包括水库大坝、河道堤防、水闸工程、泵站工程、灌区工程等重点领域的安全管理。

一、水利工程运行安全基础管理

（一）安全生产管理机构和人员

1. 安全生产委员会或安全生产领导小组

规模大的水利工程管理单位应建立安全生产委员会，规模小的水利工程管理单位宜成立安全生产领导小组。

安全生产委员会或安全生产领导小组由主要负责人、部门负责人等相关人员组成，必要时还应有职工代表。安全生产委员会或安全生产领导小组组长一般由单位一把手担任，办公室宜设在本单位安全生产管理部门。

安全生产委员会或安全生产领导小组必须以正式文件发布，当人员变化时，应及时调整发布。

2. 安全生产管理机构

水利工程管理单位应按照《安全生产法》及《水利部关于进一步加强水利安全生产监督管理工作的意见》（水人教〔2006〕593号）的要求明确安全生产管理机构，配备专（兼）职安全生产管理人员，形成安全生产管理网络。

《关于贯彻落实〈中共中央国务院关于加快水利改革发展的决定〉加强水利安全生产工作的实施意见》（水安监〔2011〕175号）中提出，进一步强化水利工程管理单位的安全生产主体责任落实，健全安全生产管理机构，完善安全生产管理制度，保证安全生产投入。

（二）安全管理制度

水利工程管理单位应按照国家安全生产方针、政策和安全法规，结合水利运行安全管理的特点制定符合本单位的安全管理制度，及时将识别、获取的安全生产法律法规与其他要求转化为本单位安全管理制度，以正式文件颁发，并发放到相关工作岗位，组织员工培训学习，确保各项安全管理制度的有效落实。

水利工程管理单位应建立的安全管理制度包括：安全生产目标管理制度、安全生产责任制度、安全例会制度、法律法规标准规范管理制度、安全投入管理制度、工伤保险制度、文件和档案管理制

度、安全教育培训管理制度、特种作业人员管理制度、设备安全管理（含特种设备管理）制度、安全设施管理制度、工程观测制度、工程养护制度、设备检修制度、安全检查及隐患治理制度、交通安全管理制度、消防安全管理制度、防汛度汛安全管理制度、作业安全管理制度、用电安全管理制度、危险物品及重大危险源管理制度、相关方及外用工（单位）安全管理制度、职业健康管理制度、安全标志管理制度、劳动防护用品（具）管理制度、安全保卫制度、建设项目安全设施三同时管理制度、安全生产预警预报和突发事件应急管理制度、信息报送及事故管理制度、安全绩效评价与奖罚制度等。

(1) 安全生产目标管理制度应明确目标的制定、分解、实施、考核等内容。

(2) 安全生产责任制度应明确各级单位、部门及人员的安全生产职责、权限和考核奖惩等内容。

(3) 安全生产法律法规、标准规范识别和获取制度，应规定识别、获取、评审、更新等环节要求，明确主管部门，确定获取的渠道、方式。

(4) 文件管理制度，应明确文件的编制、审批、标识、收发、评审、修订、使用、保管、废止等内容。

(5) 记录管理制度，应明确记录的管理职责及记录填写、标识、收集、存储、保护、检索和处置的要求。

(6) 安全教育培训制度，应明确安全教育培训的对象与内容、组织与管理、检查等要求。

(7) 隐患排查制度，应明确隐患排查的责任单位、部门、人员、范围、方法和要求。

(8) 危险源管理制度，应明确辨识与评估的职责、方法、范围、流程、控制原则、回顾、持续改进等。

(9) 职业健康管理制度，应明确职业危害的监测、评价和控制的职责和要求。

(10) 生产安全事故报告和调查处理制度，应明确事故报告、事故调查、原因分析、预防措施、责任追究、统计与分析等内容。

(三) 安全检查

水利工程管理单位针对水利工程运行中可能存在的事故隐患、危险因素等进行检查，以确定事故隐患或危险因素的存在状态以及它们转化为事故的条件。通过有效的查证，以便制定整改措施，消除事故隐患和危险因素，保证水利工程运行的安全。

1. 安全检查类型

安全检查按照检查的特点及形式，可以分为定期安全检查、经常性安全检查、季节性及节假日前后的安全检查、专业（项）安全检查和综合性安全检查。

(1) 经常性安全检查包括班组、岗位员工的交接班检查和班中巡回检查，及领导和设备、电气、安全管理等专业技术人员的检查。

(2) 定期安全检查是通过有计划、有组织、有目的的实现，包括年度、季度、月度安全检查。

(3) 季节性安全检查是根据季节特点，有重点的进行的安全检查，如春季安全检查以防雷、防静电、防解冻跑漏为重点。

(4) 节假日前后安全检查主要是针对安全、保卫、消防、应急预案等进行检查，特别是对节日各级管理人员、检修队伍的值班安排和安全措施、应急预案的落实情况进行重点检查。

(5) 专业（项）安全检查主要是对特种设备、电气设备设施、安全防护设施、危险物品等进行的安全检查。

(6) 综合安全检查以落实岗位安全责任制为重点，各专业共同参与的全面安全检查。

2. 安全检查内容

水利工程管理单位应根据水利工程运行的特点，制定检查项目、标准。主要检查内容包括查思想、查意识、查制度、查管理、查事故处理、查事故隐患、查整改、查设备、查辅助设施、查安全设施、查作业环境。

3. 安全检查方法与程序

(1) 安全检查的方法主要包括：常规检查法、安全检查表法、仪器检查法。

1) 常规检查法。常规检查通常是由安全管理人员作为安全检查的主体，到作业场所的现场，通过感观或辅助一定的简单工具、仪表等，对作业人员的行为、作业场所的环境条件、生产设备设施等进行的定性检查。

2) 安全检查表法。安全检查表应列举需要查明的所有可能会导致事故发生的不安全因素。每个检查表均需注明检查时间、检查者、直接负责人等，以便分清责任。安全检查表的设计应做到系统、全面，检查项目应明确。

3) 仪器检查法。机器、设备、作业环境条件及水利工程运行的内部缺陷的真实信息或定量数据，只能通过仪器检查法来进行定量化的检验和测量，才能发现安全隐患，从而为后续整改提供信息。因此，必要时需要采用仪器检查。

(2) 安全检查的工作程序。

1) 检查前的准备工作。检查前的准备工作主要包括组建安全检查组、思想和物质准备、明确检查目的和要求等。

组建安全检查组：对不同规模的安全检查，水利工程管理单位应该根据具体情况设置适当的检查小组和采用不同的检查形式。不论形式如何，都应由一位领导负责组织安全生产检查。

思想和物质准备：水利工程管理单位要组织各级领导学习国家法律法规、相关文件，组织检查人员进行思想业务方面的培训，对广大员工做好宣传、教育，使安全生产检查成为群众的自觉行动。为顺利开展检查，还需要编制安全检查表，并配备其他工具。

明确检查目的和要求：水利工程管理单位应根据具体情况，明确检查的目的和要求，制定检查计划和提纲，使检查人员对检查内容和重点做到心中有数，检查中有的放矢。

2) 自查与互查相结合。自查是指水利工程管理单位自己组织，在其内部发动群众自行检查。互查是指上级领导组织水利工程管理单位之间及水利工程管理单位内部各部门之间开展的互相检查。

3) 坚持边查边改，认真落实整改。水利工程管理单位应坚持边查边改原则，认真落实整改措施，并开展监督检查，才能使安全检查的最终目的得以实现。

(四) 事故隐患排查与治理

事故隐患排查方式以安全检查为主，事故隐患排查的范围应包括所有与生产经营相关的所有场所、环境、人员、设备设施和活动。

对于重大事故隐患，水利工程管理单位应当及时向安全监管监察部门和有关部门报告。重大事故隐患报告内容应当包括：事故隐患的现状及其产生原因、事故隐患的危害程度和整改难易程度分析、事故隐患的治理方案。

水利工程管理单位应根据事故隐患排查的结果，采取相应措施对事故隐患及时进行治理。

(1) 一般事故隐患由水利工程管理单位（部门、班组等）负责人或者有关人员立即组织整改。

(2) 重大事故隐患由水利工程管理单位主要负责人组织制定并实施事故隐患治理方案，在治理前应采取临时控制措施并制定应急预案。重大事故隐患治理方案应包括目标和任务、方法和措施、经费和物资、机构和人员、时限和要求。

对于自行组织的事故隐患排查，在事故隐患整改措施计划完成后，安全管理部门应组织有关人员进行验收。对于上级主管部门或地方政府负有安全生产监督管理职责的部门组织的安全检查，在事故隐患整改措施完成后，应及时上报整改完成情况，申请复查或验收。

(五) 安全教育培训

1. 安全教育培训管理

水利工程管理单位应确定安全教育培训主管部门及其职责任务，按规定及岗位需要，定期识别安

全教育培训需求，制定、实施安全教育培训计划，提供相应的资源保证，对安全教育培训效果进行评估和改进，并做好安全教育培训记录，建立安全教育培训档案。

2. 安全生产管理人员教育培训

水利工程管理单位的主要负责人和安全生产管理人员，必须具备与本单位所从事的生产经营活动相适应的安全生产知识和管理能力。法律法规要求必须对其安全生产知识和管理能力进行考核的，须经考核合格后方可任职。

依据《生产经营单位安全培训规定》（国家安监总局令第3号），主要负责人和安全生产管理人员初次安全培训时间不得少于32学时，每年再培训时间不得少于12学时。

3. 操作岗位人员教育培训

水利工程管理单位应对操作岗位人员进行安全教育和生产技能培训，使其熟悉有关的安全生产规章制度和安全操作规程，并确认其能力符合岗位要求。未经安全教育培训，或培训考核不合格的从业人员，不得上岗作业。

（1）上岗前安全培训。职工上岗前必须进行安全教育培训。

（2）“五新”培训。在新工艺、新技术、新材料、新设备设施、新流程投入使用前，应对有关操作岗位人员进行专门的安全技术和操作技能培训。

（3）转岗、离岗培训。操作岗位人员转岗、离岗6个月以上重新上岗者，应经岗位安全教育培训合格后上岗。

（4）特种作业人员培训。从事特种作业的人员应经专门的安全培训，并取得特种作业操作资格证书后，方可上岗作业。离岗6个月以上的特种作业人员，应进行实际操作考试，经确认合格后方可上岗作业。

4. 其他人员教育培训

水利工程管理单位应对相关方的作业人员进行安全教育培训，并监督相关方人员持证上岗情况。

水利工程管理单位应对外来参观、学习等人员进行有关安全规定、可能接触到的危害及应急知识的教育和告知。

5. 安全文化建设

水利工程管理单位应制定安全文化建设规划和计划，开展多种形式的安全文化活动，引导全体从业人员的安全态度和安全行为，逐步形成为全体员工所认同、共同遵守、带有本单位特点的安全价值观，实现法律和政府监管要求之上的安全自我约束，保障本单位安全生产水平持续提高。

安全文化建设需要借助一定的载体，常用的安全文化载体包括安全生产专题片、安全知识漫画、安全宣传挂图或手册、安全文艺活动、安全口号、演讲比赛、知识竞赛等。

（六）职业健康安全管理

1. 职业健康管理

（1）职业危害检测、评价。水利工程管理单位应对尘、毒等化学因素以及高温、噪声等物理因素进行检测，做好记录，提供检测结果报告，并定期告知员工。

职业危害检测由具有资质的职业卫生技术服务机构进行，当作业场所职业危害因素浓度或强度超过职业接触限值时，应及时采取有效的治理措施。

（2）提供符合要求的工作环境和条件。水利工程管理单位应为从业人员提供符合职业健康要求的工作环境和条件，配备相适应的职业健康保护设施、工具和用品，建立劳动防护用品台账，并指定专人负责保管、定期校验和维护各种防护用具，保存相关记录。

（3）职业健康监护。水利工程管理单位应安排相关岗位人员进行上岗前、在岗期间和离岗前的职业健康检查，并建立健全职业卫生档案和职工健康监护档案。

《职业病防治法》规定：职业健康监护档案应当包括劳动者的职业史、职业病危害接触史、职业健康检查结果和职业病诊疗等有关个人健康资料。

对于职业病患者，水利工程管理单位应给予及时治疗、疗养；对患有职业禁忌症的职工，水利工程管理单位应及时调整到合适岗位。

2. 职业危害告知与警示

(1) 水利工程管理单位必须与从业人员签订劳动合同，并在合同中写明职业危害及其后果、防护措施等。

(2) 水利工程管理单位必须对职工及相关方宣传和培训生产过程中的职业危害预防和应急处理措施，保留培训记录。

(3) 对存在职业危害的作业岗位，水利工程管理单位必须按要求在醒目位置设置警示标志和警示说明。

3. 职业危害申报

(1) 水利工程管理单位必须按规定及时、如实地向当地主管部门申报生产过程存在的职业危害因素，职业危害因素发生变化时，应及时补报。

(2) 申报职业病危害项目时，应当提交《职业病危害项目申报表》和下列文件、资料：

1) 单位的基本情况。

2) 工作场所职业病危害因素种类、分布情况以及接触人数。

3) 法律、法规和规章规定的其他文件、资料。

(3) 职业病危害项目申报同时采取电子数据和纸质文本两种方式。

(4) 水利工程管理单位应当首先通过“职业病危害项目申报系统”进行电子数据申报，同时将《职业病危害项目申报表》加盖公章并由本单位主要负责人签字后，按照《职业病危害项目申报办法》第四条和第五条的规定，连同有关文件、资料一并上报所在地设区的市级、县级安全生产监督管理部门。

4. 有关保险

水利工程管理单位必须按规定及时办理有关保险，确保受工伤职工及时获得相应的保险待遇。

(七) 应急管理

1. 应急机构和队伍

水利工程管理单位应建立安全生产应急管理机构，或指定专人负责安全生产应急管理工作。建立与本单位生产特点相适应的专兼职应急救援队伍，或指定专兼职应急救援人员，并组织训练；无需建立应急救援队伍的，可与附近具备专业资质的应急救援队伍签订服务协议。

2. 应急预案

水利工程管理单位应建立安全生产应急预案体系（包括综合预案、专项预案和现场处置方案），按规定报当地主管部门备案，并通报有关应急协作单位。

应急预案应定期评审，并根据评审结果或实际情况的变化进行修订和完善，修订后组织员工进行培训。

3. 应急设施、装备、物资

水利工程管理单位应按规定建立应急资金投入保障机制，配备应急设施、装备，储备应急物资，并进行经常性的检查、维护、保养，确保其完好、可靠。

4. 应急演练

水利工程管理单位应组织生产安全事故应急演练，并对演练效果进行评估。根据评估结果，修订、完善应急预案，改进应急管理工作。

5. 事故救援

水利工程管理单位发生事故后，应立即启动相关应急预案，积极开展事故救援。

（八）生产安全事故管理

1. 事故报告

水利工程管理单位发生事故后，事故现场有关人员应立即报告本单位负责人。

事故单位负责人接到事故报告后，应在1小时之内向上级主管单位以及事故发生地县级以上水行政主管部门报告。

情况紧急时，事故现场有关人员可以直接向事故发生地县级以上水行政主管部门报告。有关单位和水行政主管部门也可以越级上报。

2. 事故调查和处理

水利工程管理单位发生事故后，应进行事故调查和处理工作包括：

（1）配合事故调查组调查、或组织事故调查并编制事故调查报告，事故调查应查明事故发生的时间、经过、原因和人员伤亡情况及直接经济损失，分析事故的直接、间接原因和事故责任，提出整改措施和处理建议。

（2）按照“四不放过”的原则，对事故责任人员进行责任追究，落实防范和整改措施。

（3）妥善处理伤亡人员的善后工作，并按照《工伤保险条例》（国务院令第586号）及有关规定办理工伤，及时申报工伤认定材料，并保存档案。

（4）建立完善的事故档案和事故管理台账，并定期对事故进行统计分析。

二、水库大坝安全管理

水库大坝安全管理内容主要有注册登记、安全鉴定、安全检查、安全监测、维护、除险加固、防汛管理、土坝白蚁防治等。

（一）水库大坝注册登记

按照《水库大坝安全管理条例》（国务院令第78号）和水利部发布的《水库大坝注册登记办法》（水政资〔1997〕538号）的要求，凡已建成投入运行符合注册登记要求的，水库大坝安全管理单位（无管理单位的由乡镇水利站）要到指定的注册登记机关申报注册登记。

通过注册登记，对水库的基本情况、产权现状、安全状况等逐一查清登记，建立档案。已注册登记的大坝完成扩建、改建的；或经批准升、降级的；或大坝隶属关系发生变化的，应在此后3个月内，向登记机构办理变更事项登记。

（二）水库大坝安全鉴定

《水库大坝安全管理条例》（国务院令第78号）第二十二条规定：大坝主管部门应当建立大坝定期安全检查、鉴定制度。另外，《水库大坝安全鉴定办法》（水建管〔2003〕271号）对水库大坝安全鉴定工作做了详细规定。

1. 职责划分

依据《水库大坝安全鉴定办法》（水建管〔2003〕271号），国务院水行政主管部门对全国的大坝安全鉴定工作实施监督管理，水利部大坝安全管理中心对全国的大坝安全鉴定工作进行技术指导，县级以上地方人民政府水行政主管部门对本行政区域内所辖的大坝安全鉴定工作实施监督管理，县级以上地方人民政府水行政主管部门和流域机构（以下称鉴定审定部门）按规定对大坝安全鉴定意见进行审定。

大型水库大坝和影响县城安全或坝高50m以上的中小型水库大坝由省、自治区、直辖市水行政主管部门组织鉴定；中型水库大坝和影响县城安全或坝高30m以上的小型水库大坝由地（市）或以上水行政主管部门组织鉴定；坝高15m以上或库容100万m^3以上的上述规定以外的其他小型水库大坝，由县或以上水行政主管部门组织鉴定；水利部直辖的水库大坝，由水利部或流域机构组织鉴定。

2. 安全鉴定时间

大坝建成投入运行后，首次安全鉴定应在竣工验收后5年内进行，以后应每隔6～10年进行一次，当遭遇特大洪水、强烈地震、工程发生重大事故或影响安全的异常现象后，应组织专门的安全鉴定。

3. 安全鉴定组织和程序

(1) 鉴定工作的组织。水库大坝安全鉴定委员会（小组）应由大坝主管部门的代表、水库法人单位的代表和从事水利水电专业技术工作的专家组成，并符合下列要求：

1）大型水库和影响县城安全或坝高50m以上中型水库的安全鉴定委员会（小组）一般由9名以上专家组成，其中高级技术职称的专家人数比例不少于6人。

2）其他中型水库和影响县城安全或坝高30m以上小型水库的大坝安全鉴定委员会（小组）一般由7名以上专家组成，其中高级职称专家不少于3名。

3）其他小型水库的大坝安全鉴定委员会（小组）一般由5名以上专家组成，其中高级职称专家不少于2名。

专家组应该包括大坝主管部门的技术负责人、大坝运行管理单位的技术负责人和有关运行管理单位的专家、有关设计和施工部门的专家、有关科研单位和高等院校的专家和有关大坝安全管理单位的专家，以及水文、地质、水工、机电、金属结构等各方面的专家，且大坝安全鉴定专家的资格应经上级大坝安全主管部门认可。

(2) 鉴定工作的程序。《水库大坝安全鉴定办法》（水建管〔2003〕271号）对大中型水库大坝的安全鉴定工作程序进行了明确规定，小型水库大坝则是参照、简化执行。

大坝安全鉴定包括大坝安全评价、大坝安全鉴定技术审查和大坝安全鉴定意见审定三个基本程序，具体为：

1）鉴定组织单位负责委托满足规定的大坝安全评价单位对大坝安全状况进行分析评价，并提出大坝安全评价报告和大坝安全鉴定报告书。

2）由鉴定审定部门或委托有关单位组织并主持召开大坝安全鉴定会，组织专家审查大坝安全评价报告，通过大坝安全鉴定报告书。

3）鉴定审定部门审定并印发大坝安全鉴定报告书。

4. 安全鉴定工作内容

大坝安全鉴定工作通常包括对大坝的实际状况的安全性的分析评价和现场安全检查。

大坝安全鉴定主管部门应组织设计、施工、运行单位，或委托大坝安全管理单位、科研单位、高等院校对大坝安全进行分析评价，提出报告。

大坝安全鉴定主管部门应组织现场安全检查。大坝安全鉴定过程中，发现尚需对工程补作探查或试验以进一步了解情况做出判断时，鉴定主管部门应根据议定的探查试验项目及其要求和时限，组织力量或委托有关单位进行。受委托单位应按要求提交探查、试验成果报告。

5. 安全鉴定成果

大坝安全鉴定委员会（小组）应该在对大坝安全进行分析评价和组织现场安全检查的基础上，认真审查、充分讨论，最后对大坝的安全状态做出综合评价，并评定大坝所处安全类别，提出安全鉴定报告书。

(三) 水库大坝安全检查

水库大坝的安全检查分为四类：日常巡视检查、年度详查、定期检查、特殊检查。安全检查主要是运用表面检查、内部检查、水下检查等方法，对坝体、坝肩、坝基、水库、附属工程及滑坡进行检查。水库大坝安全检查要求做到详细审查了解大坝有关技术资料、检查工作符合工程实际情况和特点、所有检查记录妥善存档。

1. 日常巡视检查

日常巡视检查是指有经验的大坝运行维护专业人员在现场对大坝建筑物及其附属设施和库区岸坡等进行的经常性的巡视、检查，通过这种连续监视观察，能及时发现异常迹象或变化。

日常巡视检查主要依靠人工或简单工具进行，其检查重点是坝体的渗水、侵蚀、渗坑、管涌、裂隙、位移、磨损、冲刷等运行不正常的轨迹。

2. 年度详查

年度详查是在每年汛期的汛前、汛后或枯水期、冰冻期对大坝及水库上下游进行的详细、全面的安全检查，通过检查了解防汛、防冻措施及运用条件对大坝的影响。

检查内容包括：分析观测资料数据；审阅检查大坝运行和维护记录等资料档案；对大坝各项设施进行全面或专项检查；提出大坝安全年度详查报告。这种检查要事先制定相应计划并做好相关准备，才能获得预期的效果。

3. 定期检查

定期检查是在定期进行的大坝安全鉴定过程中，由大坝安全鉴定主管部门组织，大坝运行管理单位配合大坝安全鉴定委员会（小组）对大坝实施全面检查和评价。在大坝竣工验收移交前应进行首次定期检查作为对大坝初步鉴定的依据，之后每隔6～10年进行一次。

定期检查不仅要对大坝及附属设备包括水下部分的工作情况进行全面彻底的检查，而且也要根据现行的技术标准和规程、规范对大坝的设计、施工和运行进行再评价，对大坝安全稳定情况进行鉴定。

4. 特殊检查

特殊检查是在坝区（或其附近）发生有感地震、大坝遭受大洪水、重大事故等《水库大坝安全管理条例》（国务院令第78号）规定的非常事件时，大坝主管部门组织对其所管辖的大坝的安全进行检查。通常特殊检查需要对大坝全面或对其某个特殊部位需要检查时才进行，因此检查难度比较大。

（四）大坝安全监测

大坝安全监测工作要始终贯穿于整个大坝建设、运行管理全过程。依据《土石坝安全监测技术规范》（SL 551—2012）、《混凝土坝安全监测技术规范》（SL 601—2013）我国土石坝和混凝土坝安全监测都分为可行性研究、初步设计、招标设计、施工、初期蓄水、运行6个主要阶段。

1. 土石坝各阶段安全监测内容

（1）可行性研究阶段。应提出安全监测系统的总体设计方案、主要监测项目、及其所需仪器设备数量和投资估算（约站主体建筑物总投资的1%～2.5%）。

（2）初步设计阶段。应细化安全监测系统的总体设计方案、检测项目及其布置，确定监测一起设施的具体数量和投资概算。对于Ⅰ等、Ⅱ等工程应单独提出工程安全监测设计专题报告。

（3）招标设计阶段。应提出监测系统布置图、仪器设施技术指标、监测工程量清单、安装埋设技术要求、监测频次以及工程预算。对于Ⅰ等、Ⅱ等工程应单独提出工程安全监测招标文件。

（4）施工阶段。应有设计单位提出施工详图和详细技术要求。施工单位应做好仪器设备的检验、率定、安装埋设、调试和保护；应安排专人进行监测工作，并保证监测设施完好及监测数据连续、准确、完整；应及时对监测资料进行整理、分析，评价施工期工程性状，提出施工阶段工程安全监测实施和资料分析报告。工程竣工验收时，实施单位应将监测设施和竣工图、埋设记录、施工期监测记录以及整理、分析等全部资料汇编成正式文件（包括电子档），移交管理单位。

（5）初期蓄水阶段。蓄水前应制定监测工作计划，拟定各监测项目基准值和主要的设计警戒值。开始蓄水时应加强监测，及时分析监测资料，并对工程工作状态做出评估，提出初期蓄水工程安全监测专题报告。

(6) 运行阶段。应进行日常及特殊情况下的监测工作，并做好监测设备的检查、维护、校正、更新、补充和完善。定期对监测资料进行整编、分析，作出运行阶段工程工作状态评估，并提出工程安全监测资料分析报告。

2. 混凝土坝各阶段安全监测内容

(1) 可行性研究阶段。提出安全监测规划方案，包括主要监测项目、仪器设备数量和投资估算。

(2) 初步设计阶段。提出安全监测总体设计，包括监测项目设置、断面选择及测点布置、监测仪器及设备选型与数量确定、投资概算。Ⅰ级、Ⅱ级或坝高超过 70m 的混凝土坝，应提出监测专题设计报告。

(3) 招标设计阶段。提出安全监测设计或招标文件，包括监测项目设置，断面选择及测点布置、仪器设备技术性能指标要求及清单、各监测仪器设施的安装技术要求、观测测次要求，资料整编及分析要求和投资预算等。

(4) 施工阶段。提出施工详图和技术要求；做好仪器设备的检验、埋设、安装、调试和保护工作，编写埋设记录和考证资料，及时取得初始（基准）值，固定专人监测，保证监测设施完好和监测数据连续、可靠、完整，并绘制竣工图和编制竣工报告；及时进行监测资料分析，编写施工期工程安全监测报告，评价施工期大坝安全状况，为施工提供决策依据。工程竣工验收时，应提出工程安全监测专题报告，对安全监测系统是否满足竣工验收要求作出评价。

(5) 初期蓄水阶段。首次蓄水前应制订监测工作计划，拟定监控指标。蓄水过程中应做好仪器监测和现场检查，及时分析监测资料，评价工程安全性态，提出初次蓄水工程安全监测专题报告，为初期蓄水提供依据。

(6) 运行阶段。按规范和设计要求开展监测工作，并做好监测设施的检查、维护、校正、更新、补充和完善。定期对监测资料定期整编和分析，编写监测报告，评价大坝的运行状态，提出工程安全监测资料分析报告，及时归档；发现异常情况应及时分析、判断；如分析或发现工程存在隐患，应立即上报主管部门。

(五) 水库大坝维护

水利部根据《水库大坝安全管理条例》（国务院令第 78 号）制定了两个关于水库大坝维护的技术标准，即《混凝土坝养护修理规程》（SL 230—1998）、《土石坝养护修理规程》（SL 210—1998）。在进行水库大坝维护作业时，应严格按照规程要求进行。

1. 混凝土坝维护

(1) 混凝土坝表面破损维修。遭受冻融破坏的混凝土采用凿旧补新的方法；遭受空蚀破坏的混凝土采用改变流态、改变体形、改进泄流方式等方法；碳化和钢筋锈蚀破坏的混凝土采用新材料、刷保护层、外加电流阴极等方法。

(2) 混凝土坝渗漏溶蚀的处理。点渗漏一般采用直接堵漏、下管堵漏、木楔堵漏或灌浆堵漏等方法；面渗漏常采用表面覆盖法，包括涂刷防水涂料、涂抹防渗层、粘贴（锚固）高分子防水片材、喷射混凝土（砂浆）、加设防渗面板或向混凝土内灌浆等措施；裂缝渗漏采用嵌填、粘贴、锚固、灌浆及补灌沥青等方法。

(3) 混凝土坝裂隙的处理。修补裂隙的方法有表面喷涂、贴补、填充、灌浆、锚固、沥青浇注防渗面板和特殊材料防护涂层等方法。

(4) 混凝土坝坝基缺陷的处理。针对坝基缺陷一般采用方法有：上游修筑连续防渗墙、防渗灌浆、固结灌浆、锚固、强夯、加强排水、加抗滑桩。

2. 土石坝维护

土石坝维护工作主要有护坡保养、防渗处理、滑坡处理、裂隙处理。

(1) 护坡保养。护坡保养应注意：保护草皮，及时整修和补充；坝顶、坡面坑洼及时平整处理，

保持排水坡度；及时更换风化、冻坏的护坡砌石；及时清理伸缩缝内的杂物，保持填料充足；及时修补坝体的排水沟、集水井、截水沟等排水设施的裂隙或损坏部位。

(2) 防渗处理。土石坝的防渗处理原则归结为“上截与下排”。上截指在坝轴线以上部位进行堵截渗漏途径，减少渗水量，包括垂直防渗和水平防渗两种型式。下排指将渗入到坝体或坝基的水在不带走颗粒的条件下通畅排到下游去，降低坝体浸润线，包括采用反滤和导渗两方面。

(3) 滑坡处理。土石坝滑坡的处理方法有开挖回填、防渗加固、放缓坝体压重坡脚等方法。

受地震作用发生滑坡的大坝，对滑坡体的处理必须彻底，满足设计地震时抗滑能力。一般是放空水库将滑动体全部开挖清除，重新建造坝面。

(4) 裂隙处理。土石坝产生裂缝后一定要及时处理，控制发展，避免造成重大损失。目前处理土石坝裂缝的方法有开挖回填、坝体充填灌浆、坝体劈裂灌浆。

3. 引水、泄水建筑物维护

引水、泄水建筑物维护的主要内容有：

(1) 防止污物破坏洞口结构和堵塞取水设备。

(2) 经常清理隧洞进口附近的漂浮物。

(3) 在寒冷地区采取有效的防冰措施，避免洞口结冰破坏。

(4) 隧洞放空后，冬季在出口要做好保温。

(5) 运用中避免隧洞内出现不稳定流态。

(6) 发电输水洞每次冲泄水过程尽量缓慢，以免洞内出现超压、负压或水锤而引起破坏。发现局部的衬砌裂缝、漏水等，应及时封堵以免扩大。对放空有困难的隧洞，要加强平时的观测与外部观察，观察隧洞沿线内水和外水水压力是否异常。

(7) 对不衬砌隧洞要检查洞壁岩石是否被水流冲刷而引起局部岩块松动。

(8) 对一些松动和阻水的岩石要清除并作处理。对发电不衬砌隧洞的积渣要及时清理。

4. 闸门、启闭机维护

闸门在运行过程中可能出现裂缝、漏水等情况，启闭机可能有零部件松动、脱落等现象，而闸门和启闭机的附属设施可能出现老化，水工结构可能出现裂缝、剥蚀、老化等情况。在闸门维护工作中，要做好闸门的零部件润滑、门槽清理，注意冬季结冰维护等。在启闭机维护工作中，要注意电气设备清洁、防潮、润滑工作，及时检查零部件的有效性，定期做负荷校验。另外在闸门和启闭机维护工作中，要注意做好各种结构的防腐处理。

(六) 水库大坝除险加固

水利部在2005年出台了《病险水库除险加固工程项目建设管理办法》(发改办农经〔2005〕806号)，对病险水库除险加固工程的项目建设和资金的管理提出了明确要求，对安全鉴定、项目申报等前期工作做了明确规定。

1. 安全鉴定核查

中央补助投资的病险水库，必须按照有关规定将安全鉴定成果报水利部大坝安全管理中心及相应的核查承担单位（水利部大坝安全管理中心、建设管理与质量安全中心、水利水电规划设计总院江河水利水电咨询中心、中国水利水电科学研究院、长江水利委员会长江勘测规划设计研究院水利水电病险工程治理咨询研究中心五家单位之一）。由核查承担单位核查后提出安全鉴定成果核查意见，经水利部大坝安全管理中心确认后印送地方。安全鉴定成果核查意见必须具体指出大坝病险的部位、程度和成因，不得涉及与大坝安全无关的内容。

2. 项目审批

病险水库必须进行安全评价和安全鉴定，并在履行建设程序后安排开工建设。

总投资2亿元（含2亿元）以上或总库容在10亿m^3（含10亿m^3）以上的病险水库除险加固工

程，必须编制可行性研究报告，在此项工作中，要充分论证加固的必要性，根据大坝安全鉴定成果核查意见明确建设内容，可行性研究报告由水利部提出审查意见后报国家发展和改革委员会审批。要严格按照经批准的可行性研究报告确定的建设规模和内容编制初步设计，初步设计的建设内容要与安全鉴定成果核查意见指出的问题相对应，超出安全鉴定成果核查意见的建设任务，一律不得列入初步设计的建设内容。初步设计在其概算经国家发展和改革委员会核定后，由水利部审批。

总投资 2 亿元以下且总库容在 10 亿 m^3 以下的大中型病险水库，可直接编制初步设计，初步设计编制要求同上所述。其中：初步设计由省级水行政主管部门提出初步审查意见，经流域机构复核后，由省级发展改革部门审批，抄送水利部和国家发展和改革委员会备案。

其他病险水库除险加固工程的审批程序，由省级发展改革部门和省级水行政主管部门协商确定。

3. 项目和计划申报

病险水库除险加固项目和年度计划要按照管理权限逐级申报，由省级发展改革部门、水行政主管部门共同审查后，联合上报国家发展和改革委员会和水利部。申报项目和年度计划应提交以下文件和材料：

(1) 大坝安全鉴定书和水利部大坝安全管理中心出具的安全鉴定成果核查意见报告。

(2) 初步设计批复文件。

(3) 地方各级政府有关部门对建设投资的承诺文件。

(4) 水库管理体制改革实施方案和进度。

(5) 水库除险加固工程所在地政府及主管部门、水库管理单位责任人名单。

(6) 病险水库除险加固项目年度建设投资计划建议。

(七) 水库大坝防汛管理

对于水库大坝的防汛管理，《中华人民共和国防汛条例》(国务院令第 441 号)、《水库大坝安全管理条例》(国务院令第 78 号) 和《小型水库安全管理办法》(水安监〔2010〕200 号) 都有具体规定。

1. 度汛措施和汛前检查

为了安全度汛，必须做好汛前的准备工作，主要是做好汛前检查和编制安全可靠的度汛措施。

(1) 汛前防汛安全检查。大坝是最主要的防汛设施，为保证度汛安全，在汛期对大坝的安全观测设备要全面检查、维护。检查发现的问题要及时处理，逐步完善大坝的监测系统，提高自动化水平。在汛前对大坝进行一次全面观测，对观测成果及时进行整理分析，提出大坝安全状况的报告，作为大坝汛期运用的依据。

(2) 编制度汛措施。根据汛前进行的水工建筑物检查、大坝汛前全面观测和水情预报结果，编写当年的度汛措施。度汛措施主要内容有：

1) 防汛工作领导小组及相应的巡回检查组和设备抢修组。

2) 水库流域水情报汛措施、水库的洪水预报方案和洪水调度方案。

3) 泄洪闸门汛期的操作方式。

4) 汛期抢险方案及物资准备。

根据《中华人民共和国防汛条例》(国务院令第 441 号) 的规定，水库管理部门，要根据工程规划、经批准的防御洪水方案和洪水调度方案以及工程实际状况，在兴利服从防洪、保证安全的前提下，制定汛期调度运用计划，经上级主管部门审查批准后，报有管辖权的人民政府防汛指挥部备案，并接受其监督。

2. 水库防洪调度

在防汛管理中，水库防汛调度是责任重大、工作繁忙的一项任务，该项工作涉及到企业与地方的关系、发电与防洪的利益、水库上游和下游的安全。

(1) 水库防洪调度的原则有：

1）贯彻“以防为主”的方针，遇设计标准洪水时不垮坝、不漫坝、不淹厂房。遇超标准洪水时有应急措施，使损失减少到最低限度。

2）调度过程中要注意防洪与发电的关系，当防洪与发电矛盾时，发电要服从防洪。

（2）防洪调度方案的审查应做到：汛期水库的调节方案由管理部门提出，经主管单位审查后，报有决策权的防汛指挥部备案。水库大坝管理部门或水库大坝运行单位按防汛指挥部门的决策命令进行泄洪闸门操作时，要及时通报有关部门。

（3）水库大坝运行单位在防洪调度中应做好的工作：

1）保证流域水情及时可靠，水库大坝运行单位要根据需要建立和完善水情自动测报系统，及时掌握流域降雨的强度及分布。重要水库还应与地方水文、气象部门联系，多方收集水情资料，以保证水情及时可靠。同时及时向上级主管部门及有关防汛指挥部门报汛。

2）提高水情预报人员素质，掌握水库流域地形、地貌以及人为活动特点，利用先进预报手段，提高水情预报的精度，使之达到80%以上。延长预见区，缩短决策时间，减少洪灾损失。

3）在泄洪时，水库大坝运行单位要严格执行调度命令，按批准的调度方案进行洪水调度，按规程规定的程序操作闸门。

4）建立超标准洪水的保坝抢险措施。编制抢险措施，除充分调度本厂的力量外，还要依靠地方政府，准备抢险物资及抢险时的交通运输工具。依靠附近驻军和民兵，组织抢险队伍，汛前做好训练和演习。

5）汛期遭遇严峻水情，危及大坝的安全，来不及或无法与上级决策部门联系时，水库大坝运行单位可按已批准的度汛方案，调洪泄洪，采取非常措施，确保大坝安全，并通过一切可行途径通知下游地方政府和有关部门。

6）汛后编写水库大坝运行单位度汛大事记，并及时做出防汛工作总结，提出改进意见，上报主管单位。

（八）土坝白蚁防治

《土石坝养护修理规程》（SL 210—1998）规定，每年至少进行一次白蚁危害普查，绘制白蚁分布图，存档备用。在白蚁防治工作中，要摸清楚白蚁的习性，然后采取相应预防和灭杀措施。

1. 土坝白蚁的活动与分布规律

白蚁活动具有季节性，一般集中在春季和秋季。炎热的夏季，土温度达30℃时，白蚁停止活动，寒冬季节，白蚁全部集中在主副巢里，停止外出活动。白蚁主要的分布区域有：迎水坡、浸润线或常年蓄水位以上坝体、坝角外河床两岸；坝附近有桉树、松树、枯木以及杂草丛生的地方；早期修建或蓄水浅的土坝。

2. 土坝白蚁的防治

（1）土坝白蚁的预防。白蚁防治工作，必须坚持“以防为主、防治结合、综合治理”，做好以下工作：

1）清基工作。在土坝加高培厚时，施工前对土坝及大坝周围都要认真进行检查和灭治工作。

2）消灭有翅成虫。繁殖蚁纷飞季节，利用它们的趋光特性（向有亮的地方扑），在大坝两端一定距离以外的位置设灯光诱杀，减少新群体发生，但灯光不能离坝太近。

3）加强工程管理。土坝及其周边要严格管理，不在土坝上晒柴草、堆放木材等；不在坝体附近筑坟、盖牲畜窝棚、建厕所等；不在坝体及周边种植桉树、松树等白蚁喜食植物。白蚁纷飞期严格控制土坝及周边的灯光，以免招来有翅成虫繁殖。

同时，要采取一切有效措施，减小能飞临土坝周围几百米范围内孳生地的白蚁上坝的机会。

（2）土坝白蚁的治理。白蚁治理工作与白蚁预防工作要结合起来，做到标本兼治。一般白蚁治理工作分为三个环节，即寻找巢穴、灭杀白蚁、灌填。

1）寻找巢穴。在白蚁活动旺盛时期，地表特征会比较明显，此时应组织人员上坝查找泥线、泥被、分群孔。当难以发现时，可以因地制宜，挖引诱坑，并在坑内放些白蚁喜食的食料或者放引诱包、引诱堆等，引诱白蚁前来觅食，进而发现蚁路，通过追挖找到蚁巢；另外利用锥探，或顺着鸡枞菌、三踏菌等往下挖，也可以发现蚁巢。

2）灭杀白蚁。现行常见的灭杀白蚁办法有用药物毒杀、挖穴取巢。其中采用药物（灭蚁灵）灭杀不受季节限制，操作简单、成本低，是常用毒杀方法。挖巢灭蚁回填夯实是一种传统而又有效彻底的方法，但这种方法用工量大，应在非汛期进行。

3）灌填。虽然白蚁被灭杀，但是由于白蚁活动产生的巢穴、蚁道等有可能或已经成为漏水通道，因此在灭杀白蚁后要及时对坝体内的隐患进行处理，防患于未然。

三、河道堤防安全管理

中国传统的习惯是把河道与其相对应的堤防结合在一起统一管理，所以堤防管理体制与河道管理体制是一致的。

堤防工程是以堤防为主，是由堤岸防护工程、交叉连接建筑物和管理设施等组成的工程总称。

（一）河道安全管理

河道安全管理工作，应注意以下事项：

（1）未经批准，不得在河道、洪道、河滩、分蓄洪区任意修筑拦河闸、坝、码头、仓库、工厂、桥梁、船台、货栈、泵房、管道、房屋、围墙、高渠、高路、立窑、木排挂桩等建筑物。确需修建、改建的，要事先征得水利部门同意，在通航河流上，并需征得交通部门同意，然后编报设计文件，按规定程序报经上级有关主管部门批准，方能施工（在边界河道修建工程时，还需经边界双方协商，取得协议）。已修建的，如影响行洪、排涝、调蓄或改变水流流势而影响防洪安全的，由原建单位负责清除。因修建工程而造成崩岸的，由建设单位负责出资护岸。

（2）在主航道上任何单位或个人都不得任意设钩张网捕鱼、设网拦鱼，已设的应予拆除。

（3）禁止在河道、湖泊及河道滩地、分洪道、分洪区圈圩垦殖或堵河并圩，特殊需要者，应经相关部门同意，通航河流应经交通部门同意，并报经省级人民政府批准。对擅自圈圩垦殖的，必须由原建单位彻底平毁。

（4）除在规定范围内种植的防浪林、护堤林外，严禁在河道的行洪滩地植树造林、种植芦苇等阻水植物。

（5）严禁向河道、湖泊倾倒矿渣、灰渣、垃圾等杂物和排放超过国家规定标准的污水，违者，按《中华人民共和国环境保护法》以及有关环境保护的规定处理。

（6）禁止任何单位、个人侵占或破坏水流、滩涂和沙石等自然资源。为确保河道堤防的安全，任何单位或个人不得任意在行洪滩地挖沙、挖卵石、取土和乱堆砂石料。开采砂石，应与河道整治相结合，由河道堤防管理单位指定范围进行开采，凡影响航运的，并需征得交通部门同意。

（二）堤防安全管理

堤防安全管理工作，应注意以下事项：

（1）堤防工程应按统一规划的桩号埋设里程桩，沿堤县、区、乡（社）均应划分堤段，树立界牌，明确管理责任，认真做好常年维修养护及洪水的调度运用，在规定的抗洪标准内，应保证行洪安全。

（2）严禁在堤身植树、种作物、铲草皮、堆放物资或进行其他有损堤身完整、安全的活动。严禁在圩堤、涵闸、丁坝、防洪墙附近爆破。严禁在河、湖、水库等一切水域炸鱼。

（3）新建穿堤建筑物，须经圩堤主管部门同意，并报上级水利主管部门批准后施工。修建跨越堤顶的道路时，必须另行填筑坡道，严禁挖堤通过。

（4）禁止履带式车辆在堤上行驶，堤顶一般不做公路，如确需利用堤顶做公路，应经圩堤主管部

门同意，由有关部门加铺路面，并负责维修养护，如遇防汛或加高加固堤防时，公路应服从堤防需要。未铺路面的堤顶，除防汛车辆外，其他机动车辆不得通行。

（5）保护堤防的水文、观测设施、测量标志、报警设备、防洪哨棚、通讯照明设备、防汛物资和护坡、护岸设施，任何单位或个人不得毁坏，不准侵占和偷盗，违者除赔偿损失、处以罚款外，并视情节轻重依法处理。

（6）涵闸、船闸、分洪闸要指定专人负责管理，按照运行规程进行操作。重大分洪工程，根据分管权限，除防汛指挥部门有权下达分洪命令外，其他任何单位和个人不得自行或干预闸门启闭。船舶通过船闸，应执行管理单位的有关规定。

（三）堤防工程维修养护

堤防维修养护任务总要求是：对堤防进行经常保养和防护，及时处理表面缺损，保持堤防的完整、安全和正常运用；做到堤顶饱满平坦，无水沟浪窝、残缺陷坑、无明显坑凹及波浪状的起伏，通车状况良好，雨后无积水；堤坡平整无冲沟、无洞穴、无杂物、无高秆杂草、杂条，备防土堆放置规整，及时养护；堤身生物覆盖率达到标准，生长旺盛；堤肩草皮纯、旺、齐，防浪林生长茂盛，行、株距适宜，形成生物防护体系，防浪防冲效果好；各种设施、标志完好，公里桩、界桩等标志齐全、规范、醒目。

1. 堤顶维修养护

（1）堤顶、堤肩、道口等的维修养护应做到平整、坚实、无杂草、无弃物。

（2）堤顶维修养护应做到堤线顺直、饱满平坦，无车槽，无明显凹陷、起伏，平均每5m长堤段纵向高差不应大于0.1m。土质的堤顶面层结构严重受损，应刨毛、洒水、补土、刮平、压实，按原设计标准修复。

（3）堤顶保持向一侧或两侧倾斜，坡度宜保持在2%～3%。

（4）堤肩养护应做到无明显坑洼，堤肩线平顺规整，堤肩宜植草防护。

（5）未硬化堤顶的养护应符合下列要求：

1）堤顶泥泞期间，及时关闭护路杆（拦车卡），排除积水；雨后及时对堤顶洼坑进行补土垫平、夯实。

2）旱季应对堤顶洒水养护。

（6）硬化堤顶参照公路的有关规定养护。

2. 堤坡维修养护

（1）堤坡应保持设计坡度，坡面平顺，无雨淋沟、陡坎、洞穴、陷坑、杂物等。

（2）平台应保持设计宽度，平面平整，平台内外缘高度差符合设计要求。

（3）堤坡、平台出现局部残缺和雨淋沟等，应按原标准修复，所用土料应符合筑堤土料要求，并进行夯实、刮平处理。

（4）堤脚线应保持连续、清晰。

（5）上下堤坡道、路口应保持顺直、平整，无沟坎、凹陷、残缺，禁止削堤为路。

（6）土质坡面宜植草覆盖，背水侧堤坡的草皮覆盖率达到95%以上。

（7）及时维修排水沟，防止雨水冲蚀堤坝工程。

3. 护坡维修养护

（1）散抛石、砌石、混凝土护坡养护应保持坡面平顺、砌块完好、砌缝紧密，无松动、塌陷、脱落、架空等现象，无杂草、杂物，保持坡面整洁完好。

（2）散抛块石护坡养护应做到坡面无明显凸凹现象；出现局部凹陷，应抛石修整排平，恢复原状。

（3）干砌石护坡养护应做到填补、整修变形或损坏的块石，更换风化或冻毁的块石，并嵌砌紧密；护坡局部塌陷或垫层被淘刷，应先翻出块石，恢复土体和垫层，再将块石嵌砌紧密。

(4) 混凝土或浆砌石护坡养护应符合下列要求：定期清理护坡表面杂物；变形缝内填料流失应及时填补，填补前将缝内杂物清除干净；浆砌石的灰缝脱落应及时修补，修补时将缝口剔清刷净，修补后洒水养护；护坡局部发生侵蚀剥落或破碎，应采用水泥砂浆进行抹补、喷浆处理；破碎面较大且有垫层淘刷、砌体架空现象的，应填塞石料进行临时性处理，岁修时彻底整修。排水孔堵塞，应及时疏通。护坡局部出现裂缝，应加强观测，判别裂缝成因，进行处理。

4. 防洪墙（堤）、防浪墙养护

(1) 防洪墙（堤）、防浪墙表面的杂草和杂物应及时清除。

(2) 变形缝内流失的填料应及时填补，填补前应将缝内的杂物清除干净，浆砌石防浪墙沟缝损坏应及时修补。

(3) 钢筋混凝土防洪墙（堤）、防浪墙表面发生轻微的侵蚀剥落或破碎，应采用涂料涂层防护或用水泥砂浆等材料进行表面修补。

(4) 防洪墙（堤）附近地面发现水沟、坑洼应及时填平。

5. 排水设施维修养护

清除排水沟内的淤泥、杂物及冰塞，确保排水体系畅通；排渗沟保护层损坏，应及时恢复。

6. 护堤地养护

(1) 护堤地的养护应做到边界明确，地面平整，无杂物。

(2) 护堤地有界埂或界沟的，应保持其规整、无杂草。界埂出现残缺应及时修复，界沟阻塞应及时清理，有巡查便道的应保持畅通。

(3) 护堤地宜种植护堤林带，其养护应符合有关规定。

四、水闸工程运行安全管理

水闸是一种控制水位调节流量，具有挡水、泄水双重作用的低水头水工建筑物。水闸工程在防洪排涝、供水灌溉、挡潮、航运、发电和生态环境保护等方面占有重要的地位。

水闸工程安全管理的主要内容有：水闸安全鉴定、水闸安全检查、水闸运行安全管理、水闸维修养护。

(一) 水闸安全鉴定

水闸实行定期安全鉴定制度。首次安全鉴定应在竣工验收后5年内进行，以后应每隔10年进行1次全面安全鉴定。运行中遭遇超标准洪水、强烈地震、增水高度超过校核潮位的风暴潮、工程发生重大事故后，应及时进行安全检查，如出现影响安全的异常现象的，应及时进行安全鉴定。闸门等单项工程达到折旧年限，应按有关规定和规范适时进行单项安全鉴定。

1. 水闸安全鉴定基本程序

水闸安全鉴定包括水闸安全评价、水闸安全评价成果审查和水闸安全鉴定报告书审查三个程序。

2. 水闸安全鉴定工作内容

水闸安全鉴定工作内容应按照《水闸安全鉴定规定》(SL 214—1998) 的规定执行，工作内容包括现状调查、现场安全检测、工程复核计算、安全评价等。

3. 水闸管理单位的职责

(1) 制定水闸安全鉴定工作计划。

(2) 委托鉴定承担单位进行水闸安全评价工作。

(3) 进行工程现状调查。

(4) 向鉴定承担单位提供必要的基础资料。

(5) 筹措水闸安全鉴定经费。

(6) 其他相关职责。

（二）水闸安全检查

水闸检查观测的主要任务有：

（1）监视工情、水情、水流状态，掌握其变化规律，为正确管理水闸工程提供科学依据。

（2）及时发现异常现象，分析原因，采取措施，防止发生事故。

（3）通过检查观测及安全检测、鉴定，为水闸修理、加固、改建提供依据。

（4）验证水闸规划、设计、施工及科研成果，为发展水利科学技术提供资料。

水闸安全检查分经常检查、定期检查、特殊检查和安全鉴定。

水闸观测项目由设计确定，分为必须观测项目和专门观测项目。设计未作规定的，根据工情发展，确需增设的观测项目，应报上级主管部门。

（三）水闸运行安全管理

水闸控制运用，是通过有目的的启闭闸门、调节水位、控制流量、发挥水闸作用的重要工作。水闸工程管理单位按上级主管部门的调度指令控制运行，或综合考虑有关部门的要求，结合工程具体情况，并参照历史水文规律、已有运行经验及当年水情预报等，在水闸设计控制运用指标内，做好泄洪、分洪、灌溉、排涝、供水、冲沙、挡潮等运行操作。

按水闸设计的工程特征值，结合工程现状，确定水闸控制运用的依据，包括上、下游最高、低水位；最大过闸流量及相应的单宽流量；最大水位差；下游河道的安全泄量；兴利水位和流量等。

（四）水闸维修养护

为保证工程和设备（设施）整洁完整、安全运用、操作自如，水闸工程管理单位必须对水闸工程进行养护修理。养护修理分养护、岁修、大修和抢修。一般情况下，水闸管理单位只能完成养护，岁修；紧急情况下，积极参与抢修；大修属加固范畴，水闸工程管理单位应积极向上级主管部门申报，项目批准后，参与（或组织）大修工程实施。

五、泵站工程运行安全管理

泵站工程是利用机电提水设备及其配套建筑物，增加水流能量，使其满足兴利除害要求的综合性工程。泵站工程安全管理主要包括泵站安全鉴定、泵站运行安全管理、泵站维修安全管理等。

（一）泵站安全鉴定

《泵站安全鉴定规程》（SL 316—2004）对泵站安全鉴定的范围、条件、程序等做了详细规定。

1. 泵站安全鉴定范围

安全鉴定范围包括：泵房及进、出水侧工作桥，进、出水建筑物，主机组、电气设备、辅助设备、金属结构、压力管道、计算机监控系统和属于泵站管理的变、配电设备等。

2. 泵站安全鉴定条件

凡达到下列条件之一时，应申请全面安全鉴定或专项安全鉴定。

（1）投入运行达到25年及以上。

（2）建筑物发生较大病情、险情。

（3）主机组、其他主要机电设备状态恶化。

（4）列入更新改造计划。

（5）规划的水情、工情发生较大变化，而影响泵站安全运行。

（6）泵站遭遇超标准设计洪水、强烈地震或运行中发生建筑物和机电设备重大事故。

3. 泵站安全鉴定程序

泵站安全鉴定程序为：现状调查分析、现场安全检测、工程复核计算分析、安全评价和安全鉴定工作总结。

4. 泵站管理单位的职责

在泵站安全鉴定工作中，泵站管理单位应当承担以下职责：

(1) 提出安全鉴定工作计划。

(2) 进行工程现状调查分析，并为安全鉴定提供必要的数据和资料。

(3) 委托有关单位进行现场安全检测和工程复核计算分析，并做好现场配合工作；在鉴定过程中发现尚需补充检测或复核计算分析工作时，及时组织实施。

(4) 配合安全鉴定专家组工作。

(5) 编写安全鉴定工作总结。

(二) 泵站运行安全管理

为了确保泵站运行安全，管理单位应加强以下两个方面的工作。

1. 加强安全管理制度建设

保障泵站运行安全，必须要有一套完整的运行安全管理制度体系。主要包括：运行值班制度，交接班制度，巡回检查制度，安全防火制度，设备与工程防冻防冰维护管理制度，泵站建筑物沉降、位移观测制度，进、出水池流态、淤积及冲刷观测制度，安全保卫制度，安全技术教育与考核制度，事故应急处理制度，事故调查与报告制度，泵房清洁卫生制度。

2. 严格作业安全管理

为了保证作业安全，作业人员应填写操作票和工作票，明确工作内容和防范措施等安全事项以及工作负责人、值班负责人的安全责任。另外，还应注意以下事项：

(1) 泵站运行期间单人负责电气设备值班时不得单独从事修理工作。

(2) 高压设备无论是否带电，值班人员不得单独移开或翻越遮栏。若有必要移开遮栏时，必须有监护人在场监护，并与高压设备保持一定的安全距离。

(3) 雷雨天气需要巡视室外高压设备时，应穿绝缘靴，并不得靠近避雷器和避雷针。

(4) 高压设备发生接地时，在室内距故障点 4m、在室外距故障点 8m 的区域为带电危险区。进入上述区域的人员必须穿绝缘靴，接触设备的外壳和架构时，应戴绝缘手套。

(5) 遇有电气设备着火时，应立即将有关设备的电源切断，然后进行灭火。对带电设备应使用干式灭火器、二氧化碳灭火器或四氯化碳灭火器等，不得使用泡沫灭火器灭火。对注油设备可使用泡沫灭火器或干沙等灭火。

(6) 在屋外变电所和高压室内搬动梯子、管子等长条形物件，应平放搬运，并与带电部分保持足够的安全距离。在带电设备周围严禁使用钢卷尺、皮卷尺和线尺（夹有金属丝者）进行测量工作。

(7) 旋转机械外露的旋转体应设安全护罩。

(三) 泵站维修安全管理

为了保证泵站维修安全，进行泵站检修作业时，应注意以下事项：

(1) 检修设备前，必须把各方面的电源完全断开。与停电设备有关的变压器和电压互感器，必须从高、低压两侧断开，防止向停电检修设备反送电。

(2) 当验明设备确无电压后，应立即将检修设备接地并三相短路。装设接地线必须由两人进行，接地线必须先接接地端，后接导体端。拆接地线的顺序相反。装、拆接地线均应使用绝缘棒或绝缘手套。

(3) 在全部停电或部分停电对机械及电气设备进行检修时，必须停电、验电、装设接地线，并应在相关刀闸和相关地点悬挂标示牌和装设临时遮栏。标示牌的悬挂和拆除应按检修命令执行，严禁在工作中移动或拆除遮拦、接地线和标示牌。

(4) 使用喷灯时，火焰与带电部分必须保持一定距离。电压在 10kV 及以下者，不得小于 1.5m；电压在 10kV 以上者，不得小于 3m。不得在带电导线、带电设备、变压器油开关附近喷灯点火。

(5) 进入高空作业现场应戴安全帽。登高作业人员必须使用安全带。高处工作传递物件不得上下

抛掷。

（6）雷电时，禁止在室外变电所或室内架空引入线上进行检修和试验。

（7）电气绝缘工具应在专用房间存放，由专人管理，并按相关规定进行试验。

（8）电气登高作业安全工具应按相关规定进行试验。

（9）室内电气设备、电力和通信线路应有防火、防鸟、防鼠等措施，并应经常巡视检查。

六、灌区工程运行安全管理

灌区工程是一个综合性的工程，包括渠首工程、灌排渠道、渠系建筑物以及灌区各种附属建筑和设备。灌区工程运行安全管理主要包括日常安全管理、运行安全管理、工程维护等。

（一）灌区日常安全管理

灌区日常安全管理工作包括：

（1）建立健全的安全生产规章制度，形成用制度管理安全生产的机制，通过制度规范引导全体员工的行为，做到安全生产有章可循。

（2）建立灌区工程安全巡视检查制度，对灌区工程进行定期巡视，重点管理对象重点检查。

（3）建立安全生产责任制度，明确员工的安全生产责任，明确责任考核事项，采取签订责任状等形式，提高员工安全生产责任意识，促进安全生产。

（4）做好灌区工程保护工作，严禁任何单位和个人实施下列危害工程安全的行为：

1）擅自新建、改建、扩建各类工程，布设机泵、虹吸管等设施。

2）爆破、采石、取土、放牧、垦殖、打井、挖洞、开沟、建窑及毁坏林木。

3）毁坏灌区工程及其附属设施。

4）擅自开启灌区工程的闸门、机泵，自行引水、堵水。

5）在水渠内设置阻水渔具。

6）在水域内清洗车辆、容器，浸泡麻类等植物。

7）向渠道及灌区水源内排放污水、废液，倾倒工业废渣、垃圾等废弃物。

8）在渠堤行驶履带车辆、超重车辆。

（5）针对突发性重大事件制定应急处理预案和相应的处理方案或计划，做到有计划地对工程隐患进行检查、清除。

（6）落实防汛责任制，做到防汛岗位责任明确、防汛组织机构健全；设立防汛抢险机动队伍；制定周密、措施得力的防汛预案计划；准备充足的抢险工具、物资。

（二）灌区运行安全管理

灌区管理机构应当设置量水设施和观测设施，做好水量、水情、水质、墒情、土壤盐分、泥沙淤积和地下水位测报工作。必要时要采取泥沙处理措施，避免泥沙淤积。

建立灌区工程检查制度，包括灌溉前、后的定期检查，灌溉期间的经常检查。同时详细记载和分析检查情况，按年度整理后存入技术档案。对于在“三大检查”中发现的安全隐患，要及时清除。不能及时处理的，要制定相应处理方案或计划，并报告上级管理机构。

（三）灌区工程维护

灌区工程的维护要做好以下工作：

（1）制定工程管理养护办法。

（2）对重要工程设施建立检查观测制度，定期检查观测。

（3）渠道和建筑物要经常进行维修养护，做好岁修、清淤等工作。

（4）加强排水系统的管理，保持渠沟设计断面，保证排水畅通，控制地下水位，防治土壤次生盐碱化等。

（5）要做好灌区保护范围内植被保护工作，禁止在渠堤上乱砍滥伐，禁止过度放牧，禁止垦殖、铲草等。

第三节　其他水利安全管理

一、农村水电站安全管理

（一）安全生产管理日常工作

农村水电站安全生产管理日常工作包括以下内容：

（1）搞好班前安全日活动。

（2）开好班前会和班后会。

（3）定期召开安全分析会。

（4）认真做好安全检查。

（5）编写安全简报、通报、快报。

（6）做好职工的安全教育和技术培训。

（二）危险性预测及危险点控制

1. 危险性预测

（1）了解以往发生的事故和同类系统发生过的事故，加以汇集和总结，以便对现在生产系统状况分析会不会发生类似事故或新的事故。

（2）对生产系统进行全面的危险性分析，找出危险因素及危险转化条件。

（3）制定防范和控制对策。分析危险性时一定要考虑仔细全面，不能遗漏。制定的防范和控制措施要有针对性、实用性。

2. 危险点控制

危险点是指容易发生重大火灾、爆炸等严重事故和人身、设备事故的场所及部位。危险点控制管理是从企业生产特点及使用物质危险性的实际情况出发，对生产过程中的要害部位、薄弱环节进行重点控制和管理，保证企业安全生产。如表5-1所示为水电站主要危险点示例。

表5-1　水电站主要危险点示例

危　险　点	事故发生后果	安全管理要点
炸药库	爆炸引起火灾及人身伤亡	炸药库应远离人群、住宅、建筑物和生产场所；应设置隔离防爆措施
油库	爆炸引起火灾及人身伤亡	油库应远离人群、住宅、建筑物；布设隔离防爆措施，并有排险与灭火措施
有毒药物	流散或被人盗用后果不堪设想	专人专库保管，严格领用制度
高压带电设备	触电伤亡事故	围栏牢固，安全距离符合要求；严格执行工作票、操作票，加强值班人员安全教育，悬挂"止步，高压危险！"等标识牌
楼梯口、高平台等	高处坠落事故	高层平台非工作人员严禁攀登；楼梯口保持畅通，禁放杂物，照明充足；栏杆完好，坑口加设盖板；临时楼梯应有防滑措施
氧气瓶、乙炔瓶	爆炸伤人	氧气瓶防止暴晒烘烤和接近火源，搬运时不能撞击；乙炔瓶要有可靠地回火装置，使用时遵守安全规程
雷雨时避雷针下	雷电放电造成人畜电击伤亡	加强防雷知识宣传，设置明显的警示标志
大型机组检修时，水轮机蜗壳内	工作人员发生憋气、晕厥、撞伤、滑跌、麻电、溺水	严加防护，有通信联络设备，有可靠的照明及救护设备

（三）农网无人值班、少人值守变电所（电站）运行管理

农网无人值班、少人值守变电所（电站）应对相关人员的职责进行明确，狠抓运行维护管理和电网调度管理工作。

1. 明确管理职责

应对变电所（电站）远方值班员、调度值班员、巡视操作班的职责进行明确规定，使相关人员正确掌握相关运行要求、调度要求、作业要求，认真做到安全运行、安全调度、安全作业。

2. 运行维护安全管理

运行维护的作业内容主要有设备巡视、遥控操作、现场操作、运行分析、异常处理。

设备巡视工作由巡视操作班负责。要求巡视员按规定时间认真巡视，并认真记录巡视时间、巡视内容、发现问题等。但不允许巡视员对运行设备进行维修作业。

遥控操作应严格按照规定的顺序进行，实行一人操作，一人监护，两人分别输入密码的方式。操作员必须熟悉操作内容，操作前应填写遥控、遥调操作票，作业完毕后检查遥信、遥测及负荷的正确性。当设备异常时，禁止操作，并要填写调度日志。连续两次遥控失败时，禁止再次进行遥控操作，应立即通知有关人员进行检查。

现场操作人员必须是经考试合格经上级批准公布名单的操作人和监护人。现场操作实行一人操作，一人监护，操作结束后及时向调度值班员汇报。

对运行设备运行情况进行定期和不定期分析，及时发现、处理设备缺陷和异常情况，保障设备安全运行。

远方值班员发现运行异常时，应立即通知巡视检查班。巡视检查班检查有关设备，并将检查结果报告调度及运行主管部门，巡视检查中发现设备运行异常，应立即报告调度和运行主管部门。调度自动化装置运行异常或遇异常恶劣天气时，可恢复人员值班。

3. 电网调度安全管理

电网调度的基本要求包括：

（1）监视电网的运行情况，及时记录，并与相关人员核对。

（2）采集和打印负荷、电压、有功及无功电量、故障信号，并按要求提供给有关部门。

（3）及时处理发现的异常情况。

（4）交接班时发生事故和异常情况，由交班人员处理，接班人员积极配合。

（5）严格按交接班制度进行交接，对变电所（电站）遥信信号进行核对和验收，各种声光信号应该反应无误。

调度值班员应根据远动系统发出的事故报警、遥测数据的变化，正确判断，果断处理，在调度日志上详细记录处理过程及处理结果。需要检修人员处理的事故，应及时通知主管部门和有关班组，需要线路检修人员处理的事故，及时通知主管部门组织人员巡查线路，尽快处理恢复送电。当发现某站内信号出现异常时，应迅速通知有关人员到现场进行处理。

设备检修时的调度管理要求包括：

（1）设备及线路检修，应按调度规定时间向调度或集控站提出申请，调度按规定时间向检修班作出准确答复。

（2）各单位申请检修时，要提出工作内容、地点、停电范围及要求、停电时间、检修时间等情况。

（3）已安排的停电检修，因故不能进行时，检修单位应在工作前通知调度，如因大气变化，被迫不能工作时，检修单位应及时通知调度值班员。

（4）开关检修完毕，巡视操作班运行负责人员验收合格后，经调度值班员遥控试验拉合开关，正常后方可报竣工。

(5) 巡视操作班负责人应按调度值班员所下操作命令操作完毕，确认设备运行正常，完成全部规定的手续后方可撤离。

二、水文测验安全管理

水文测验的安全管理，首先要制定相应规章制度，并组织相关人员认真学习，提高工作人员的安全生产意识；其次，工作人员在进行水文测验工作时要牢固树立安全生产观念，严格执行各项安全生产规章制度，做好相关劳动保护，采取相应措施，防治作业可能面临的血吸虫感染、摔伤、溺水及中毒等职业危害。

(一) 水位观测

人工观读水位时，要注意观察河岸有无崩裂或被淘刷，避免在这些危险处观测。在封冻期观测时，需将水尺周围的冰层打开，捞除碎冰，读记自由水面的读数，观测人员要预先小心地检查薄冰层的位置和范围，作好标志，同时设专人监视，防止观测人员掉进冰窟内，确保水位作业安全。要求水位尽可能实现自记。目前水位数据已实现自动采集、固态存储和远传，甚至实现了卫星传输。

(二) 流量测验

江河流量测验根据所在地理环境以及仪器设备条件不同而采用不同的作业方式，而不同的作业方式有不同的作业安全要求，常见的有以下几种。

1. 涉水测验

涉水测验时，要穿好防水裤，当水深大于0.6m时，涉水人员必须穿救生衣，水流较急时，要系好救生索。当水深超过1.0m或暴雨雷电过程中禁止涉水检验；汛期或夜间涉水测验时，都应有专人在上游监察水势变化，发现有涨水迹象时，应立即通知测验人员撤到安全地带；在不熟悉的河道涉水测验时，应有人保护，先探明大致情况及深沟位置，防止陷入淤泥、深坑中或发生其他事故。

2. 缆道测验

缆道测验应注意的安全事项有：凡经常与人和物体碰触的动力线，宜用管套保护，导线接头处必须用绝缘胶布包好，禁止用湿手接触电气设备；主要电子、电器仪表应设有接地装置，以防雷电感应短路而烧坏仪器；应配备探照灯，以监察夜间水面漂浮物等，保障测验设备的安全；在测验设备作平移时应将悬挂的铅鱼、流速仪等仪器提出水面，以防止仪器设备损坏。

对缆道操作人员的要求：严禁用缆道载人过河；人员应密切注视水情变化和漂浮物情况，发现有危及安全测验迹象时，应及时采取避开的预防措施；测验中，遇暴雨雷电时，应穿戴胶鞋、橡皮手套等防雷击用品。

3. 吊箱测验

吊箱测验的安全注意事项有：垂线水深大于0.6m时，操作人员上吊箱前必须穿救生衣；吊箱总载重（包括人员、仪器、工具、水样）不得超过设计安全荷重，一般不大于250kg；测验时吊箱底部同水面的最小间距，洪水期为1.5m，平水期为1.0m；为防止吊箱蜗轮受震滑降，除齿轮制动外，应在绞把上用铁丝圈和吊箱框架联结制动；水文站（队）的安全制度中应明确规定吊箱的上、下、左、右、快、慢、停等联络信号，并作必要的演习，做到准确、熟练、及时；机房控制人员在工作过程中不得擅离岗位，应密切注意水势变化和吊箱人员发出的信号，正确操作；吊箱停用时，应将其放在高于同期一般洪水位2.0m以上的安全处。

4. 船上测验

进行船上测验前应做好应做的准备包括：检查测船，做到船身完好不漏水，有排水及救生工具，机船发动机动力正常；应事先定好测船与岸上的联系信号，并进行必要的演习。

船上测验应遵守的安全规定有：配备了解航运规则，精通驾驶技术、熟悉水情的测船驾驶员；船上测验禁止超载，船上应绘有吃水深度线；测船不得接近闸坝、桥梁、水上标点及正在航行的大船等危险区域；当测验中发生危险较大的风浪、雷电、急流、旋涡、流冰、漂浮物等险情时，应立即靠岸，改用其他方式测验；禁止精神病患者、严重心脏病患者、饮酒者等上船工作；畅流期应停靠在岸边安全区域，洪峰期应有专人看守；冰期和测船停用期，应停放在岸上安全地点，高于同期可能发生的洪水位 2.0m 以上；禁止非水文测验人员搭乘测船过河。

5. 冰上测验

在稳定封冻期且冰厚大于 0.1m 的河段可进行直接冰上测验；在非稳定封冻期或冰厚小于 0.1m，垂线水深超过 0.6m，应优先选用其他方法测验，若必须采用直接冰上作业时，测验人员不得少于 2 人；垂线水深在 0.6m 以上的冰上作业人员应穿救生衣；冰上或雪地野外连续作业超过 3 小时的测验人员应佩戴墨镜；在造成上下游落差很大的冰坝附近的封冻冰层（或水面上）禁止人工直接测流取沙；在春季融冰期，垂线水深超 0.6m，当冰面发生较大的裂痕或冰层滑动后，禁止冰上直接作业；开凿的冰孔宽度一般不宜大于 0.3m；否则应设有明显标记，以防坠落冰孔；在不熟悉的河段或水库测验，对冰层承载强度不清楚时，应于测验前，先行查探冰层实际强度，取得强度资料后，再进行测验。

6. 桥上测验

开展桥上测流时，桥测车悬臂伸长应达一定要求，避免仪器设备碰撞桥沿而毁损；悬臂应力强度应能承受施测最大流速时所悬吊的配套铅鱼重量及水流的冲击力，避免车身倾覆，应有足够的稳定性和安全系数，应配备太平斧及其他必要的应急安全设施。有下列情况之一者，不宜布置桥上测流：采用流速仪法测流时，桥面离河底最低点距离超过 20m；过往车辆十分频繁的交通枢纽，高速公路桥或交通繁忙的渡口及码头，不能确保测验操作安全；桥面狭窄有碍来往行车及布置桥测设备，或桥梁结构不牢固危及设备及人身安全。

（三）泥沙测验及河道观测

泥沙测验及河道观测视任务、地理环境以及仪器设备条件不同而采用不同的作业方式，而不同的作业方式有不同的作业安全要求，特别是河道观测，常要涉及浅滩和淤泥地区，安全作业更要强调。常见的有以下几种。

1. 悬移质泥沙测验

在悬浮水草或漂浮物较多的河流，要注意观察水草对采样器的影响，在靠近水边取样时，应避开坍岸或其他类似的影响。

2. 河流推移质泥沙及床沙测验

河流推移质泥沙及床沙测验时，应全面检查仪器是否牢固，螺钉是否松动，悬吊安装是否牢固；测验时必须有两人以上进行操作，以防意外事故的发生；测验时避免缆道行车移动，测船较大范围移动，或受大漂浮物冲撞；当采样器卡在河底岩缝时，应避免强拉硬扯。

采用船测时，操作绞车、采样器的人员必须佩戴手套，绞车提升或下降时，非操作人员不得站在绞轮旁边，以免碰伤。

3. 河道观测

采用经纬仪前方交会法进行河道观测时，觇标高度合理，仪器架站稳固，走水边人员应注意避开岸边淤泥、流沙及杂草丛生等危险地带。近年来，采用 GPS（全球卫星定位系统）进行水下地形测绘，可避免岸上交会定标观测可能带来的不利安全的情况。

（四）水质监测

要制定完善的安全操作规章制度。在野外采样过程中，必须树立良好的安全意识，严格按照水上航运安全要求和水上作业安全要求采取预防措施。在含有腐蚀性、高温、有毒（包括病毒性）、可燃烧物质的水域或在排污口附近采样时，必须做好劳保防护。地下水采样时，必须注意不要掉入沿途溶洞、暗沟，在岩洞中采集地下水水样时要配备手电、火把等照明工具，并要注意防止被热地下水烫伤。另外，还要注意采样设备和样品的安全。

(五）水文测验的实验分析

实验室进行分析操作时，要遵守操作规程、时刻保持警惕。对于危化品要按照有关规定搬运、存放，并由专人负责保管。

三、水利工程勘测设计安全管理

2006年，水利部发布的《关于进一步加强水利安全生产监督管理工作的意见》（水人教〔2006〕593号）对水利勘测设计安全管理提出了具体要求。

水利工程勘测设计安全管理，要严格执行《工程建设标准强制性条文》（水利工程部分）和有关安全生产规范，加强野外勘察、测量作业和设计查勘、现场设计配合的安全生产工作组织，加强安全管理与监督。要加强对水利工程勘测设计人员的安全教育与培训，增强安全防范意识，做好野外、露天作业的安全防护，加强山地灾害、水灾、火灾和有毒气体监测与防治，认真开展隐患排查工作，制定预防和应急避险方案，确保安全。

(一）勘测单位安全工作

勘测单位安全工作包括：

(1）建立勘测区域安全档案，包括流行传染病、疫情传染源、自然环境、人文地理、交通状况。

(2）为野外勘测作业人员配备野外生存指南、救生包、具有良好的越野性能的车辆，必要时配备无线电通讯设备等。

(3）定期为从事野外勘测工作的从业人员进行体检，为在病疫区域从事野外勘测工作的从业人员接种疫苗、注射预防针剂。

(4）保证勘测工作所使用的设备、工具和安全设施、劳动防护用品符合国家或者行业标准。

(二）个人防护

禁止作业人员单人进行野外作业，禁止作业人员采、食不识别的野菜、野果，禁止冒险作业。野外勘测人员应按照约定的时间、路线返回约定的地点，在病疫区域从事勘测工作的人员应自觉接受接种疫苗、注射预防针剂，积极参加单位组织的体检；正确佩戴、使用个人劳保用品。

(三）作业安全

野外勘测施工，应收集历年山洪和最高洪水水位资料，并采取防洪措施，从事可能危及作业人员和他人人身安全的勘测作业时，要设置明显安全标志。爆破作业应遵守《爆破安全规程》（GB 6722—2003）的有关要求。

1. 悬崖、陡坡勘测

在悬崖、陡坡进行勘测作业时，应清理上部浮石。进行两层或多层地质勘探作业，上下层应有安全防护设施。

2. 山区（雪地）勘测

在山区（雪地）作业时，应事前了解气候、行进路线、路况、作业区地形地貌、地表覆盖等情况；在大于30°的陡坡或者垂直的悬崖峭壁上作业，应使用保险绳、安全带；山区（雪地）作业，两人距离应不超出视线；冰雪地，两人应成对联结，彼此间距不小于15m；雪崩危险地带作业，每组应保持5人以内；在雪线以上高原地区进行勘测作业，气温低于零下30℃时，应停止作业或采取相应防冻措施。

3. 林区勘测

在林区作业时，应随时确定自己位置，与其他作业人员保持联系；生火时应由专人看守，禁止留下未灭火堆；在森林地区，应遵守禁区防火规定；当林区出现火灾预兆时，应迅速撤离，火灾发生时，应迅速撤离到安全地带或开辟不少于5m的防火线。

4. 水系地区勘测

在水系地区作业时，应配备水上救生器具，并每天进行器具检查；徒步涉水的水深应小于0.7m，流速小于3m/s，涉水时采取相应防护措施。

5. 高原地区勘测

在高原地区作业时，应逐级登高，减小劳动强度，逐步适应高原环境，严禁饮酒；艰险地区，应配备氧气袋（瓶）、防寒用品用具；人均每日饮水量应不少于3.5L。

本 章 思 考 题

1. 水利工程建设安全策划的依据是什么？
2. 水利工程建设安全策划包括哪些内容？
3. 简述水利工程建设项目法人、监理单位、施工单位的安全生产职责。
4. 简述水利工程建设日常安全管理工作的主要内容。
5. 简述水利工程建设应急管理的要求。
6. 简述水利工程建设人的本质安全化建设的方法。
7. 结合工程建设实际，简述安全设施标准化实施的程序。
8. 简述水利工程建设现场平面布置的要求。
9. 结合工程实际，开展现场施工用电安全管理应做好哪几方面的工作？
10. 简述水利工程建设防汛管理的要求。
11. 水利工程管理单位应建立哪些安全管理制度？
12. 简述对水利工程管理单位安全教育培训管理的要求。
13. 简述水利工程管理单位实施应急管理应重点做好哪几个方面的工作？
14. 试简述水库大坝安全鉴定工作的组织程序。
15. 简述开展堤防工程安全管理工作应注意的事项。
16. 水闸检查观测的主要任务有哪些？
17. 简述泵站管理单位在泵站安全鉴定工作中应承担的职责。
18. 简述灌区工程日常安全管理工作的主要内容。
19. 农村水电安全管理主要内容有哪些？
20. 简述流量测验工作应注意的事项。
21. 从事水利工程勘测设计野外作业时，如何做好安全防护？

第六章　水利工程重大危险源与事故隐患监督管理

本章内容提要

本章包括水利工程常见危险源、重大危险源监督管理、事故隐患监督管理三部分内容，首先简单介绍了危险源分类及水利工程常见危险源，又以水利工程施工单位为例介绍了水利工程重大危险源的辨识，然后介绍了重大危险源的评价方法和监控要求，最后重点介绍了水利工程事故隐患排查的内容和方法、水利工程常见事故隐患、事故隐患治理以及监督管理等内容。

安全生产重在预防，预防工作的重点是进行危险源辨识和事故隐患排查治理，对重大危险源、事故隐患排查治理的监督应明确相关单位的安全责任，将工作内容、工作流程进行梳理和细化，真正做到管理到位、责任到位、技术措施到位。强化过程控制，保证水利工程重大危险源处于受控状态，事故隐患得到及时排查整改并实现各层级闭合管理，从而实现水利工程安全生产。

第一节　水利工程常见危险源

水利工程中危险源很多，存在的形式也较复杂，这在辨识上给我们增加了难度。如果把危险源的各种构成因素，按照其在事故发生、发展过程中所起的作用进行分类，无疑会给我们的危险源辨识工作带来便利。

一、危险源分类

安全科学理论根据危险源在事故发生、发展过程中的作用，把危险源划分为以下两大类。

(一) 第一类危险源

根据能量意外释放理论，能量或危险物质的意外释放是伤亡事故发生的物理本质。于是，把生产过程中存在的、可能发生意外释放的能量（能源或能量载体）或危险物质称作第一类危险源。

为了防止第一类危险源导致事故，必须采取措施约束、限制能量或危险物质，控制危险源。

(二) 第二类危险源

正常情况下，生产过程中的能量或危险物质受到约束或限制，不会发生意外释放，即不会发生事故。但是，一旦这些约束及限制能量或危险物质的措施受到破坏或失效（故障），则将发生事故。导致能量或危险物质约束及限制措施破坏或失效的各种因素称作第二类危险源。

第二类危险源主要包括以下三种：

(1) 物的故障是指机械设备、装置、元部件等由于性能低下而不能实现预定的功能的现象。从安全功能的角度来说，物的不安全状态也是物的故障。物的故障可能是固有的，由于设计、制造缺陷造成的；也可能由于维修、使用不当，或磨损、腐蚀、老化等原因造成的。

(2) 人的失误是指人的行为结果偏离了被要求的标准，即没有完成规定功能的现象。人的不安全行为也属于人的失误。人的失误会造成能量或危险物质控制系统故障，使屏蔽破坏或失效，从而导致事故发生。

(3) 环境因素。人和物存在的环境，即生产作业环境中的温度、湿度、噪声、振动、照明或通风

换气等方面的问题。环境因素可能促使人的失误或物的故障发生。

一起伤亡事故的发生往往是两类危险源共同作用的结果。第一类危险源是伤亡事故发生的能量主体，决定事故后果的严重程度。第二类危险源是第一类危险源造成事故的必要条件，决定事故发生的可能性。两类危险源相互关联、相互依存。第一类危险源的存在是第二类危险源出现的前提，第二类危险源的出现是第一类危险源导致事故的必要条件。因此，危险源辨识的首要任务是辨识第一类危险源，在此基础上再辨识第二类危险源。

二、水利工程施工常见重大危险源

水利工程施工重大危险源是指水利工程施工中可能导致人员死亡及严重伤害、财产损失或环境严重破坏的根源或状态。依据《水电水利工程施工重大危险源辨识及评价导则》(DL/T 5274—2012)，水利工程施工重大危险源辨识对象及范围分为以下几类：

(1) 施工作业活动类：明挖施工，洞挖施工，石方爆破，填筑工程，灌浆工程，斜井竖井开挖，地质缺陷处理，砂石料生产，混凝土生产，混凝土浇筑，脚手架工程，模板工程，金属结构制作、安装及机电设备安装，建筑物拆除等。

(2) 大型设备类：通勤车辆，大型施工设备等。

(3) 设施、场所类：存弃渣场，爆破器材库，油库油罐区，材料设备仓库，供水系统，供风系统，供电系统，金属结构厂、转轮厂、修理厂及钢筋厂等金属结构制作场所，道路桥梁隧洞等。

(4) 危险环境类：不良地质地段，潜在滑坡区，超标准洪水、粉尘、有毒有害气体及有毒化学品泄漏环境等。

(5) 其他。

三、水利工程运行常见重大危险源

水利工程运行常见的重大危险源的辨识对象和范围主要包括以下几个方面：

(1) 车辆、机械类：通勤车辆，起重机械等；

(2) 维护、检修作业类：金属设备防腐喷涂作业，电焊、气焊作业，动火作业，进入受限空间检修作业，临时用电作业，高处作业等；

(3) 危险环境类：不良地质地段，存在滑坡、地质、山洪等自然灾害危害，病险水库、水坝，有毒有害气体及有毒化学品泄漏环境、辐射环境等；

(4) 其他。

第二节　水利工程重大危险源监督管理

水利工程重大危险源的监督管理是一项系统工程，需要合理设计，统筹规划。既要促使企业强化内部管理，落实措施，自主保安，又要针对各地、各流域实际，有的放矢，便于水行政主管部门、流域机构及相关部门统一领导，科学决策，依法实施监控和安全生产行政执法，以实现水利工程重大危险源监督管理工作的科学化、制度化和规范化。

一、水利工程重大危险源的辨识

水利工程存在较多的重大危险源，尤其是在水利工程施工中受自然环境、作业行为等因素的影响，施工环境复杂，重大危险源普遍存在。下面，我们便对水利工程施工重大危险源的辨识进行详细介绍。

(一) 重大危险源辨识的范围

水利工程施工重大危险源辨识的对象及范围参考《水电水利工程施工重大危险源辨识及评价导则》(DL/T 5274—2012) 的相关规定，详见本章第一节水利工程施工常见重大危险源部分。

（二）区域重大危险源的辨识

水利工程施工重大危险源辨识，按区域可以分为：生产、施工作业区，物质仓储区，生活、办公区。

1. 生产、施工作业区重大危险源辨识

生产、施工作业区重大危险源主要依据作业活动危险特性、作业持续时间及可能发生事故的后果来进行辨识。生产、施工作业区的危险作业条件出现下列情况时，宜列入重大危险源重点评价对象进行辨识。

（1）施工作业活动类。

1）明挖施工：开挖深度大于4m的深基坑作业；深度虽未超过4m，但地质条件和周边环境极其复杂的深基坑作业；土方边坡高度大于30m或地质缺陷部位的开挖作业；石方边坡高度大于50m或滑坡地段开挖作业；堆渣高度大于10m的挖掘作业；需在大于10m高排架上进行的支护作业；存在上下交叉的作业等。

2）洞挖施工：断面大于20m^{2}或单洞长度大于50m以及地质缺陷部位开挖；不能及时支护的部位；地应力大于20MPa或大于岩石强度的1/5或埋深大于500m部位的作业；未进行围岩稳定性监测，可能存在有毒有害气体而又未进行浓度监测；洞室临近相互贯通时的作业；当某一工作面爆破作业时，相邻洞室施工作业。

3）石方爆破：一次装药量大于200kg的露天爆破作业或50kg的地下开挖爆破作业；竖井、斜井开挖爆破作业；多作业面同时爆破作业；临近边坡的地下开挖爆破作业；雷雨天气露天爆破作业。

4）填筑工程：截流工程、围堰汛期运行。

5）灌浆工程：采用GB 18218《危险化学品重大危险源辨识》中规定的危险化学品进行化学灌浆；廊道内灌浆。

6）斜井、竖井施工提升系统：有天锚或地锚；载人吊篮；提升运行系统行程大于20m。

7）砂石料生产：堆场高度大于10m；存在潜在洪水、泥石流等灾害；料场下方有村庄；料场处于高寒地区，经常出现雨、雪、雾、冰冻等恶劣天气；半成品及成品堆放库。

8）混凝土生产系统：利用液氨系统制冷；存在2MPa以上高压系统。

9）混凝土浇筑：厂房顶板浇筑；大型模板；利用缆机或门机浇筑；浇筑高度大于10m。

10）脚手架工程：悬挑式脚手架；高度超过24m的落地式钢管脚手架；高度超过10m的承重式脚手架；附着式升降脚手架；吊篮脚手架。

11）模板工程：模板高度大于5m。

12）金属结构及机电设备安装：超长、超高及超宽构件运输；大型吊装作业；施焊现场10m范围内，堆放氧气瓶、乙炔发生器、木材等易燃物质；使用易爆、有毒和腐蚀的危险化学品进行作业；存在高空作业、上下交叉作业等。

13）建筑物拆除工程：围堰拆除工程；混凝土拌和楼拆除；采用爆破拆除时，D级及以上拆除工程；采用机械拆除，拆除高度大于10m。

（2）大型设备类。

1）通勤车辆：运载30人以上的通勤车辆。

2）大型施工机械：存在大风的区域作业；设备运行范围内存在高压线；大型施工机械安装及拆卸。

3）大型起重运输设备：两台及多台大型起重机械存在立体交叉作业；存在大风的区域作业；设备运行范围内存在高压线；一次起吊重量大于100t。

（3）设施、场所类。

1）弃渣场：渣场下方有生活或办公区。

2）供水系统：水源地无监控，利用液氯进行消毒和盐酸进行污水处理；压力大于1.6MPa的压

力管道；高位水池；处于汛期的泵房。

3）供风系统：压风机、高压储气罐。

4）供电系统：变电站、变压器以及洞内的高压电缆。

5）金属结构加工厂：乙炔临时超量存储；氧气与乙炔发生器未隔离存放等。

6）道路桥梁隧洞：严寒及冰雪地区，存在大坡度、长距离下坡运输；超长、超高、超宽构件运输。

（4）其他。

此外，首次采用新技术、新设备、新材料应列入重大危险源重点评价对象进行辨识。

2．物质仓储区重大危险源辨识

物质仓储区重大危险源按照储存物质的危险特性、数量以及仓储条件进行辨识，应按物质仓储区的危险物质特性及周边环境计算其发生事故时的后果。

（1）物质仓储区危险化学品重大危险源辨识。

物质仓储区危险化学品重大危险源辨识依据《危险化学品重大危险源辨识》（GB 18218—2009）进行重大危险源的辨识，按式（6-1）计算：

$$\frac{q_1}{Q_1}+\frac{q_2}{Q_2}+\cdots+\frac{q_n}{Q_n}\geqslant 1 \tag{6-1}$$

式中　q_1，q_2，…，q_n——每种危险化学品实际存在量，t；

Q_1，Q_2，…，Q_n——与各危险化学品相对应的临界量，t。

（2）物质仓储区其他重大危险源辨识。

物质仓储区存在下列情况时，宜列入重大危险源重点评价：

1）库房用电、照明不规范。

2）库房安全距离不足。

3）消防器材缺失或过期。

4）避雷设施不完善。

5）装卸危险物质。

6）物质堆高超标。

7）库房的防盗措施不完善。

8）危险物质出入库账物不符。

9）地质、山洪等自然灾害危害。

10）其他。

3．生活、办公区重大危险源辨识

生活、办公区重大危险源依据环境的危险特性和发生事故的后果进行辨识。辨识的重点部位包括办公楼、营地、医院和其他公共聚集场所。

生活、办公区存在可能导致人员重大伤害或死亡的危险因素均应列为重大危险源的重点辨识对象，包括下列几方面：

（1）可能导致重大灾害的危险因素。

（2）可能产生滑塌并危及生活、办公区安全的弃渣场。

（3）可能危及生活、办公区安全的自然或地质灾害。

（4）群体性食物中毒，大型聚会群体事件，传染病群体事件。

（5）具有放射性危害的设施。

（6）雷电。

二、水利工程重大危险源的评价

（一）重大危险源评价方法

水利工程重大危险源评价宜选用安全检查表法、预先危险性分析法、作业条件危险性评价法（LEC）、作业条件——管理因子危险性评价法（LECM）或层次分析法。不同阶段、层次应采用相应的评价方法，必要时可采用不同评价方法相互验证。

（二）重大危险源分级

危险化学品重大危险源，依据《危险化学品重大危险源监督管理暂行规定》（国家安监总局令第40号）进行安全评估，确定重大危险源等级，按式（6－2）计算。

$$R=\alpha\left(\beta_1\frac{q_1}{Q_1}+\beta_2\frac{q_2}{Q_2}+\cdots+\beta_n\frac{q_n}{Q_n}\right) \tag{6-2}$$

式中　q_1，q_2，…，q_n——每种危险化学品实际存在（在线）量，t；

Q_1，Q_2，…，Q_n——与各危险化学品相对应的临界量，t；

β_1，β_1，…，β_n——与各危险化学品相对应的校正系数；

α——该危险化学品重大危险源厂区外暴露人员的校正系数。

根据计算出来的 R 值，按表 6－1 确定危险化学品重大危险源的级别。

表 6－1　　危险化学品重大危险源级别和 *R* 值的对应关系

危险化学品重大危险源级别	R 值	危险化学品重大危险源级别	R 值
一级	$R\geqslant100$	三级	$50>R\geqslant10$
二级	$100>R\geqslant50$	四级	$R<10$

水利工程施工重大危险源根据事故可能造成的人员伤亡数量及财产损失情况可分为四级。

（1）一级重大危险源：可能造成 30 人以上（含 30 人）死亡，或者 100 人以上重伤，或者 1 亿元以上直接经济损失的危险源。

（2）二级重大危险源：可能造成 10～29 人死亡，或者 50～99 人重伤，或者 1 亿元以下直接经济损失的危险源。

（3）三级重大危险源：可能造成 3～9 人死亡，或者 10～49 人重伤，或者 1000 万元以上 5000 万元以下直接经济损失的危险源。

（4）四级重大危险源：可能造成 3 人以下死亡，或者 10 人以下重伤，或者 1000 万元以下直接经济损失的危险源。

（三）危险化学品重大危险源登记建档与备案

水利生产经营单位应当对辨识确认的危险化学品重大危险源及时、逐项登记建档。重大危险源档案应当包括以下文件、资料：

（1）辨识、分级记录。

（2）重大危险源基本特征表。

（3）涉及的所有化学品安全技术说明书。

（4）区域位置图、平面布置图、工艺流程图和主要设备一览表。

（5）重大危险源安全管理规章制度及安全操作规程。

（6）安全监测监控系统、措施说明、检测、检验结果。

（7）重大危险源事故应急预案、评审意见、演练计划和评估报告。

（8）安全评估报告或者安全评价报告。

（9）重大危险源关键装置、重点部位的责任人、责任机构名称。

（10）重大危险源场所安全警示标志的设置情况。

（11）其他文件、资料。

水利生产经营单位应根据本单位所在地有关部门对重大危险源备案的要求，将本单位重大危险源的名称、地点、性质和可能造成的危害及有关安全措施、应急预案，报有关主管部门备案。备案时需填写重大危险源备案申请表，并提交上述重大危险源档案的文件、资料。

危险化学品重大危险源出现下列情形之一时，水利生产经营单位应当对重大危险源重新进行辨识、安全评估及分级，及时更新档案，并向所在地县级人民政府安全生产监督管理部门重新备案。

（1）重大危险源安全评估已满三年的。

（2）构成重大危险源的装置、设施或者场所进行新建、改建、扩建的。

（3）危险化学品种类、数量、生产、使用工艺或者储存方式及重要设备、设施等发生变化，影响重大危险源级别或者风险程度的。

（4）外界生产安全环境因素发生变化，影响重大危险源级别和风险程度的。

（5）发生危险化学品事故造成人员死亡，或者10人以上受伤，或者影响到公共安全的。

（6）有关重大危险源辨识和安全评估的国家标准、行业标准发生变化的。

三、水利工程重大危险源的管理监控

关于水利工程重大危险源管理监控，对水利生产经营单位有如下要求：

（1）要做好重大危险源登记建档工作，如实向安全监管部门申报。

（2）保证重大危险源安全管理与监控所必需的资金投入。

（3）建立健全本单位重大危险源安全管理规章制度，落实重大危险源安全管理和监控责任，制定重大危险源安全管理与监控的实施方案。

（4）要对从业人员进行安全教育和技术培训，使其掌握本岗位的安全操作技能和在紧急情况下应当采取的应急措施。

（5）在重大危险源现场设置明显的安全警示标志，并加强重大危险源的监控和有关设备、设施的安全管理。

（6）对重大危险源的工艺参数、危险物质进行定期的检测，对重要的设备、设施进行经常性的检测、检验，并做好检测、检验纪录。

（7）对重大危险源的安全状况进行定期检查，并建立重大危险源安全管理档案。

（8）对存在事故隐患和缺陷的重大危险源认真进行整改，不能立即整改的，必须采取切实可行的安全措施，防止事故发生。

（9）制定重大危险源应急救援预案，落实应急救援预案的各项措施。

（10）贯彻执行国家、地区、行业的技术标准，推动技术进步，不断改进监控管理手段，提高监控管理水平，提高重大危险源的安全稳定性。

第三节　水利工程事故隐患监督管理

水利生产经营单位是安全生产的主体，也是重大危险源管理监控的主体，在重大危险源管理中负有重要责任。各级水行政主管部门要对水利生产经营单位的隐患排查和管理工作进行指导、监督检查。

一、水利工程事故隐患排查内容

水利工程事故隐患排查的重点内容包括：

（1）人的不安全行为。主要包括主要负责人、安全管理人员的培训及持证上岗情况，特种作业、重要岗位操作人员持证上岗情况，作业人员作业过程中劳动保护用品使用情况，作业人员“三违”情况等。

（2）物的危险状态。主要包括特种设备和危险物品使用、存储的安全管理及检测检验情况，施工、生产作业场所安全防护，重要设施、设备管理维护、保养情况，作业过程中易由自然灾害引发事故灾难的危险因素排查、防范和治理情况等。

（3）管理上的缺陷。主要包括安全生产法律法规、规章制度、规程标准的制订和落实情况，建设工程各方主体和单位各级安全生产责任制建立和落实情况，“三类人员”、特种作业人员和农民工安全教育、培训情况，水利工程项目安全“三同时”的执行情况，应急预案制定和演练情况及有关物资、设备配备和维护，事故报告、处理情况等。

二、水利工程事故隐患排查方法

许多安全分析、评价的方法，都可用来进行事故隐患排查。选用哪种方法要根据分析对象的性质、特点、寿命的不同阶段和分析人员的知识、经验来确定。常用的事故隐患排查方法有下列几种：

（1）经验（对照）法。经验（对照）法是对照有关法规、标准、规章或依靠分析人员的观察分析能力，借助于经验和判断能力直观地评价对象危险性和危害程度的方法。经验法是排查中常用的方法，其优点是简便、易行，其缺点是受排查人员知识、经验和占有资料的限制，可能出现遗漏。为弥补个人判断的不足，常采取专家会议的方式来相互启发、交换意见、集思广益，使事故隐患的排查更加细致、具体。该方法适用于有可供参考的先例、有以往经验可以借鉴的排查过程，不能应用在没有可供参考先例的新系统中。

（2）检查表法。检查表法是对照事先编制的检查表排查事故隐患，可弥补知识、经验不足的缺陷，具有方便、实用、不易遗漏的优点，但须有事先编制的、适用的检查表。检查表是在大量实践经验基础上编制的，我国一些行业的安全检查表、事故隐患检查表可作为借鉴。

（3）类比法。类比法是利用相同、相似系统或作业条件的经验和职业安全健康的统计资料，来类推、分析、评价对象的危险性和危害程度。

（4）询问、交谈法。具有经验的人对于组织的某项工作，往往能通过询问、交谈发现其工作中的危害，并可从危害中初步分析出工作所存在的事故隐患。询问、交谈法实际上是经验法的实施方式。

（5）现场观察法。现场观察法是通过对工作环境的现场观察，直接发现存在的事故隐患。从事现场观察的人员，要求具有安全技术知识和掌握了完善的职业健康安全法规、标准。

（6）事件树分析法。事件树分析（ETA）是一种从初始原因事件起，分析各环节事件“成功（正常）”或“失败（失效）”的发展变化过程，并预测各种可能结果的方法，即时序逻辑分析判断方法。应用这种方法，通过对系统各环节事件的分析，可排查出可能存在的事故隐患。

（7）故障树分析法。故障树分析（FTA）是一种根据系统可能发生的或已经发生的事故结果，去寻找与事故发生有关的原因、条件和规律。通过这样一个过程分析，可排查出系统中可能存在的事故隐患。

上述几种排查方法从着入点和分析过程上，都有各自特点和适用范围，也有各自的局限性。所以在排查过程中仅使用一种方法，是不足以全面识别所存在的事故隐患的，必须综合地运用两种或两种以上方法。

三、水利工程常见事故隐患

（一）水利工程运行常见事故隐患

水利工程在运行过程中，可能出现的事故隐患主要是物的危险状态，例如，当水利工程受外界影响和水流冲击会发生一些改变，加上设计施工过程中存在的缺陷，工程本体会出现一些不安全的事故隐患，不及时处理，就会给工程安全带来重大事故和灾难。因此对这些重大事故隐患的判断和处置，是工程安全运行和日常管理工作的重要内容。下面对水利工程运行过程中可能出现的物的为危险状态进行介绍。

1. 土石建筑物

土石建筑物是水利工程的主体，堤防、水库大坝、渠道等，多数为土石建筑物。由于土石建筑物的建筑材料是土或者土石混合物，在水压作用下，工程的基础、工程本身土石颗粒间隙以及施工中留下的间隙会发生细微土壤水流现象，年长日久，带走土粒，就会给工程本身带来事故隐患。消除这些事故隐患是确保工程安全的重要因素。

(1) 渗漏。土石建筑物在水压作用下形成渗漏不可避免，这是由其以土石混合物为主要建筑材料所决定的。当渗漏量微小时，对工程安全不构成威胁；当渗漏量过大时，就会改变工程的应力结构和受力状况，造成工程失稳，带来安全威胁，必须进行处置。渗漏主要有渗水、管涌、流土、漏洞几种形式。

(2) 脱坡（滑坡）。堤坝发生脱坡险情时，一般在顶部或坡面上先出现圆弧或纵向裂缝，随着裂缝发展，土体下挫滑塌而成脱坡（又称滑坡）。

(3) 陷坑。在持续高水位情况下，在堤坝顶部，边坡及坡脚附近突然发生局部下陷而形成的险情。这种险情破坏堤坝的完整性，并可能缩短渗径，有时还伴有渗水、漏洞等险情，危及堤坝安全。

(4) 裂缝。土石工程在降水和高水位作用下，顶部和坡面出现纵向和横向裂缝和龟裂的现象称为裂缝。裂缝险情的抢护方法，一般有开挖回填、横墙隔断、封堵缝口等。

2. 混凝土建筑物

(1) 裂缝。混凝土建筑物虽然有着坚硬的主体，在长时间的运行过程中，受水流冲刷、外界破坏、内部化学变化、水质影响及本身设计施工中原有的问题，也会发展成为事故隐患，必须要妥善处置。

(2) 渗漏。水工建筑物混凝土由于在混凝土硬化、施工及运行使用等过程中受各种因素的影响，一般经过数年运行后会普遍存在混凝土渗漏的问题，这将会导致降低水工建筑物的耐久性、整体性，影响建筑物的正常使用和安全运行。

(3) 剥蚀。混凝土工程受空气、水、气候、环境的长期影响，加上本身使用时间规律的变化，在一定状况下会发生剥蚀现象，不及时处置，就会影响工程安全。

(4) 排水设施失效。排水设施是水利工程的重要组成部分，排水设施的正常有效使用，能够保障工程安全，否则就成为工程事故隐患，必须进行处理。

3. 金属结构与机电设备

(1) 锈蚀。锈蚀是水工金属结构的主要事故隐患。水工金属结构是指一些水电站、水库及水闸金属结构的闸门、拦污栅、压力钢管、出线构架、铁塔、启闭机械、清污机、升船机等金属结构。水工金属结构所处的环境介质及运行工况较为复杂，水工钢结构有些处于室外大气、室内大气及潮湿的大气中；有些处于水下的静水、动水及泥沙高速冲磨中；有些处于干湿交替的环境中；有些处于海水和生物及化学的腐蚀中。所以金属结构在使用过程中都会受到环境因素的作用（化学、电化学、微生物和摩擦等）而发生腐蚀破坏，因环境条件的不同其破坏的程度也不相同。水工金属结构发生较为严重的锈蚀时，必须进行及时的除锈防腐处置，消除事故隐患。

主要处置措施有除锈、喷涂防锈涂料、锈蚀严重的重新更换部件。

(2) 钢闸门漏水。由于闸门止水安装不好或年久失效和其他原因，造成漏水比较严重，需要临时抢堵时，可在关门挡水的条件下，从闸上游接近闸门处，用沥青麻丝、棉纱团、棉絮等堵塞缝隙，并用木楔挤紧，也可用灰碴在闸门临水面水中投放，利用水的吸力堵漏。对于闸门本身结构较强，意外原因导致闸门破裂的，也可以实施水下焊接，及时封堵漏水，待水位降低后再开启闸门彻底修复。

(3) 拉杆变形与钢丝绳断裂。闸、涵闸门启闭使用人力、电力两用螺杆或启闭机，因开度指示器不准确，或限位开关失灵，电机接线相序错误、闸门底部有石块等障碍物，或因超标准运用，工作水头超过设计水头，致使启闭力过大，超过螺杆许可压力，引起纵向弯曲。

（4）电机故障。水轮发电机组故障包括组合轴承漏油、定子温升过高、大轴位移过大、机组冷却效果差、转轮接力器出现拉缸事故、轴流机组的叶片扭矩及变形。异步电动机的故障一般可分为两类，即机械故障和电气故障，机械故障如轴承、铁芯、风叶、机座、转轴等故障，一般比较轻易观察与发现；电气故障主要是定子绕组、电刷等导电部分出现的故障。因此，要正确判定故障，必须先进行认真细致地观察、研究。

4. 白蚁

极少数动植物对土质水利工程造成危害，形成重大事故隐患，比如白蚁、獾、兔、鼠，其中白蚁危害最为严重。白蚁危害具有隐蔽性的特点，即便是在工程内部形成巨大的空腔和复杂、贯穿性的蚁道，在工程表面一般没有明显痕迹，因此，白蚁危害检查，是防治白蚁的主要基础和首要环节，也是检验白蚁防治技术人员技术水平的重要标志。

（二）水利工程施工常见事故隐患

水利工程具有规模大、涉及范围广、工期长、影响因素多等特点，这也决定了工程施工中存在因素造成了水利工程施工中事故隐患的存在。水利工程施工常见事故隐患如下：

（1）水利施工中对安全生产重视不够。在管理工作中，未能将水利施工的安全文明管理工作摆到应有位置，未能真正认识到施工安全生产责任重大，对国家有关法律、法规也未能及时传达贯彻和落实到每一个施工现场，施工现场布置不合理，管理混乱。

（2）受环境影响大。水利工程多涉及水库、大坝、渠道衬砌、堤防、涵闸等施工项目，受汛期和季节影响较大，必须保证雨水和冻害等因素侵袭情况下的施工安全，而以上因素均与气象有关，很难预测并准确把握，属于不可抗力范围，对施工的安全生产管理存在较大隐患。

（3）水利工程规模较大。水利工程往往施工战线较长，施工设计单位多，施工班组类型复杂，工地之间的距离较大，交通联系多有不便，系统的安全管理难度大。

（4）涉及施工对象纷繁复杂，单项管理形式多变。在水利施工中，有的涉及土石方爆破工程，接触炸药雷管，具有爆破安全问题；有的涉及潮汐，洪水期间的季节施工，必须保证洪水和潮汐侵袭情况下的施工安全；有海涂基础、基坑开挖处理（如大型闸室基础）时基坑边坡的安全支撑；大型机械设施的使用，更应保证架设及使用期间的安全；有引水发电隧洞，施工导流隧洞施工时洞室施工开挖衬砌、封堵的安全问题。

（5）施工条件差、难度大。水利工程均为“敞开式”施工，无法进行有效的封闭隔离，对施工对象、工地设备、材料、人员的安全管理增加了很大的难度。同时，水利施工中也存在高难度施工作业，如隧洞洞身钢筋混凝土衬砌（特别是封堵段的混凝土衬砌），泵送混凝土及模板系统的安全，高（悬）空大体积混凝土立模、扎筋、浇筑等施工安全问题。

（6）工艺落后、防护设施不够齐全。水利工程施工中，使用的施工材料及施工工艺较为落后，防护设施不够齐全，如模板受材料影响可靠性较低，搅拌机、振捣器、挖掘机等施工机械安全保险装置落后，容易造成机械伤害。这也对工程施工人员的安全问题提出了挑战。

（7）水利工程施工人员普遍文化层次较低。当前水利工程施工人员的知识水平、安全意识等，还无法很快适应水利行业的工作条件和环境，不了解水利工程施工的相关规程，普遍未经过基本培训和安全教育，缺乏基本的安全知识和安全防范意识，在项目实施过程中安全应变能力较弱，给自己和他人增加了安全隐患。

四、水利工程事故隐患治理

事故隐患可按照整改难易及可能造成的后果严重性，分为一般事故隐患和重大事故隐患。

一般事故隐患，是指能够及时整改，不足以造成人员伤亡、财产损失的隐患，应由生产经营单位（车间、分厂、区队等）负责人或者有关人员立即组织整改。

重大事故隐患是指无法立即整改且可能造成人员伤亡、较大财产损失的隐患，应由生产经营单位

主要负责人组织制定并实施事故隐患治理方案。重大事故隐患治理方案应当包括以下内容：

（1）治理的目标和任务。

（2）采取的方法和措施。

（3）经费和物资的落实。

（4）负责治理的机构和人员。

（5）治理的时限和要求。

（6）安全措施和应急预案。

水利生产经营单位在事故隐患治理过程中，应当采取相应的安全防范措施，防止事故发生。事故隐患排除前或者排除过程中无法保证安全的，应当从危险区域内撤出作业人员，并疏散可能危及的其他人员，设置警戒标志，暂时停产停业或者停止使用；对暂时难以停产或者停止使用的相关生产储存装置、设施、设备，应当加强维护和保养，防止事故发生。

五、水利工程事故隐患监督管理

水利工程建设和运行、农村水电、水文测验、水利工程勘测设计、水利科研实验、水利旅游、后勤服务和综合经营等领域以及近年来发生重大安全事故的单位是水行政部门水利工程事故隐患监督管理的重点对象。

（一）事故隐患监督管理内容

在水利安全生产事故隐患排查治理，水行政主管部门主要对水利工程基础设施、机械设备、作业现场、防控措施中的事故隐患以及体制机制、规章制度、监督管理、教育培训、事故查处等方面的问题的排查治理工作进行监督管理。具体为：

（1）水利工程建设。以重点工程和小水电工程为重点，防范坍塌、起重机械等事故。主要包括：工程建设中项目法人、施工、监理等单位安全责任落实和安全保障措施；施工单位安全生产许可证和安全生产费用提取使用以及施工管理人员安全生产培训考核；在建工程防汛安全责任制、度汛方案和事故应急预案；高边坡、地下洞室、基坑、起重机、塔带机、模板、脚手架和油库、炸药库、仓库等的安全防范措施；小水电工程项目立项审批等许可手续是否完备；农田水利基本建设、大型灌区节水改造、小型农村水利基础设施建设和淤地坝工程建设安全。

（2）水利工程运行。以病险水库和一般中型、小型水库为重点，严防垮坝事故。主要包括：以地方政府行政首长负责制为核心的水库大坝安全责任制和水库安全运行各项规章制度；水库大坝安全管理应急预案制定和事故救援演练；水库大坝安全监测、水雨情测报通信预警设施；病险水库除险加固责任制、前期工作、施工安排、建设管理、资金使用、竣工验收、蓄水运行、巡视检查和调度运用方案；小型水库的管理机构、看护人员、养护经费和日常巡查。

（3）农村水电站及配套电网建设和运行。以农村水电站、电网、在建工程和用电户为重点，对水能开发、项目审批、资质审查和验收投产等环节严格把关，规范农村水电工程建设市场。主要包括：水库电站和在建工程安全度汛措施；无规划、无审查、无监管、无验收（即“四无”）水电站的清查和整改；已建电站分类安全管理和“两票三制”执行情况；乡办和小型股份制水电企业安全生产机构和制度建设；农村水电企业设备检修、试验和农村水电供电区安全供电。

（4）河道采砂。以违法采砂情况突出河段和采砂量较大河段为重点，主要包括：河道采砂管理地方行政首长负责制，河道采砂管理制度、沟通协调机制和责任追究制；河道采砂规划编制，禁采区和可采区的划定，禁采期的规定，违法违规乱采滥挖的治理；采砂管理宣传教育和社会监督；河道防洪、通航、航道及航道设施和桥梁、管线等跨河、穿河、临河建筑物的安全。

（5）水文测验。以水上、高空和高原水文野外作业为重点，主要包括：水文测船定期检查、维修和消防救生设备、堵漏器材配备；水文作业安全防护和救生器具穿戴；水文测验危险紧急情况和事故应急预案；水文作业人员的安全教育和安全技术培训。

(6) 水利工程勘测设计。以野外勘察、测量作业为重点，主要包括：水利勘测设计执行《工程建设标准强制性条文》(水利工程部分) 和有关安全生产规程规范情况；野外勘察、测量作业和设计查勘、现场设计配合安全防护和应急避险预案；山地灾害、水灾、火灾和有毒气体的监测与防治。

(7) 水利科学研究实验与检验。主要包括：水利试验厅（室）和仪器设备安全管理措施；大型实验设备使用安全规章制度和安全操作规程；有毒化学危险品的安全管理和防护。

(二) 水利工程重大事故隐患挂牌督办

《转发国务院安委会办公室关于认真学习和贯彻落实〈国务院关于进一步加强企业安全生产工作的通知〉的通知》(水安监〔2010〕316号) 中指出，要建立重大安全隐患挂牌督办制度。对病险水库、水闸、水电站、堤防、淤地坝等涉及群众安全的水利工程，分级建立重大安全隐患挂牌督办制度，重大安全隐患整改由水利部挂牌督办，较大安全隐患由省级水行政主管部门挂牌督办，落实整改措施、资金、期限、责任人和应急预案，限期消除隐患。

水行政主管部门及有关部门挂牌督办并责令全部或者局部停产停业治理的重大隐患，经治理后符合安全生产条件的，水利生产经营单位应当向水行政主管部门或有关部门提出恢复生产的书面申请。申请报告应当包括治理方案的内容、项目和安全评价机构出具的评价报告等。

(三) 水利工程重大事故隐患信息报送

《安全生产事故隐患排查治理暂行规定》(国家安全生产监督管理总局令第16号) 规定，生产经营单位应当每季、每年对本单位事故隐患排查治理情况进行统计分析，并分别于下一季度15日前和下一年1月31日前向安全监管监察部门和有关部门报送书面统计分析表。统计分析表应当由生产经营单位主要负责人签字。

对于重大事故隐患，还应当及时向安全监管监察部门和有关部门报告，重大事故隐患报告内容应当包括：

(1) 隐患的现状及其产生原因。

(2) 隐患的危害程度和整改难易程度分析。

(3) 隐患的治理方案。

依据《关于做好水利安全生产隐患排查治理信息统计和报送工作的通知》(办安监〔2010〕73号) 的要求，水行政主管部门、部直属单位应及时、准确、全面掌握本地区、本单位水利安全生产隐患排查治理进展情况，每月对隐患排查治理工作情况（进行统计分析，认真组织填报《水利安全生产隐患排查治理情况统计表》、《水利安全生产执法行动情况统计表》，每月结束后5日内传真和电子邮件方式报送水利部安全监督司。同时，还建立隐患排查治理季度总结通报制度，认真总结隐患排查治理工作经验、有效做法和存在的问题，提出下一阶段工作安排及有关建议，每季度进行通报，并于每季度结束后5日内将隐患排查治理总结材料和《水利重大安全生产隐患登记表》报送水利部安全监督司。

依据《国务院安委会办公室关于继续做好安全生产隐患排查治理信息统计和报送工作的通知》(安委办〔2010〕7号) 的要求，水利部应每月8日前将安全生产隐患排查治理统计表和安全生产执法行动情况统计表、每季度结束后8日内将安全生产隐患排查治理总结材料以传真或电子邮件方式报送国家安全监管总局统计司。

本章思考题

1. 水利工程施工过程中重大危险源辨识对象及范围分为哪几类？

2. 水利工程施工重大危险源按区域如何划分？

3. 水利工程施工重大危险源根据事故后果可以分为几级，每一级的标准是什么？

4. 危险化学品重大危险源登记建档需要哪些文件和资料?
5. 水利工程事故隐患排查的重点内容有哪些?
6. 水利工程事故隐患排查的方法有哪些?
7. 重大事故隐患治理方案应当包括哪些内容?
8. 水利生产经营单位重大事故隐患报告应当包括哪些内容?

第七章　水利工程安全评价

本章内容提要

本章重点介绍了水利安全评价的范围及内容、安全评价的程序，简单阐述了安全评价的分类、安全评价报告的编制与审查等，为监督管理人员开展水利安全监督管理工作提供了依据。

安全评价可以使生产经营单位的安全管理变事后处理为事先预测、预防。水利工程安全评价目的是贯彻“安全第一、预防为主、综合治理”的安全生产方针，减少和控制水利工程危险、有害因素，降低生产安全风险，提高水利工程安全管理水平，预防事故发生，保护水利工程参建各方财产安全及人员的健康和生命安全。

第一节　安全评价分类

一、安全评价的意义

水利工程一旦发生事故极可能造成灾难性的伤害和损失，造成严重的社会影响。通过开展水利安全评价，对水利工程安全基础进行全面、综合分析，发现和减少在水利生产过程中可能引发事故的危险因素，并在较大程度上使之受到控制，从而提高反事故工作的预见性，提高安全投资效益，达到超前控制，进而减少财产损失和人员伤亡。开展水利安全评价的意义包括下列几点：

（1）安全评价是安全生产管理的一个必要组成部分。“安全第一、预防为主、综合治理”是我国安全生产的基本方针，作为预测、预防事故重要手段的安全评价，在贯彻安全生产方针中有着十分重要的作用，通过安全评价可确认生产经营单位是否具备了安全生产条件。

（2）有助于政府安全监督管理部门对生产经营单位的安全生产实行宏观控制。安全预评价，将有效地提高工程安全设计的质量和投产后的安全可靠程度；投产时的安全验收评价，可客观地对生产经营单位安全水平作出结论，使生产经营单位不仅了解可能存在的危险性，明确如何改进安全状况，也可为安全监督管理部门了解生产经营单位安全生产现状、实施宏观控制提供基础资料。

（3）有助于提高水利生产经营单位的安全管理水平。安全评价使水利生产经营单位所有部门都能按照要求认真评价本系统的安全状况，将安全管理范围扩大到单位的各个部门、各个环节，实现全员、全方位、全过程、全天候的系统化管理。

因而，开展水利安全评价工作具有重要意义，有关安全监督管理部门应加强综合监督管理，促进水利生产经营单位安全生产管理、事故预防、隐患排查、风险控制的科学化、规范化。

二、安全评价的分类

依据《安全评价通则》（AQ 8001—2007）、《水利水电建设项目安全评价管理办法（试行）》（水规计〔2012〕112号）的要求，安全评价按照实施阶段不同分为三类：安全预评价、安全验收评价、安全现状评价。

（一）安全预评价

水利工程安全预评价，是根据建设项目可行性研究报告，运用科学的评价方法，对拟建工程推荐

的设计方案进行分析，预测该项目存在的危险，有害因素的种类和程度，提出合理可行的安全技术设计和安全管理的建议，作为该建设项目初步设计中安全设施设计和建设项目安全管理、监督的主要依据。

安全预评价工作应针对可行性研究报告提出的工程设计方案，分析和预测该建设项目建设期和运行期可能存在的危险、有害因素，选择合适的评价方法，根据危险发生频率、危害程度、已采取的防范措施，对照设计规范和工程实践，确定危险等级和排序，提出安全对策措施和建议，为编制初步设计报告安全专篇和建设项目安全管理及安全监督提供科学依据。

通过安全预评价形成的安全预评价报告，将作为项目报批的文件之一，同时也是项目最终设计的重要依据文件之一。

（二）安全验收评价

安全验收评价，是在工程完工后，通过对该项目设备、装置实际运行状况及管理状况进行检测、考察，查找该建设项目投产后可能存在的危险、有害因素，提出合理可靠的安全技术调整方案和安全管理对策。

安全验收评价单位在认真分析建设管理、设计、施工、监理、监督等单位提交的安全自检报告和监测资料分析报告的基础上，现场检查安全预评价报告落实情况；检查安全设施“三同时”状况；检查安全生产法律、法规、规范、条例及技术标准的执行情况；检查生产安全管理机构和安全制度运作状况；通过对建设项目设施、设备、装置的实际运行状况、管理状况、监控状况的深入调查，查找尚存的危险、有害因素，选择合适的评价方法，确定其危险程度，提出安全对策和建议，对项目运行状况及安全管理做出总体评判，为生产经营单位制订防范措施和修编管理制度提供科学依据。

（三）安全现状评价

安全现状评价是根据有关国家法律法规、规章、标准的要求进行的，对在用生产装置、设备、设施、储存、运输及安全管理状况进行的全面综合安全评价，主要包括以下内容：

（1）全面收集评价所需的信息资料，采用合适的安全评价方法进行危险识别，给出量化的安全状态参数值。

（2）对于可能造成重大后果的事故隐患，采用相应的数学模型，进行事故模拟，预测极端情况下的影响范围，分析事故的最大损失，以及发生事故的概率。

（3）对发现的隐患，根据量化的安全状态参数值、整改的优先度进行排序。

（4）提出整改措施与建议。

三、安全评价与安全鉴定及其他专项验收的关系

安全评价目的是查找、分析和预测工程、系统存在的危险、有害因素及危险、危害程度，提出合理可行的安全对策措施，指导危险源监控和事故预防，以达到最低事故率、最少损失和最优的安全投资效益。

水利工程安全鉴定制度，有效地强化了水利工程的安全管理和工程建设质量，确保了水利工程的本质安全性。但安全鉴定不能替代安全评价。

2003年12月4日国家发展和改革委员支办公厅《关于水电站基本建设工程验收管理有关事项的通知》（发改办能源〔2003〕1311号）中明确规定：“水电工程验收包括工程截流验收、工程蓄水验收、水轮发电机组启动验收和工程竣工验收。工程竣工验收在枢纽工程、库区移民、环保、消防、劳动安全与工业卫生、工程档案和工程决算分别进行专项验收的基础上进行。水电工程验收实行分级和分类验收制度。工程截流验收由项目法人会同省级政府主管部门共同组织工程截流验收委员会进行，工程蓄水验收由项目审批部门委托有资质单位与省级政府主管部门共同组织工程蓄水验收委员会进行，水轮发电机组启动验收由项目法人会同电网经营管理单位共同组织启动验收委员会进行，枢纽工程专项验收由项目审批部门委托有资质单位与省级政府主管部门组织枢纽工程专项验收委员会进行，

库区移民专项验收由省级政府有关部门会同项目法人组织库区移民专项验收委员会进行，环保、消防、劳动安全与工业卫生、工程档案和工程决算验收由项目法人按有关法规办理。工程竣工验收由工程建设的审批部门负责。水电工程安全鉴定是水电工程蓄水验收和枢纽工程专项验收的重要条件，也是确保工程安全的重要措施。工程安全鉴定由项目审批部门指定有资质单位负责。”

第二节 安全评价程序

安全评价的基本程序（见图7-1）主要包括：前期准备，辨识危险、有害因素，划分评价单元，定性、定量评价，提出安全对策措施建议，做出安全评价结论，编制安全评价报告。

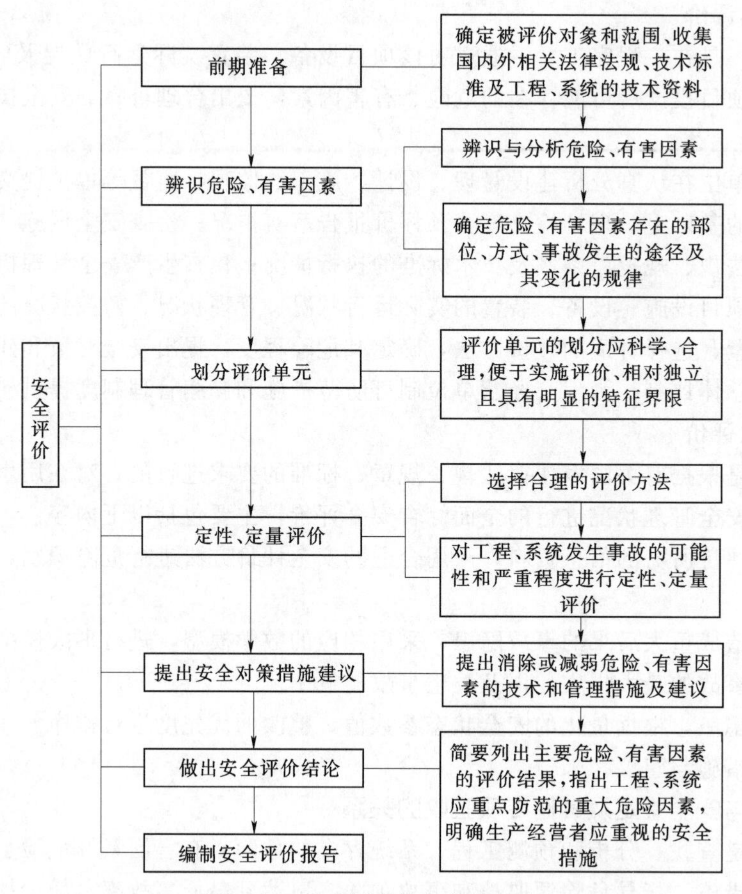

图7-1 安全评价的基本程序图

一、前期准备

明确被评价对象和范围，收集国内外相关法律法规、技术标准及工程、系统的技术资料。

二、辨识与分析危险、有害因素

根据被评价的工程、系统的情况，辨识和分析危险、有害因素，确定危险、有害因素存在的部位、方式、事故发生的途径及其变化的规律。

三、划分评价单元

在辨识和分析风险、有害因素的基础上，划分评价单元。评价单元的划分应科学、合理，便于实施评价、相对独立且具有明显的特征界限。

四、定性、定量评价

在危险、有害因素辨识和分析的基础上，划分评价单元，选择合理的评价方法，有利于对工程、

系统发生事故的可能性和严重程度进行定性、定量评价。

五、提出安全对策措施建议

根据定性、定量评价结果，提出消除或减弱危险、有害因素的技术和管理措施及建议。

六、做出安全评价结论

简要地列出主要危险、有害因素的评价结果，指出工程、系统应重点防范的重大危险因素，明确生产经营者应重视的安全措施。

七、编制安全评价报告

依据安全评价的结果编制相应的安全评价报告。

第三节 安全评价报告的编制与审查

一、安全评价报告的编制

安全评价报告是安全评价工作过程形成的成果。安全评价报告的载体一般采用文本形式，为适应信息处理、交流和资料存档的需要，报告可采用多媒体电子载体。多媒体电子载体能容纳大量评价现场的照片、录音、录像及文件扫描，可增强安全评价工作的可追溯性。

按照《安全评价通则》（AQ 8001—2007）、《安全预评价导则》（AQ 8002—2007）、《安全验收评价导则》（AQ 8003—2007）的要求，简要介绍一下安全预评价、安全验收评价和安全现状评价报告的要求、内容及格式。

（一）安全预评价报告

1. 安全预评价报告要求

安全预评价报告是安全预评价工作过程的具体体现，是评价对象在建设过程中或实施过程中的安全技术性指导文件。安全预评价报告的内容应能反映安全预评价的任务，即建设项目的主要危险、有害因素评价；建设项目应重点防范的重大危险、有害因素；应重视的重要安全对策措施；建设项目从安全生产角度是否符合国家有关法律、法规、技术标准。安全预评价报告文字应简洁、准确，可同时采用图表和照片，以使评价过程和结论清楚、明确，利于阅读和审查。

2. 安全预评价报告内容

水利工程建设项目安全预评价报告可参考以下内容。

1 编制说明

1.1 评价过程简述

1.2 评价范围

1.3 评价依据

2 可行性研究设计概况

3 评价单元划分

3.1 评价单元划分的原则

3.2 评价单元划分

4 危险、有害因素辨识

4.1 工程选址

4.2 枢纽总布置

4.3 水库近坝库岸

4.4 挡水建筑物

4.5 引水建筑物

4.6 泄水建筑物

4.7　过坝建筑物
4.8　电站（泵站）厂房
4.9　开关站
4.10　机电设备、金属结构
4.11　特种设备
4.12　危险化学品
4.13　安全监测
4.14　场内外交通
4.15　工程施工
4.16　生产作业环境
4.17　安全管理
5　定性、定量评价
5.1　评价方法选择
5.2　各单元评价
5.3　综合评价
6　安全对策措施建议
6.1　安全对策措施建议的依据和原则
6.2　安全技术对策措施建议
6.3　安全管理对策措施建议
6.4　防护对策措施建议
6.5　应急预案编制要求
7　安全专项投资
8　安全预评价结论
8.1　法律、法规、标准的符合性
8.2　需防范的重大危险、有害因素
8.3　引发事故的可能性和严重程度预测
8.4　采取安全对策措施后的安全状态
8.5　遗留问题改进方向和措施建议

3. 安全预评价报告书格式

(1) 封面。
(2) 安全预评价资质证书影印件。
(3) 著录项。
(4) 前言。
(5) 目录。
(6) 正文。
(7) 附件。
(8) 附录。

(二) 安全验收评价报告

1. 安全验收评价报告要求

安全验收评价报告是安全验收评价工作过程形成的成果。安全验收评价报告应全面、概括地反映验收评价的全部工作，应能反映安全验收评价两方面的义务：一是为生产经营单位服务，帮助其查出安全隐患，落实整改措施以达到安全要求；二是为政府安全生产监督管理部门服务，提供建设项目安

全验收的依据。安全验收评价报告文字应简洁、准确，可采用图表和照片，以使评价过程和结论清楚、明确，利于阅读和审查。符合性评价的数据、资料和预测性计算过程等可以编入附录。

2. 安全验收评价报告主要内容

水利工程建设项目安全验收评价报告可参考以下内容。

1　编制说明

1.1　评价过程简述

1.2　评价范围

1.3　评价依据

2　工程设计、建设情况

3　符合性评价

3.1　各类相关证照

3.2　法律、法规、规范的符合性

3.3　安全设施“三同时”情况

3.4　预评价安全对策措施的落实情况

3.5　安全生产规章制度建立情况

3.6　事故应急救援预案

4　尚存的危险、有害因素辨识与评价

4.1　工程总体布局

4.2　建（构）筑物

4.3　开关站

4.4　机电及金属结构

4.5　特种设备

4.6　危险化学品

4.7　安全监测

4.8　厂内外交通

4.9　防火、防爆

4.10　防洪、防涝

4.11　生产作业环境

4.12　安全管理

4.13　应急预案

5　安全验收评价结论

5.1　符合性评价综合结果

5.2　尚存的危险有害因素及其危险危害程度

5.3　安全补救对策措施建议

5.4　采取安全补救对策措施后的安全状态

5.5　安全验收评价综合结论

5.6　遗留问题整改措施建议

3. 安全验收评价报告的格式

(1) 封面。

(2) 安全验收评价资质证书影印件。

(3) 著录项。

(4) 前言。

（5）目录。

（6）正文。

（7）附件。

（8）附录。

（三）安全现状评价报告

1. 安全现状评价报告要求

安全现状评价报告要求更详尽、具体，特别是对危险、有害因素的分析要准确，提出的事故隐患整改计划要科学、合理、可行和有效。因此整个评价报告的编制，要由懂工艺和操作仪表电气、消防以及安全工程的专家共同参与完成。评价组成员的专业能力应涵盖评价范围所涉及的专业内容。

2. 安全现状评价报告内容

安全现状评价报告内容包括：前言、评价项目概况、评价程序和评价方法、对策措施与建议、评价结论等。

3. 安全现状评价报告格式

（1）封面。

（2）安全验收评价资质证书影印件。

（3）著录项。

（4）前言。

（5）目录。

（6）正文。

（7）附件。

（8）附录。

二、安全评价报告审查和组织管理

1. 安全评价报告的审查

水利部委托水利水电规划设计总院（以下简称水规总院）承担安全预评价报告的审查工作。安全预评价工作完成后，项目法人或项目主管部门应向水规总院提出安全预评价报告审查书面申请。

安全验收评价工作完成后，项目法人应及时将安全验收评价报告报送有关验收主持单位进行安全专项验收。有关验收主持单位应按照项目验收的有关规定确定安全验收评价报告审查或验收程序。

安全评价报告的审查一般采用会议形式，实行专家审查。水规总院和有关验收主持单位应建立规范的审查制度、工作程序和审查专家库，认真执行有关安全生产的法律、法规和技术标准，坚持“科学、客观、公正、求实”的原则，根据项目实际情况选择相关专家，充分发挥审查专家组的作用，确保审查工作的质量。

水规总院和有关验收主持单位及参加审查工作的专家应认真履行职责，保守技术秘密和商业秘密，尊重和保护安全评价报告有关技术内容的知识产权。对审查中有失公正、弄虚作假等违纪、违法行为应承担相应法律责任。水规总院和有关验收主持单位应将安全评价报告的审查意见发送项目法人或项目主管部门，同时报送水利部及省级水行政主管部门备案。

2. 安全评价组织管理

项目法人对水利工程建设项目安全设施“三同时”负总责。项目法人应在建设项目可行性研究阶段组织开展安全预评价工作，在建设项目竣工验收前组织开展安全验收评价工作；尚未成立项目法人的，由项目主管部门组织开展安全预评价工作。建设项目工程主体设计单位不得承担该建设项目的安全评价工作。从事水利工程建设项目安全评价活动的人员应具有安全评价师资格。

承担安全评价工作的机构应组织安全评价从业人员深入了解工程实际情况、设计文件、相关审查和鉴定意见，以现行的法律、法规、规程、规范为依据，对照设计成果、工程施工状况，独立开展评

价工作并对评价结果负责。

本章思考题

1. 安全评价分为哪几类?
2. 简述水利安全评价的基本程序。
3. 安全验收评价报告的主要内容是什么?

第八章　水利生产安全事故管理

本章内容提要

本章主要介绍了事故的分类、分级，水利工程常见事故，事故报告、调查与处理程序和事故统计与分析方法，并通过水利工程建设与运行事故案例，着重分析了事故原因和事故责任，提出了预防类似事故发生的措施。

水利生产安全事故管理是对水利生产安全事故的报告、调查、处理、统计分析、研究和档案管理等一系列工作的总称，是水利安全管理的一项重要工作，搞好水利生产安全事故管理，对掌握事故信息、认识潜在的危险、提高水利安全管理水平、采取有效的防范措施、防止水利生产安全事故的发生，具有重要的作用。

第一节　事故分类与分级

一、事故的分类

本书所说的事故主要是指水利工程运行或水利工程建设过程中发生的事故。为了评价企业安全状况，研究发生事故的原因和有关规律，在对伤亡事故进行统计分析的过程中，需要对事故进行科学的分类。

1. 按伤害程度分类（对伤害个体）

按伤害的程度将事故分为四类，分别是重大人身险肇事故、轻伤、重伤和死亡。

2. 按一次事故的伤亡严重程度分类

为了便于管理，按伤亡的严重程度将事故分为：轻伤事故、重伤事故和死亡事故，其中死亡事故包括重大伤亡事故和特大伤亡事故。

3. 按致伤原因分类

事故的伤害方式即为事故的伤害原因。《企业职工伤亡事故分类》（GB 6441—1986）按照致伤原因将事故划分为20类，包括物体打击、车辆伤害、机械伤害、起重伤害、触电、淹溺、灼烫、火灾、高处坠落、坍塌、冒顶片帮、透水、放炮、火药爆炸、瓦斯爆炸、锅炉爆炸、压力容器爆炸、其他爆炸、中毒和窒息、其他伤害等。

4. 按管理因素分类

为了从管理方面加强安全工作，对导致伤亡事故的原因做了如下分类：物的原因（设备、工具、附件有缺陷；防护、保险、信号等装备缺乏或有缺陷；个人防护用品缺乏或有缺陷；光线不足或地点及通风情况不良）；管理原因（没有操作规程、制度或不健全；劳动组织不合理；对现场工作缺乏指导或指导有错误；设计有缺陷；不懂操作技术）；人为原因（违反操作规程或劳动纪律）。

二、事故的分级

2007年6月1日实施的《生产安全事故报告和调查处理条例》（国务院令第493号）对事故级别作出了规定，根据生产安全事故（以下简称事故）造成的人员伤亡或者直接经济损失，以及事故的严

重程度和影响范围，将事故分为四级，见表 8-1。

表 8-1　　事故等级分类

事故级别	死亡人数 D（人）	重伤（含急性工业中毒）人数 H（人）	直接经济损失 L（万元）
特别重大事故	$D\geqslant 30$	$H\geqslant 100$	$L\geqslant 10000$
重大事故	$30>D\geqslant 10$	$100>H\geqslant 50$	$10000>L\geqslant 5000$
较大事故	$10>D\geqslant 3$	$50>H\geqslant 10$	$5000>L\geqslant 1000$
一般事故	$D<3$	$H<10$	$L<1000$

三、水利工程常见事故

（一）水利工程建设常见事故

依据《水利工程建设重大质量与安全事故应急预案》（水建管〔2006〕202号），结合水利工程建设的实际，按照事故发生的过程、性质和机理，水利工程建设中重大质量与安全事故主要包括：

（1）施工中土石方塌方和结构坍塌安全事故。

（2）特种设备或施工机械安全事故。

（3）施工围堰坍塌安全事故。

（4）施工爆破安全事故。

（5）施工场地内道路交通事故。

（6）施工中发生的各种重大质量事故。

（7）其他原因造成的水利工程建设重大质量与安全事故。

（二）水利工程运行常见事故

水利工程运行主要指的是除水利工程施工建设之外的水利活动，包括水库大坝的运行和管理、防汛抗旱、农村水电的运行和管理、水文测验、车船交通、水利工程勘测设计、水利科学实验研究与检验、水利旅游等。水利工程运行中常见的事故包括：

（1）垮坝、漫坝等事故。我国绝大多数堤、坝、灌渠等都修建的比较早，鉴于当时条件的限制，加之年久失修，很多都存在不同程度的安全隐患，加之管理上存在漏洞，当遭遇暴雨、洪水等恶劣自然环境因素时，溃坝、漫坝、决堤事故时有发生，且极易造成巨大生命财产损失。

（2）触电、火灾事故。在农村水电的运行过程中，由于农村水电管理者的专业技术水平偏低，容易造成触电事故，并引发火灾。

（3）高处坠落、物体打击、机械伤害事故。在水利工程运行阶段离不开各种机械，容易发生机械伤害、物体打击、高处坠落事故。

（4）淹溺事故。水库、农村水电的运行和管理以及水利旅游等过程中，由于各方面的原因，容易发生淹溺事故。

第二节　事故报告、调查与处理

《安全生产法》是综合性的安全生产法律，对生产安全事故的报告和调查处理做出了原则性的规定，适合于各行业发生的生产安全事故的报告和调查处理。《生产安全事故报告和调查处理条例》（国务院令第 493 号）中对生产经营活动中发生事故的报告程序做了相关规定。

安全生产监督管理部门、水行政主管部门及流域管理机构应当建立值班制度，并向社会公布值班电话，受理事故报告和举报。

一、事故报告

（一）事故报告的相关规定

1.《安全生产法》的相关规定

《安全生产法》对事故报告做出了以下具体规定：

（1）生产经营单位发生生产安全事故后，事故现场有关人员应当立即报告本单位负责人。

（2）单位负责人接到事故报告后，应当迅速采取有效措施，组织抢救，防止事故扩大，减少人员伤亡和财产损失，并按照国家有关规定立即如实报告当地负有安全生产监督管理职责的部门，不得隐瞒不报、谎报或者迟报，不得故意破坏事故现场、毁灭有关证据。

（3）负有安全生产监督管理职责的部门接到事故报告后，应当立即按照国家有关规定上报事故情况。负有安全生产监督管理职责的部门和有关地方人民政府对事故情况不得隐瞒不报，谎报或者迟报。

2.《生产安全事故报告和调查处理条例》的相关规定

《生产安全事故报告和调查处理条例》（国务院令第 493 号）对事故报告程序的原则、主体、程序及时限等做了具体规定。

（1）事故报告的原则包括：

1）时限性原则——及时、立即。

2）全面性原则——准确、完整、补报。

3）禁止性原则——不得迟报漏报、谎报瞒报。

4）逐级上报原则——情况紧急或必要时也可越级上报。

（2）事故报告的主体、程序及时限规定包括：

1）事故发生后，事故现场有关人员应当立即向本单位负责人报告。

2）单位负责人接到报告后，应当于 1 小时内向事故发生地县级以上人民政府安全生产监督管理部门和负有安全生产监督管理职责的有关部门报告。

3）情况紧急时，事故现场有关人员可以直接向事故发生地县级以上人民政府安全生产监督管理部门和负有安全生产监督管理职责的有关部门报告。

4）安全生产监督管理部门和负有安全生产监督管理职责的有关部门接到事故报告后，应当依照规定上报事故情况，并通知公安机关、劳动保障行政部门、工会和人民检察院。

特别重大事故、重大事故逐级上报至国务院安全生产监督管理部门和负有安全生产监督管理职责的有关部门；较大事故逐级上报至省、自治区、直辖市人民政府安全生产监督管理部门和负有安全生产监督管理职责的有关部门；一般事故上报至设区的市级人民政府安全生产监督管理部门和负有安全生产监督管理职责的有关部门。

5）安全生产监督管理部门和负有安全生产监督管理职责的有关部门接到事故报告后，应当同时报告本级人民政府。国务院安全生产监督管理部门和负有安全生产监督管理职责的有关部门以及省级人民政府接到发生特别重大事故、重大事故的报告后，应当立即报告国务院。

6）必要时，安全生产监督管理部门和负有安全生产监督管理职责的有关部门可以越级上报事故情况。

7）安全生产监督管理部门和负有安全生产监督管理职责的有关部门逐级上报事故情况，每级上报的时间不得超过 2 小时。

（3）接到事故报告后的措施包括：

1）事故单位负责人应立即启动应急预案、组织抢救、防止事故扩大。

2）政府及有关部门负责人应立即赶赴现场、组织救援。

3）有关单位、人员应保护现场、保护证据、做好记录。

4）公安机关应采取强制措施、立案侦查、追捕归案。

（二）水利生产安全事故报告制度

为加强水利安全生产体制机制建设，做好水利生产安全事故统计分析和预防应对工作，根据《生产安全事故报告和调查处理条例》（国务院令第493号），结合水利实际，水利部制定了水利生产安全事故统计快报和月报制度，并发布了《关于完善水利行业生产安全事故统计快报和月报制度的通知》（办安监〔2009〕112号）。

1．事故报告范围

（1）事故快报范围。各级水行政主管部门、水利企事业单位在生产经营活动中以及其负责安全生产监管的水利水电在建、已建工程等生产经营活动中发生的特别重大、重大、较大和造成人员死亡的一般事故以及非超标准洪水溃坝等严重危及公共安全、社会影响重大的涉险事故。

（2）事故月报范围。各级水行政主管部门、水利企事业单位在生产经营活动中以及其负责安全生产监管的水利水电在建、已建工程等生产经营活动中发生的造成人员死亡、重伤（包括急性工业中毒）或者直接经济损失在100万元以上的生产安全事故。

2．事故报告内容

（1）事故快报内容包括：

1）事故发生的时间（年、月、日、时、分）。

2）事故发生地的行政区划［（省（自治区、直辖市）、市（地）、县（市）、乡（镇）］。

3）事故发生的地点、区域。

4）发生事故单位的名称、经济类型。

5）事故类型。

6）发生事故单位的安全评估登记和持证情况（生产许可证、安全生产许可证等）。

7）事故简要情况（事故的简要经过及原因初步分析）。

8）事故已经造成和可能造成的伤亡人数（死亡、失踪、被困、轻伤、重伤、急性工业中毒等），初步估计事故造成的直接经济损失。

9）事故抢救进展情况和采取的措施。

10）其他应报告的有关情况。

（2）事故月报内容。按照《水利行业生产安全事故月报表》的内容填写水利生产安全事故基本情况，包括事故发生的时间和单位名称、单位类型、事故死亡和重伤人数（包括急性工业中毒）、事故类别、事故原因、直接经济损失和事故简要情况等。

3．事故报告时限、方式及要求

（1）事故快报时限及要求。发生快报范围内的事故后，事故现场有关人员应立即报告本单位负责人。事故单位负责人接到事故报告后，应在1小时之内向上级主管单位以及事故发生地县级以上水行政主管部门报告。有关水行政主管部门接到报告后，立即报告上级水行政主管部门，每级上报的时间不得超过2小时。情况紧急时，事故现场有关人员可以直接向事故发生地县级以上水行政主管部门报告。有关单位和水行政主管部门也可以越级上报。

部直属单位和各省（自治区、直辖市）水行政主管部门接到事故报告后，要在2小时内报送至水利部安全监督司（非工作时间报水利部总值班室）。对事故情况暂时不清的，可先报送事故概况，及时跟踪并将新情况续报。自事故发生之日起30日内（道路交通事故、火灾事故自发生之日起7日内），事故造成的伤亡人数发生变化或直接经济损失发生变动，应当重新确定事故等级并及时补报。事故报告应当及时、准确、完整，任何单位和个人对事故不得迟报、漏报、谎报或者瞒报，不得故意破坏事故现场、毁灭有关证据。

（2）事故月报时限和方式。部直属单位、各省（自治区、直辖市）和计划单列市水行政主管部门于每月 6 日前，将上月本地区、本单位的《水利行业生产安全事故月报表》以传真和电子邮件的方式报送水利部安全监督司。事故月报实行零报告制度，当月无生产安全事故也要按时报告。

二、事故调查

（一）事故调查程序

事故调查程序主要包括成立事故调查组、进行现场勘察、物证收集、人员调查询问、事故鉴定、模拟试验等，调查结果是进行事故分析的基础材料。

1. 事故调查的准备工作

（1）成立事故调查组。事故调查是一项专业性极强的工作，不同类型、不同级别的事故，主持和参与调查的人员、人数、编制都会有很大差异。

1）特别重大事故由国务院或者国务院授权有关部门组织事故调查组进行调查。

2）重大事故、较大事故、一般事故分别由事故发生地省级人民政府、设区的市级人民政府、县级人民政府负责调查。省级人民政府、设区的市级人民政府、县级人民政府可以直接组织事故调查组进行调查，也可以授权或者委托有关部门组织事故调查组进行调查。

3）未造成人员伤亡的一般事故，县级人民政府也可以委托事故发生单位组织事故调查组进行调查。

4）上级人民政府认为必要时，可以调查由下级人民政府负责调查的事故。

5）自事故发生之日起 30 日内（道路交通事故、火灾事故自发生之日起 7 日内），因事故伤亡人数变化导致事故等级发生变化，应当由上级人民政府负责调查的，上级人民政府可以另行组织事故调查组进行调查。

6）特别重大事故以下等级事故，事故发生地与事故发生单位不在同一个县级以上行政区域的，由事故发生地人民政府负责调查，事故发生单位所在地人民政府应当派人参加。

7）根据事故的具体情况，事故调查组由有关人民政府、安全生产监督管理部门、负有安全生产监督管理职责的有关部门、监察机关、公安机关以及工会派人组成，并应当邀请人民检察院派人参加。

8）事故调查组可以聘请有关专家参与调查，事故调查组成员应当具有事故调查所需要的知识和专长，并与所调查的事故没有直接利害关系。

9）事故调查组组长由负责事故调查的人民政府指定，事故调查组组长主持事故调查组的工作。

（2）准备调查所需设备。事故调查准备工作中另一个重要的工作就是物质上的准备。如指导事故调查用的有关规则、标准，现场急救用的急救包，取证用的摄像设备、笔、纸、标签、样品容器，防护用的服装、器具，检测用的仪器设备等。

2. 事故调查的取证

事故发生后，在进行事故调查的过程中，事故调查取证是完成事故调查过程中非常重要的一个环节，事故调查取证主要包括以下几个方面。

（1）现场处理，包括：

1）事故发生后，应救护受伤害者，采取措施防止事故蔓延扩大。

2）保护事故现场，凡与事故有关的物体、痕迹、状态，不得破坏。

3）为抢救受伤害者需要移动现场某些物体时，必须做好现场标志。

（2）物证搜集，包括：

1）现场物证，包括：破损部件、碎片、残留物、致害物的位置等。

2）在现场搜集到的所有物件都应贴上标签，注明地点、时间、管理者。

3）所有物件应保持原样，不准冲洗擦拭。

4）对健康有危害的物品，应采取措施不损坏原始证据的安全防护措施。

（3）事故事实材料的搜集，包括：

1）与事故鉴别、记录有关的材料包括：①发生事故的单位、地点、时间；②受害人和肇事者的姓名、性别、年龄、文化程度、职业、技术等级、工龄、本工种工龄、支付工资的形式；③受害人和肇事者的技术状况，接受安全教育情况；④出事当天，受害人和肇事者什么时间开始工作、工作内容、工作量、作业程序、操作时的动作（或位置）；⑤受害人和肇事者过去的事故记录。

2）事故发生的有关事实的收集范围包括：①事故发生前设备、设施等的性能和质量状况；②使用的材料，必要时进行物理性能或化学性能实验与分析；③有关设计和工艺方面的技术文件、工作指令和规章制度方面的资料及执行情况；④关于工作环境方面的状况，包括照明、湿度、温度、通风、声响、色彩度、道路、工作面状况及工作环境中的有毒、有害物质取样分析记录；⑤个人防护措施状况，应注意它的有效性、质量、使用范围；⑥出事前受害人或肇事者的健康状况；⑦其他可能与事故致因有关的细节或因素。

（4）证人材料搜集。事故发生后，要尽快找被调查者搜集材料，对证人的口述材料，应认真考证其真实程度。

（5）现场摄影及绘图。现场摄影及绘图的工作要求如下：

1）显示残骸和受害者原始存息地的所有照片。

2）可能被清除或被践踏的痕迹，如刹车痕迹、地面和建筑物的伤痕、火灾引起损害的照片、冒顶下落物的空间等。

3）事故现场全貌。

4）利用摄影或录像，以提供较完善的信息内容。

5）必要时，绘出事故现场示意图、流程图、受害者位置图等。

3．事故分析

事故分析包括事故原因分析和事故责任分析两个方面。

（1）事故原因的分析。对一起事故的原因分析，通常有两个层次，即直接原因和间接原因。分析事故时，应从直接原因入手，逐步找出间接原因，从而掌握事故的全部原因。

1）事故的直接原因。事故的直接原因通常是一种或多种不安全行为、不安全状态或两者共同作用的结果。大多数学者认为事故的直接原因只有两个，即人的不安全行为和物的不安全状态，分别见表8－2和表8－3。

表8－2　　常见的人的不安全行为

序　号	内　　容
1	操作错误、忽视安全、忽视警告（如：违反操作规程、规定和劳动纪律）
2	造成安全装置失效（如：拆除了安全装置，因调整的错误造成安全装置失效等）
3	使用不安全设备（如：使用不牢固的设施，使用无安全装置的设备）
4	手代替工具操作（如：不用夹具固定，手持工件进行加工）
5	物体（指成品、半成品、材料、工具、生产用品等）存放不当
6	冒险进入危险场所
7	攀、坐不安全装置，如平台防护栏、汽车挡板等
8	在起吊物下作业、停留
9	机器运转时加油、修理、检查、调整、焊接、清扫等
10	有分散注意力的行为（如：高危作业时接听手机等）
11	在必须使用个人防护用品的作业或场合中，未正确使用
12	不安全装束（如：穿拖鞋进入施工现场，戴手套操纵带有旋转零部件的设备）
13	对易燃易爆危险品处理错误

表 8-3　　常见的物的不安全状态

序　号	内　　容
1	防护、保险、信号等装置缺乏或有缺陷（如：起重机械的限速、限位、限重失灵等）
2	设备、设施、工具附件有缺陷（如：起重千斤绳达报废标准未报废处理等）
3	个人防护用品、用具缺少或有缺陷（如：安全带磨损、腐蚀严重未及时更换等）
4	生产（施工）场地环境不良（如：作业场所光线不良、狭小、通道不畅等）

2）事故的间接原因。事故的间接原因可追踪于管理措施及决策的缺陷、环境的因素，事故的间接原因有以下几种：①技术和设计上有缺陷，设施、设备、工艺过程、操作方法、施工措施和材料使用等存在问题；②教育培训不够、未经培训，员工缺乏或不懂安全操作技术知识和技能；③劳动组织、生产布置不合理；对现场工作缺乏检查或指导错误；④没有安全操作规程或规章制度不健全，无章可循；⑤没有或不认真实施事故防范措施，对事故隐患整改不力。

（2）事故性质的认定。通过对事故的调查分析，应明确事故的性质。按事故的性质可分为责任事故与非责任事故。

1）责任事故。责任事故指由于管理不善、设备不良、工作场所不良和有关人员的过失引起的伤亡事故。生产过程发生的各类事故大多数属于责任事故，其特点为可以预见和避免。如：水利工程建设中临边作业不挂安全带，导致高处坠落死亡事故；违反操作规程导致设备损坏或人员伤亡等。

2）非责任事故。非责任事故指由于事先所不能预见或不能控制的自然灾害引起的伤亡事故；由于一些没有探明的科学方法和尖端技术未知技术领域所引起的事故；由于科学技术、管理条件不能预见的事故。其特点为不可预见或不可避免。常见的有三类：地震、滑坡、泥石流、台风、暴雨、冰雪、低温、洪水等地质、气象、自然灾害；新产品、新工艺、新技术使用时无法预见的事故；规程、规范、标准执行实施以外未规定的意外因素造成的事故。

（3）事故责任的分析。事故责任分析是在查明事故原因后，分清事故责任，使生产经营单位负责人和其他从业人员从中吸取教训，改进工作。事故责任分析中，应通过对事故的直接原因和间接原因分析，确定事故的直接责任者、领导责任者及主要责任者，从而根据事故后果和事故责任提出处理意见。

直接责任者指其行为与事故的发生有直接关系的人员；主要责任者指对事故的发生起主要作用的人员。有下列情况之一的应由肇事者或有关人员负直接责任或主要责任：

1）违章指挥、违章作业或冒险作业造成事故的。

2）违反安全生产责任制和操作规程，造成事故的。

3）违反劳动纪律，擅自开动机械设备或擅自更改、拆除、毁坏、挪用安全装置和设备，造成事故的。

领导责任者指对事故的发生负有领导责任的人员，有下列情况之一时，应负有领导责任：

1）由于安全生产规章、责任制度和操作规程不健全，职工无章可循，造成事故的。

2）未按照规定对职工进行安全教育和技术培训，或职工未经考试合格上岗操作，造成事故的。

3）机械设备超过检修期限或超负荷运行，设备有缺陷又不采取措施，造成事故的。

4）作业环境不安全，又未采取措施，造成事故的。

5）新建、改建、扩建工程项目，安全设施不与主体工程同时设计、同时施工、同时投入生产和使用，造成事故的。

（4）分析制定预防措施。水利安全生产事故管理的根本目的在于预防事故。在查清事故原因之后，应制定防止类似事故发生的措施。对生产工艺过程中存在的问题，应与先进技术、先进经验对比，提出改进方案；对操作方法上存在的问题，应与安全技术规程对比，提出改进方案；对设备设施

及其现有安全装置存在的问题，可进行技术鉴定，及时抢修，使其处于安全有效状态，无安全装置的要按规定设置；组织管理上存在的问题，应按有关规定及现代管理要求予以解决，如调整机构和人员，建立健全规章制度，进行安全教育等。在防范措施中，应把改善劳动生产条件、作业环境和提高安全技术装备水平放在首位，力求从根本上消除危险、有害因素。

4. 撰写事故调查报告

调查组应着重把事故的经过、原因、责任分析和处理意见以及本次事故教训和改进工作的建议等写成文字报告，经调查组全体人员签字后报批。如果调查组内部意见有分歧，应在弄清事实的基础上，对照政策法规反复研究，形成统一认识，对于个别成员仍然坚持不同意见的，允许保留，并在签字时写明自己的意见。对此可上报上级有关部门处理直至报请同级人民政府裁决，但不得超出事故处理工作的时限。事故调查报告是事故调查工作组的工作结果，是事故调查水平的综合反应。

(1) 事故调查报告的核心内容应反映对事故的调查分析结果，具体内容如下：

1) 事故发生单位概况。

2) 事故发生的时间、地点以及事故现场情况。

3) 事故的简要经过。

4) 事故已经造成或者可能造成的伤亡人数（包括下落不明的人数）和初步估计的直接经济损失。

5) 已经采取的措施。

6) 其他应当报告的情况。

(2) 事故调查报告的撰写要求，包括：

1) 事故发生过程调查分析要准确。

2) 事故原因分析要细致。

3) 事故责任分析要明确。

4) 对事故责任者处理要严肃。

5) 防范措施要具体。

6) 调查组成员要签字。

7) 单位负责人要认真讨论调查报告。

5. 材料归档及事故登记

事故处理结案后，应将事故调查处理的有关材料按伤亡事故登记表的要求进行归档和登记，包括：事故登记表，事故调查报告书及批复，现场调查的记录、图纸、照片，技术鉴定、试验报告，直接和间接经济损失的统计材料，物证、人证材料，医疗部门对伤亡人员的诊断书，处分决定，事故通报，调查组人员姓名、职务、单位等。

（二）事故调查内容

事故调查主要包括以下内容：

(1) 事故发生时间和地点。

(2) 受伤害的人数及伤害部位、性质和程度。

(3) 事故起因物、致害物及事故类别。

(4) 事故发生时，有关人员（肇事者、受伤害人及其他人）作业情况。

(5) 事故的后果和经济损失。

(6) 受伤人员、共同作业人员及和事故直接有关人员的情况。

(7) 气象和作业环境条件。

(8) 服装和防护用品的适用条件、数量、质量。

(9) 安全管理、监督状况。

(10) 事故前发现异常及有关判断情况，事故时的处置、联络、报告、确认等情况，紧急时的停产、撤退、处理事故、急救措施等。

三、事故处理

（一）事故处理的原则

（1）实事求是、尊重科学的原则。对事故的调查处理不仅要揭示事故发生的内外原因，找出事故发生的机理，研究事故发生的规律，制定预防重复发生事故的措施，做出事故性质和事故责任的认定，依法对有关责任人进行处理，而且要为政府加强安全生产、防范重特大事故、实施宏观调控政策提供科学的依据。因此事故调查处理必须以事实为依据，以法律为准绳，严肃认真对待，不得有丝毫疏漏。

（2）“四不放过”原则。即：事故原因分析不清不放过，事故责任者没有受到处理不放过，预防措施不落实不放过，群众没有受到教育不放过。

（3）公正、公开原则。公正，就是实事求是，以事实为依据，以法律有准绳，既不准包庇事故责任人，也不得借机对事故责任人打击报复，更不得冤枉无辜；公开，就是对事故调查处理的结果要在一定范围内公开。

（4）分级管辖原则。事故的调查处理是依照事故的严重级别来进行的。

（二）事故的善后处理

事故善后处理是事故处理的重要环节，如若处理不当，将会影响生产的正常进行，甚至影响社会的稳定。善后处理主要包括：伤亡者的妥善处理，群众的教育，生产恢复，整改措施的落实。

（三）事故责任追究

根据事故调查的结果，查明事故的直接责任者、领导责任者、主要责任者，根据国家的相关法律法规确定事故责任人的法律性质，区分行政责任、民事责任和刑事责任，并对其依法进行惩处。

有关机关应当按照人民政府对事故调查报告的批复，依照法律、行政法规规定的权限和程序，对事故发生单位和有关人员进行行政处罚，对负有事故责任的国家工作人员进行处分；事故发生单位应当按照人民政府对事故调查报告的批复，对本单位负有事故责任的人员进行处理；负有事故责任的人员涉嫌犯罪的，依法追究刑事责任。

（四）事故处理结案

1. 事故调查报告的批复主体

事故调查报告批复的主体是负责事故调查的人民政府。事故调查报告是事故调查组履行事故调查职责，对事故进行调查后形成的报告。事故调查组是为了调查某一特定事故而临时组成的，不管是有关人民政府直接组织的事故调查组，还是授权或者委托有关部门组织的事故调查组，其形成的事故调查报告只有经过有关人民政府批复后，才具有效力，才能被执行和落实。

2. 事故调查报告的批复时限

重大事故、较大事故、一般事故的调查报告的批复时限为 15 日，起算时间是接到事故调查报告之日，在任何情况下，15 日的期限不得延长。考虑到特别重大事故情况比较复杂、涉及面较广，事故调查报告批复的主体是国务院，故特别规定，特别重大事故的批复时限为 30 日，起算时间也是接到事故调查报告之日。

同时规定，在有些特殊情况下，比如需要对事故调查报告的部分内容进行核实、对事故责任人的处理问题进行研究等，对特别重大事故的调查报告确实难以在 30 日内做出批复的，批复时限可以适当延长，但对延长的期限作了严格限制，最长不超过 30 日。

（五）防范和整改措施的落实及其监督检查

事故发生单位应当认真吸取事故教训，落实防范和整改措施，防止事故再次发生。防范和整改措施的落实情况应当接受工会和职工的监督。安全生产监督管理部门和负有安全生产监督管理职责的有关部门应当对事故发生单位落实防范和整改措施的情况进行监督检查。

所谓监督检查，主要是指通过信息反馈、情况反映、实地检查等方式及时掌握事故发生单位落实防范措施和整改措施的情况，对未按照要求落实的，督促其落实；经督促仍不落实的，依法采取有关措施。

（六）对事故调查处理的监督

对事故调查处理的监督共有三种形式：群众监督、舆论监督和组织监督。《国务院关于特大安全事故行政责任追究的规定》（国务院令第302号）第二十一条明确了广大人民群众对地方人民政府和政府部门履行安全生产监督管理工作的监督权利，同时也明确了地方人民政府和政府部门接到报告和举报必须进行调查处理的责任；第二十二条明确了纪检监察的监督保障制度，为防止各级人民政府和政府部门及其工作人员滥用职权、徇私舞弊、以权谋私起到了组织约束的监督保障作用。

第三节　事故统计分析

一、事故统计分析作用

水利生产安全事故统计工作是水利生产安全事故管理中的一个重要的组成部分，是水利安全管理工作的基础。水利生产安全事故统计的主要作用是：

（1）通过对水利生产安全事故的统计、分析，为制定安全操作规程、安全管理制度以及确定安全工作重点提供科学的依据。

（2）通过对水利生产安全事故的统计、分析，能及时、正确地掌握伤亡事故的情况，对安全工作综合性的评价，并从中发现安全生产工作中存在的问题，进一步改进、加强水利安全管理工作。

（3）通过对水利生产安全事故发生的季节、时间、地点、人员以及原因等特点的统计、分析，掌握事故发生的一般规律，并制定有针对性的对策措施，提高水利安全管理水平。

二、事故统计分析流程

事故统计分析的基本程序是：事故资料的统计调查→加工整理→综合分析。三者是紧密相连的整体，是人们认识事故本质的一种重要方法。

（1）事故资料的统计调查。采用各种手段搜集事故资料，将大量零星的事故原始资料系统全面地集中起来。事故调查项目应包括年龄、工龄、工种、伤害部位、伤害性质、直接原因、间接原因、起因物、致害物、事故类型、事故经济损失、休工天数等。项目的填写方式，可采用数字式、是否式或文字式等。

（2）事故资料的整理。根据事故统计分析的目的进行恰当分组，进行事故资料的审核、汇总，并根据要求计算有关数值。汇总的关键是统计分组，就是按一定的统计标志，将分组研究的对象划分为性质相同的组。如按事故类型、伤害严重程度、经济损失大小、性别、年龄、工龄、文化程度、时间等进行分组。

（3）审核汇总过程。要检查资料的准确性，看资料的内容是否合乎逻辑，指标之间是否互相矛盾，通过计算，检查有无差错。

（4）事故资料的综合分析。将汇总、整理的事故资料及有关数据填入统计表或绘制统计图，得出恰当的统计分析结论。

三、事故统计分析指标

（一）事故指标体系

统计指标有绝对指标和相对指标。绝对指标反映事故情况的绝对数，如事故起数、死亡人数、重伤人数、直接经济损失等。相对指标指伤亡事故的两个相联系的绝对指标之比，用来评价事故的比例关系，如伤害频率、伤害严重率等。

（二）常见安全事故统计指标的意义与计算方法

（1）千人死亡率。一定时期内，平均每1000名从业人员，因伤亡事故造成的死亡人数。

$$千人死亡率=\frac{死亡人数}{平均职工人数}\times 10^3$$

（2）千人重伤率。一定时期内，平均每1000名从业人员，因伤亡事故造成的重伤人数。

$$千人重伤率=\frac{重伤人数}{平均职工人数}\times 10^3$$

（3）百万工时伤害率。一定时期内，平均每100万工时，因事故造成的伤害人数，包括轻伤、重伤死亡人数。

$$百万工时伤害率=\frac{伤害人数}{实际总工时数}\times 10^6$$

（4）伤害严重率。一定时期内，平均每100万工时，事故造成的损失工作日数。

$$伤害严重率=\frac{总损失工作日数}{实际总工时数}\times 10^6$$

（5）伤害平均严重率。每人次受伤害的平均损失工作日。

$$伤害平均严重率=\frac{总损失工作日数}{伤害人数}$$

（6）经济损失。经济损失包括直接经济损失和间接经济损失：直接经济损失是指因事故造成人身伤亡及善后处理支出的费用和毁坏财产的价值；间接经济损失是指由直接经济损失引起和牵连的其他损失，包括失去的在正常情况下可以获得的利益和为恢复正常的管理活动或者挽回所造成的损失支付的各种开支、费用。

$$经济损失 = 直接经济损失(万元) + 间接经济损失(万元)$$

（7）千人经济损失率。在全部职工中，平均每1000职工事故所造成的经济损失大小，反映事故给全部职工经济利益带来的影响。

$$千人经济损失率=\frac{经济损失(万元)}{企业平均职工人数}\times 10^3$$

（8）百万元产值经济损失率。平均每创造100万元产值因事故所造成的经济损失大小，反映事故对经济效益造成的经济影响程度。

$$百万元产值经济损失率=\frac{经济损失(万元)}{企业总产值(万元)}\times 100$$

四、事故统计分析方法

事故统计分析就是运用数理统计的方法，对大量的事故资料进行加工、整理和分析，从中揭示事故发生的某些必然规律，为预防事故发生指明方向。对水利生产安全事故进行统计分析，是掌握水利生产安全事故发生的规律性趋势和各种内在联系的有效方法，对加强水利安全管理工作具有很好的决策和指导作用。常见的事故统计分析的方法有综合分析法、相对指标比较法、主次图分析法、事故趋势图分析法等，下面介绍几种。

（一）综合分析法

将大量的事故资料进行总结分类，将汇总整理的资料及有关数值，形成书面分析材料或填入统计表或绘制统计图，使大量的零星资料系统化、条理化、科学化。从各种变化的影响中找出事故发生的规律性。

（二）主次图分析法

主次图即主次因素排列图，是直方图与折线图的组合，直方图用来表示属于某项目的各分类的频次，而折线点则表示各分类的累积相对频次。排列图可以直观地显示出属于各分类的频数的大小及其占累积总数的百分比。

(三) 事故趋势图分析法

事故趋势图又称事故动态图，它是将某单位或某地区的事故发生情况按照时间顺序绘制成的图形。它可以帮助人们掌握事故的发展规律或趋势。其横坐标多表示时间、年龄或工龄等时间参数，纵坐标可据分析的需要选用不同的统计指标，如反映工伤事故规模的指标（包括事故次数、事故伤害总人数、事故损失工作日数、事故经济损失等）、反映工伤事故严重程度的指标（包括伤害严重率、伤害平均严重率、百万元产值事故经济损失值等）以及反映工伤事故相对程度的指标（千人死亡率、重伤率等）等。

五、事故统计分析资料整理

通过对事故的分析研究，促进科学技术的进步和社会的发展。事故资料的统计调查分析，是采用各种手段收集事故资料，将大量零星的事故原始时间、地点、受害人的姓名、性别、年龄、工种、伤害部位、伤害性质、直接原因、间接原因、起因物、致害物、事故类型、事故经济损失等项目填写到一起。

事故资料的整理是根据事故统计分析的目的进行恰当分组和进行事故资料的审核、汇总，并根据要求计算数值，统计分组。审核、汇总过程中要检查资料的准确性，看资料的内容是否符合逻辑，指标之间是否矛盾，最后将整理的事故资料及有关数据填入统计表，利用统计表中的事故统计指标研究分析各种事故现象的规律、发展速度和比例关系等。

统计分析的结果，可以作为基础数据资料保存，作为定量安全评价和科学计算的基础。

第四节 事故案例分析

一、溃坝事故

(一) 事故概况

2007年4月19日，某水库下库北坝发生决口，水库溃口位于新建成的北坝中间位置，导致下游数千亩农田被淹没冲毁，并没有造成人员死亡。

该水库始建于1958年，后于1984年、1987年、1990年3次加高扩建。2001年被原国家计划委员会、水利部列为西部专项资金病险水库处理项目，加固工程于2004年10月完工，同年12月，张掖市有关部门组织了初步验收。除险加固后，该水库分为上、中、下三库，设计总库容1048.1万m^3，其中上库180万m^3，中库581.1万m^3，下库287万m^3，溃坝的下库正是最近一次加固工程中建成的。

(二) 事故原因

1. 直接原因

坝后排水沟底部的黏土层被破坏、坝前铺盖中存在的缺陷处理不当，致使坝基不能满足渗流稳定要求；渗流破坏先从坝后排水沟破坏涌出开始，逐渐向上游发展，坝基被淘空，坝前坝后形成了渗漏通道，导致坝体沉降、坍塌，最终酿成决口溃坝。

2. 间接原因

这一项目在前期工作、三项制度落实、质量管理、工程验收等环节和运行管理中都不同程度地存在问题。

(三) 事故责任分析

(1) 该事故的直接原因是坝基的破坏，坝前坝后形成了渗漏通道，导致坝体沉降、坍塌，水库管理部门在管理过程中出现问题，应该负直接责任和领导责任。

(2) 在项目进行过程中，制度落实、质量管理、工程验收等环节均不同程度的存在问题，设计单位、项目法人、施工单位应负直接责任。

(四) 预防措施

(1) 加强水库大坝的监督和管理，进行定期检查和维护，发现问题及时上报。

(2) 制定并落实水库大坝安全管理应急预案，完善制度，规范管理，科学调度，切实加强水库安全管理和病险水库除险加固项目的建设管理。

二、高处坠落事故

(一) 事故概况

某日白班，安装处机械队准备处理某工程1号机组水轮机埋件——接力器里衬的多余部分。先由施工人员量出多余部分的尺寸，在一定间距内打一个样冲眼，再由其他人员将样冲眼连成线，最后由焊工用割锯根据所画线割去多余部分。

班长肖某安排姜某在前面拉尺头分点，自己在后面拿尺子定点，打样冲眼，还有一些人把冲眼点连成直线。姜某画好了一个点后，拉了尺头沿铺在接力器里衬的马道板逆时针倒退着走，准备定下一个点。马道板是竹片与螺栓连成的，宽30cm，长3m，马道板是直的，里衬是圆的，板在圆内成内多边形，与里衬间就有空隙。姜某退着走时看不见空隙，一脚踩空，左脚掉下马道板，空隙不足以使姜某掉下，但由于马道板未用铅丝或绳子绑牢，浮放在临时焊在里衬铺板的角钢上，姜某踩空后身子一斜，右脚将马道板一蹬而向圆心方向滑动，空隙加大，人从空隙掉下，姜某本能地用手抓物，但钢板上无物可攀，使之从高程436.70m掉到高程432.68m的库环顶上，又从高程432.68m弹到高程150.00m的锥管二期混凝土顶部，头部受重伤，经抢救无效死亡。

(二) 事故原因

1. 直接原因

(1) 组成马道板的竹片与里衬有空隙，且马道板没有固定是导致此事故的直接原因。

(2) 姜某思想麻痹，未带安全绳，在高处倒退行走。

2. 间接原因

安全设施不可靠，领导对安全不够重视。

(三) 事故责任分析

(1) 作业人员姜某忽视安全，在施工场所安全防护措施不良的情况下作业，不带安全绳，安全意识淡薄，应负直接责任，鉴于其死亡，可免责任追究。

(2) 该单位对职工的教育培训不足，工厂安全措施不齐全，在开始作业前未对作业区进行安全检查，领导对安全重视不够，应负直接责任和领导责任。

(四) 预防措施

(1) 高处作业应严格按照操作规程施工，悬空侧必须有安全栏杆或安全网，马道板必须满铺，固定可靠。

(2) 加强安全教育，提高职工安全意识，增强自我保护能力。

(3) 加强安全管理，做好施工现场安全监察工作，增强领导安全意识，明确安全生产第一责任人。

三、物体打击事故

(一) 事故概况

某单位正在维修水平台2号高架门机，焊工张某在高架门机顶部平台使用焊枪从事切割作业。由于来回移动焊枪带，不慎将放在其身后的一把4kg重的木柄手锤从高度为28m的门机检修孔（孔径110mm）扫落，砸在正从高架门机下经过的该单位项目部职工杨某头部（安全帽砸一破洞）。事故发生后，及时将伤者送往西宁医院，经抢救无效死亡。

(二) 事故原因

1. 直接原因

(1) 工器具未按规定存放，特别是2号高架门机处与交通路口，在过往行人较多的情况下，没有

采取安全警戒和安全防护措施。

（2）杨某安全意识差，明知2号高架门机在维修过程中，还冒险从门机下经过。

2. 间接原因

机电大队现场管理不严，安全措施未落实。

（三）事故责任分析

（1）焊工张某安全意识差，从事切割作业前，没有按规定对现场进行详细检查和清理不安全物品，应负主要责任。

（2）杨某安全意识差，应负直接责任，因按照相关规定对其处罚，鉴于其死亡，可免责任追究。

（3）工器具未按规定存放，并且在工作场所未采取安全警戒和安全防护措施，该单位应负直接责任和领导责任。

（四）预防措施

（1）强化职工安全意识，杜绝“三违”现象（即：违章指挥、违章操作、违反劳动纪律），认真组织各工种学习操作规程，做到“三不伤害”（即：不伤害自己、不伤害他人、不被别人伤害）。

（2）加强施工现场安全管理，严格执行各项规章制度和操作规程，工作前必须对现场环境进行全面认真的检查，采取可靠的安全防范措施，彻底消除事故隐患后，方能正式施工。

四、机械伤害事故

（一）事故概况

2004年2月14日13时左右，某施工单位生产指挥部通知综合队5号路K1＋681涵路面水稳层需要拌制混凝土，施工人员开始工作，大约14时30分，作业人员也某在送料皮带机尾部清理皮带机及滚筒上的骨料，因骨料湿，滚筒上粘的多，他用手清理滚筒上粘的骨料，在清理过程中不慎滑倒，右手被卷进皮带机内。

（二）事故原因

1. 直接原因

作业人员清理皮带机及滚筒上的骨料时没有停机，作业场地环境不良，作业人员违章清理皮带机及滚筒上的骨料。

2. 间接原因

施工单位对操作人员的安全教育培训不够。

（三）事故责任分析

（1）作业人员也某违章作业，用手代替工具操作，违反了相关的规章制度和安全操作规程，应负有直接责任和主要责任。

（2）施工单位对员工的教育培训不够，应负领导责任。

（四）预防措施

（1）加强对设备运转操作人员的安全操作规程教育培训工作。

（2）设备运转过程中，不允许进行清理作业，严禁违章操作。

（3）使用工具清理代替手进行清理工作。

五、触电事故

（一）事故概况

某项目部进行了电站1B主变的检修，1B主变差动保护动作，主变高压侧断路器跳闸，电站现场运行负责人林某当即召集人员进行检查，并要求项目部人员协助查找原因，在检查1号机10kV开关室内时，林某要求项目部人员检查1号机出口断路器的主变差动电流互感器的二次侧端子（在发电机出口开关柜内的电流互感器上）。经双方口头核实安全措施以后，邓某便进去检查，邓某钻进去检查电流互感器接线端子是否松动，随即柜内出现强烈的电弧光，邓某触电，当场被电击伤太阳穴、手掌等部位。

停机后，现场人员将邓某移出开关柜，项目部安全生产委员会立即向上级汇报了事故情况，并及时与当地医院取得了联系，将邓某送往县医院抢救，终因伤势过重抢救无效而死亡。

（二）事故原因

1. 直接原因

主变1B保护动作后，出口开关跳闸，机组自动转入空载运行，出口开关下端带电，死者邓某钻入实际上是有电的10kV开关柜内工作。

2. 间接原因

检修工作没有办理工作票、操作票，没有按程序做好安全措施，没有进行停电、验电、装设接地线等工作，也没执行作业监护制度，严重违章。

（三）事故责任分析

（1）邓某违章操作，人员进入开关柜检查前，没有事先合上开关柜内的接地刀闸，对此次事故负有直接责任。

（2）电站现场运行负责人安全操作意识淡薄，在进入高压设备前，未对设备接地状态作最基本的检查，未能对其所说的机组停机、设备无电进行确认，对员工教育培训不够，负有直接责任和领导责任。

（四）预防措施

（1）加强安全监督管理工作。

（2）在已有投入运行设备的电站进行施工，应严格执行"两票三制"（即：工作票、操作票和交接班制、巡回检查制、设备定期试验轮换制）制度。

（3）做好甲、乙方及乙方与其他各方的工作协调关系，甲、乙双方确认措施完善后方能进行检修。

（4）在电气施工工作中，必须严格执行电气作业安全操作规程，高压设备停电后，必须投接地刀闸，并另挂接地线，要接触高压母线或设备，必须先用高压验电器检验，确认安全后再接触；低压设备停电并做好安全措施后，也必须用验电笔或万用表检验，确认无电后检修人员才可以进行工作，严格执行操作监护制度。

（5）定期开展安全教育活动，组织全体职工经常性地学习安全操作规程，加强安全意识教育。

六、坍塌事故

（一）事故概况

某日，某水电站引水明渠后部K4＋846.7～876.2m段，经施工单位提出、工程总监同意，在未经认真组织中间验收、未制定试通水方案、未采取相关安全防范和保障措施、混凝土未达保养期的前提下，工程施工单位、工程监理单位、施工地负责人，于当日13时左右，开始关闭取水坝冲砂闸，开启进水闸向渠道放水，至17时10分左右，渠道K4＋846.7～876.2m段外边墙倒伏，约14万m^3水突然顺山下泄，冲刷山体形成泥石流，泥石流冲毁下游工棚和该村公路，导致事故发生，造成施工人员3死1伤，过路群众2死1伤。

（二）事故原因

1. 直接原因

由于施工单位偷工减料、工程质量低劣、未组织中间验收、混凝土未达到保养期和试通水安全监管保障措施不到位。

2. 间接原因

（1）施工单位：对合同项目安全生产管理严重失位；现场施工单位技术水平低下；施工过程中，

越位干扰工程监理工作；在前池闸门未安装完毕，明渠工程保养期不到，未按规定办理质量监督手续，未进行中间验收和阶段验收，未制定试通水预案和相关安全保障措施等情况下盲目申请、实施试通水，施工质量差。

(2) 出资及项目发包人：内部管理混乱，权责不明，安全意识淡薄，安全管理水平较低；对所发包的工程没有认真协调管理，没有对施工现场指派安全管理人员；对施工方提出的过水试验不调查、不了解，盲目同意；负责人在发生事故后没有及时组织救援，而是逃离了现场。

(3) 项目法人（建设单位）：安全生产管理制度不健全，安全生产措施不落实，没有依法严格履行职责，没有对电站工程承包单位的安全生产工作统一协调、管理；没有严格遵守安全生产法律法规，没有履行电力建设安全生产“三同时”审批手续；对施工工程未认真组织进行中间验收和阶段验收；对过水试验没有制定相关预案，没有统一协调、统一管理。

(4) 监理单位：未认真履行工程监理职责，对施工过程的关键环节把关不严；在工程还不具备试通水条件和无任何安全保障措施的情况下，同意施工单位进行试通水。

(三) 事故责任分析

(1) 施工队负责人偷工减料、无资质承包工程、施工质量低劣、通水时监管失位。应承担事故的直接责任，移交司法机关追究刑事责任。

(2) 项目部负责人无项目经理资质，违规发包工程，对所施工工程及通水违章指挥，日常安全监管严重不到位。应承担事故直接责任，移交司法机关追究刑事责任。

(3) 该电站工地总监未对施工组织设计中的安全技术措施或专项施工方案进行审查；发现安全事故隐患未及时要求施工单位整改或者暂时停止施工；未依照法律、法规和工程建设强制性标准实施监管。应承担事故直接责任，移交司法机关追究刑事责任。

(4) 施工单位负责人。授权他人签订工程承包合同，但并未真正组织工程施工，管理严重失位；对重大事故预兆、对已发现的事故隐患不及时采取措施，应承担领导责任，根据相关法律法规对其进行处罚。

(四) 预防措施

(1) 各单位应严格按照国家标准进行施工，施工单位不得偷工减料。

(2) 应加强监督管理，全面贯彻落实安全生产责任制。

(3) 加强对员工的安全教育和培训，提高员工的安全意识和安全技能。

七、爆破伤害事故

(一) 事故概况

某工程指挥部开挖大队进行水电站安装间交通洞口开挖处理爆破时，在爆破处，抛起一块石块（长 108cm、上宽 35cm、下宽 46cm）砸中距爆破地点水平距离 69m、高度差 37m 的厂房灌浆施工面的一个铁皮值班室房，从房顶砸穿一个长 125cm、宽 50cm 不规则的孔洞，造成在铁皮房内违章避炮人员中白某、梁某等 1 人当场死亡，1 人在送往医院过程中死亡，2 人轻伤的多人伤亡事故。

(二) 事故原因

1. 直接原因

(1) 安装间通洞口部位开挖处理，采用预裂及一般爆破，其装药量按规定控制在 30%，但爆破后出现大石块能抛出 69m 远、37m 高差，说明装药量偏大和不均。

(2) 在炮孔装药过程中，是由 2 名炮工负责装炮的，本应一个装药，一个监护，而实际上是各自装药，无人监督，而孔深只用炮棍探知，每孔孔深无人详细检查，单孔装药也无人监督。

(3) 白某、梁某等人忽视施工安全，在安全员清场后又从坝后工作面窜入不许避炮的值班室铁皮房内避炮，不遵守避炮制度，思想麻痹，忽视安全生产。

2. 间接原因

(1) 装药、监护作业无人监督检查。

(2) 安全科的安全员已通知各有关单位在放炮时各自到安全区避炮。点炮前安全员也进行了清理，但铁皮房内仍有人违章避炮，说明清场不彻底，有事故隐患。

(三) 事故责任分析

(1) 白某、梁某等人忽视施工安全，不遵守爆破安全规程，负直接责任。

(2) 安全科安全员对安全生产监督执行力度不够，负领导责任。

(四) 预防措施

(1) 加强施工技术管理，严格执行爆破技术规定和技术要求，认真履行爆破装药程序和手续。

(2) 加强职工安全教育，提高安全意识，执行各有关安全规章制度。

(3) 安全管理部门应加强监督管理力度，全面落实安全生产责任制。

八、淹溺事故

(一) 事故概况

某水电站开挖工区二工段开挖班，安排李某和许某在船闸三号导航墩处修复PC－200抓铲。修复完毕，李某问班长下午的工作内容，因抓铲下午无任务，班长叫李某回现场指挥部待命。中午12时左右，李某乘上蒋某开的32t出渣车从围堰到安仁溪来回坐了三次，约下午14时20分，当蒋某第三车开到河边倒渣地时，在渣场上推土的推土机工吴某叫引导员方某将这车料往河里倒，方某说："指挥所有令不能往河里倒渣。"吴某说："这里有一块是凹地，还可以倒一点，这样可以扩大工作面，驾驶员好掉头。"方某认为吴某说的有一定的道理，就引导出渣车往河床上倒，当时正下着大雨，蒋某倒车时车门紧闭，只凭倒车镜看引导员打手势为信号，当车继续往后退时，因为车速偏快，信号联络不清，车子在倒车时后轮超出安全边距，加上渣场土质松散含砂量较大等原因，当引导员发出"停、停、停"呼叫时驾驶员蒋某已来不及刹车，随着巨大的惯性和自重翻至十几米深的江中。蒋某破窗游出水面被救，同车随坐的李某淹溺致死。

(二) 事故原因

1. 直接原因

(1) 引导员方某无主见，明知渣不能倒入江中还引导驾驶员往河里倒渣。

(2) 信号联络手段靠手势来处理，不能有效的对天气、地形、地质做出正确判断。

(3) 驾驶员蒋某紧闭窗门仅靠倒车镜来观察外界，导致联络信号接收不畅加之倒车时车速偏快。

(4) 李某本人劳动纪律性差，未服从班长的指令。

2. 间接原因

(1) 现场土质松散含砂量较大，又正值下雨坍塌。

(2) 现场无任何防护措施，无安全警告标志。

(三) 事故责任分析

(1) 方某明知渣不能倒入江中，还引导驾驶员往河里倒渣，属于违章操作，负直接责任和领导责任。

(2) 李某本人劳动纪律性差，未服从班长的指令，应负直接责任。

(3) 电站工段负责人安全责任制不落实，现场管理混乱，劳动纪律不够严明，使用安全意识较差、责任心不强、未经培训缺乏操作知识的民工担任引导员，应负领导责任。

(四) 预防措施

(1) 应使用素质高、经过专门培训、责任心强的人担任现场引导指挥员。

(2) 对于危险施工地，应设置防护措施及明显的警告标志。

(3) 立即组建安全管理机构，制定完整的现场安全管理制度，将责任层层落实到班组。

(4) 把好特殊工种持证上岗关，教育职工遵守纪律，提高自我保护意识，杜绝类似事故发生。

本章思考题

1. 按照致伤原因，事故可分为哪几类?
2. 水利工程建设与运行常见事故分别有哪些?
3. 生产安全事故报告的原则是什么?
4. 水利生产安全事故快报和事故月报的内容分别包括哪些?
5. 水利生产安全事故报告的范围、时限分别是什么?
6. 水利生产安全事故统计月报的范围、时限和方式分别是什么?
7. 事故调查的程序是什么?
8. 事故的直接原因和间接原因怎么区别?
9. 责任事故和非责任事故的区别是什么?请举例说明。
10. 事故的直接责任者、主要责任者和领导责任者是怎么确定的?
11. 事故调查报告批复主体是什么?
12. 事故处理应遵循哪几个原则?
13. 事故统计指标中千人死亡率、千人重伤率、百万工时伤害率指什么?如何计算?
14. 事故的统计分析的方法有哪些?各有什么特点?
15. 结合某一起事故案例，分析事故原因，简述可采取哪些措施来预防事故。

第九章　水利安全生产应急救援

本章内容提要

本章节针对水利安全生产事故的特点，从应急救援的基本任务出发，阐述了水利安全生产应急救援体系的构成，介绍了水利安全生产应急预案的编制方法，以及应急预案的培训和演练的有关内容。

在水利安全生产中，可能发生垮坝、漫坝、触电、火灾、淹溺、高处坠落、物体打击等各类事故。这些事故发生后，如未进行及时有效抢救，会造成严重的后果。为了防止水利安全生产中重、特大事故的发生，减少事故带来的损失，需要采取一系列的预防控制措施，其中，建立科学、合理的水利安全生产应急救援体系，组织及时有效的救援行动，是抵御事故风险、控制灾害蔓延、降低危害后果的关键甚至是唯一手段。

第一节　应急救援基本任务

一、基本概念

1. 应急预案

应急预案是为有效预防和控制可能发生的事故，最大程度减少事故及其造成损害而预先制定的工作方案。

2. 应急准备

应急准备是针对可能发生的事故，为迅速、科学、有序地开展应急行动而预先进行的思想准备、组织准备和物资准备。

3. 应急响应

应急响应是针对发生的事故，有关组织或人员采取的应急行动。

4. 应急救援

应急救援是在应急响应过程中，为最大限度地降低事故造成的损失或危害，防止事故扩大，而采取的紧急措施或行动。

5. 应急演练

应急演练是指针对可能发生的事故情景，依据应急预案而模拟开展的应急活动。

二、应急救援基本任务

应急救援工作的前提是预防为主，原则是贯彻统一指挥、分级负责、区域为主、单位自救和社会救援相结合。预防工作是应急救援工作的基础，除了平时做好事故的预防工作，避免或减少事故的发生外，还应落实好救援工作的各项准备措施，做到一旦发生事故就能及时实施救援。

应急救援的基本任务包括下列几个方面：

(1) 立即组织营救受害人员，组织撤离或者采取其他措施保护危害区域内的其他人员。

(2) 迅速控制危险源，并对事故造成的危害进行检验、监测，测定事故的危害区域、危害性质及危害程度。

（3）指导群众防护，组织群众撤离。

（4）消除危害后果，做好现场恢复。

（5）查清事故原因，评估危害程度。

三、应急管理的内涵

应急管理是一个动态的过程，包括预防、准备、响应和恢复四个阶段。在实际情况中，这些阶段往往是交叉的，但每一阶段都有自己明确的目标，并且成为下个阶段内容的一部分。预防、准备、响应和恢复的相互关联，构成了应急管理的循环过程。

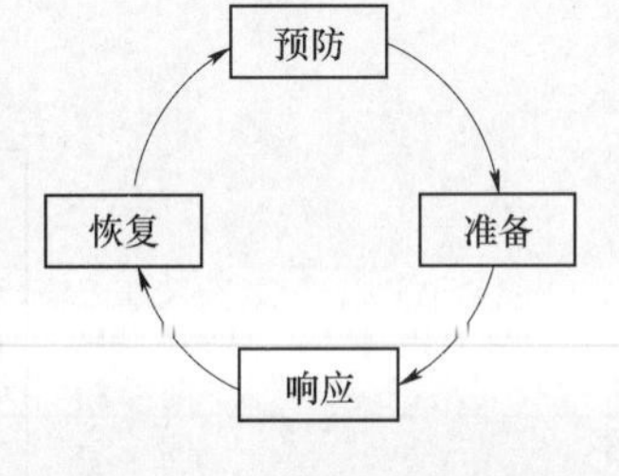

图 9-1　应急管理的阶段图

应急管理的阶段如图 9-1 所示。应急管理四个阶段的工作内容如图 9-2 所示。

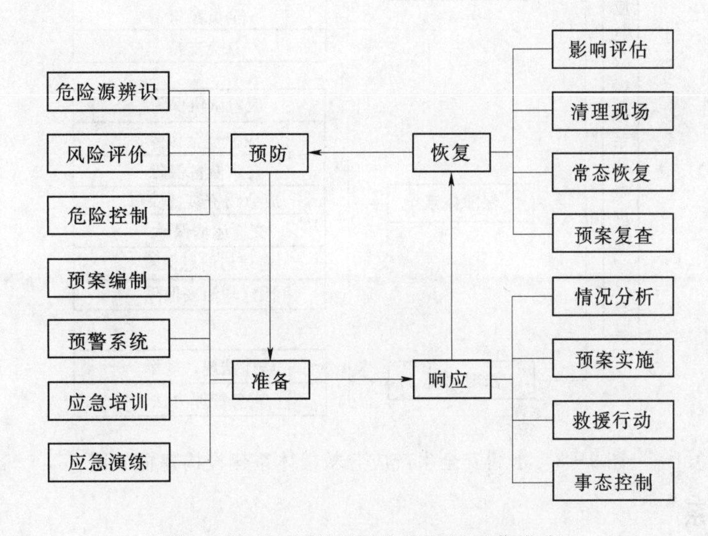

图 9-2　应急管理四个阶段的工作内容

在应急管理中预防有两层含义：第一层是事故的预防工作，即通过安全管理和安全技术等手段，尽可能地防止事故的发生，实现本质安全化；第二层是在假定事故必然发生的前提下，通过预先采取的预防措施，来降低事故的影响或减轻事故后果的严重程度。

准备的目标是保障重大事故应急救援所需的应急能力，主要集中在发展应急操作计划及系统上。

响应的目的是通过发挥预警、疏散、搜寻和营救以及提供避难场所和医疗服务等紧急事务功能，尽可能地抢救受害人员，保护可能受到威胁的人群；尽可能控制并消除事故，最大限度地减少事故造成的影响和损失，维护经济社会稳定和人民生命财产安全。

恢复工作应在事故发生后立即进行，它首先使事故影响地区恢复相对安全的基本状态，然后继续努力逐步恢复到正常状态。要求立即开展的恢复工作包括事故损失评估、事故原因调查、清理废墟等；长期恢复工作包括受影响区域重建和再发展以及实施安全减灾计划。

在应急行动产生之前，预防和准备阶段可持续几年、几十年，乃至几百年；然而，如果应急发生则导致随之的恢复阶段，新的应急管理又从预防工作开始。

第二节　水利安全生产应急救援体系

构建水利安全生产应急救援体系，应贯彻顶层设计和系统论的思想，以事件为中心，以功能为基础，分析和明确应急救援工作的各项需求，在应急能力评估和应急资源统筹安排的基础上，科学地建立规范化、标准化的应急救援体系，保障各级应急救援体系的统一和协调。水利安全生产应急救援体系主要由组织体系、运作机制、保障体系、法规制度等部分组成。水利安全生产应急救援体系建设构建框架如图 9－3 所示。

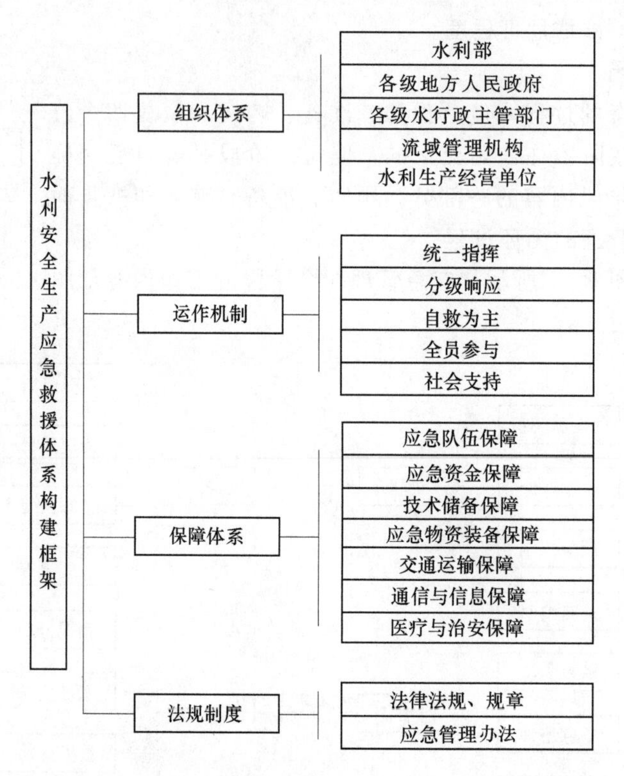

图 9－3　水利安全生产应急救援体系建设构建框架图

一、应急组织体系

应急组织体系是水利安全生产应急救援体系的基础之一。通过建立分级的应急救援管理与指挥机构，主要包括水利部、各级地方人民政府、各级水行政主管部门、流域管理机构、水利企事业单位等，指定各级应急救援负责人，形成完整的水利安全生产应急救援组织体系。同时还要成立相关防汛部门，保证汛期水库大坝等的安全生产运行。

水利安全生产监督实行分级管理。由水利部指导，各级水行政主管部门和流域管理机构负责做好本地区、本流域的安全生产监督管理工作，在各级政府的带领下，各水利生产经营单位充分发挥其综合协调作用。

二、应急运作机制

应急运作机制是水利安全生产应急救援体系的重要保障，其目标是加强应急救援体系内部的应急管理，明确和规范响应程序，保证应急救援体系运转高效、应急反应灵敏，取得良好的抢救效果。

水利安全生产应急运行机制始终贯穿于应急准备、初级反应、扩大应急和应急恢复这四个阶段的应急活动中，应急机制与这四个阶段的应急活动密切相关。涉及事故应急救援的运行机制众多，水利安全生产实行由政府统一领导，各级组织体系分级响应，单位全面负责，全员参与救援，社会广泛支持的应急运行机制。

三、应急保障体系

应急保障体系是水利安全生产应急救援体系的重要组成部分，是应急救援行动全面展开和顺利进行的强有力的保证。应急救援工作能否快速有效地开展依赖于应急保障是否到位。

应急保障一般包括通信与信息保障、应急队伍保障、应急物资装备保障、应急资金保障等。

（一）通信与信息保障

构筑水利安全生产应急通信信息平台是水利应急救援体系最重要的基础建设之一，平台可以保证

所有预警、报警、警报、报告、求援和指挥等行动的通信信息进行快速、顺畅、准确的交流，是应急工作高效、顺利进行的重要保障。

一般通信工具包括：电话（包括手机、可视电话、座机电话等）、无线电、电台、传真机、移动通信以及卫星通信等。

为了确保应急期间通信信息通畅，应制定应急通信信息平台的维护方案，并明确与应急工作相关联的单位或人员的通信联系方式和方法，并提供备用方案。

（二）应急队伍保障

应急队伍是应急救援工作最重要的人力资源保障，各级水行政主管部门和流域管理机构应监督水利生产经营单位设立专业或兼职的应急救援队伍，并根据需要与地方上专业应急救援队伍签订救援协议，以确保应急救援工作的顺利开展。

应急队伍应配备相应的防护器材和装备，经过专业培训并参加应急演练。应急队伍应知道如何救人与如何保护自己，熟练掌握相关知识和技能，正确使用相应的防护器材和装备。

（三）应急物资装备保障

应急物资与装备是应急救援工作的重要保障，必须对水利安全生产中潜在突发事件的性质和可能产生的后果进行分析，合理配备应急救援中所需的各种救援机械和设备、监测仪器、交通工具、个体防护设备、医疗设备和药品以及其他保障物资，特别要配备充足的防汛物资。

同时，应制定应急物资和装备管理制度，对应急物资和装备的采购、保管、维护、使用等环节做出规定，并定期检查、维护与更新，保证其始终处于完好状态。

（四）应急资金保障

各级水行政主管部门和流域管理机构应监督水利生产经营单位将应急救援经费纳入财务预算，建立应急救援专项资金，应明确应急专项经费的来源、数量、使用范围和监督管理措施，保障应急状态时应急经费能及时到位。

（五）其他保障

各级水行政主管部门和流域管理机构应监督水利生产经营单位根据本单位事故应急工作的需要确定其他与事故应急救援相关的保障措施，如交通运输保障、治安保障、技术保障、医疗保障和后勤保障等。

四、应急法律法规体系

水利安全生产应急救援的有关法律法规等是水利安全生产应急救援体系的法制保障，也是开展事故应急活动的依据。

我国高度重视应急管理的立法工作。目前，应急管理的法律法规、规章主要有：《安全生产法》、《中华人民共和国突发公共事件应对法》、《生产安全事故报告和调查处理条例》（国务院令第 493 号）、《中华人民共和国防洪法》、《水库大坝安全管理条例》（国务院令第 77 号）、《中华人民共和国防汛条例》（国务院令第 441 号）、《生产安全事故应急预案管理办法》（国家安监总局令第 17 号）、《国家突发公共事件总体预案》（国发〔2005〕11 号）等。同时，水行政主管部门或流域管理机构应根据需要制定其行政区域、流域的应急管理办法及相关制度。

第三节 应急预案的编制

一、应急预案编制的原则

编制应急预案是进行事故应急准备的重要工作内容之一，编制应急预案不但要遵守一定的编制程序，同时应急预案的内容也应满足下列基本要求。

（一）针对性

应急预案是为有效预防和控制可能发生的事故，最大程度减少事故及其造成损害而预先制定的工作方案。因此，应急预案应结合危险分析的结果，针对重大危险源、各类可能发生的事故、关键的岗位和地点、薄弱环节等进行编制，确保其有效性。

（二）科学性

应急救援工作是一项科学性很强的工作。编制应急预案必须以科学的态度，在全面调查研究的基础上，在专家的指导下，开展科学分析和论证，制定出决策程序、处置方案和应急手段先进的应急方案，使应急预案具有科学性。

（三）可操作性

应急预案应具有可操作性或实用性，即突发事件发生时，有关应急组织、人员可以按照应急预案的规定迅速、有序、有效地开展应急救援行动，降低事故损失。为确保应急预案实用、可操作，应急预案编制过程中应充分分析、评估本单位可能存在的危险因素，分析可能发生的事故类型及后果，并结合本单位应急资源、应急能力的实际，对应急过程的一些关键信息，如潜在重大危险及后果分析、支持保障条件、决策、指挥与协调机制等进行系统的描述。同时，应急相关方应确保事故应急所需的人力、设施和设备、资金支持以及其他必要资源的投入。

（四）合法合规性

应急预案中的内容应符合国家相关法律、法规、标准和规范的要求，应急预案的编制工作必须遵守相关法律法规的规定。

（五）权威性

应急救援工作是紧急状态下的应急性工作，所制定的应急预案应明确救援工作的管理体系，救援行动的组织指挥权限，各级救援组织的职责和任务等一系列的行政性管理规定，保证救援工作的统一指挥。应急预案经上级部门批准后才能实施，保证其具有一定的权威性。同时，应急预案中应包含应急所需的所有基本信息，并确保这些信息的可靠性。

（六）相互协调一致、相互兼容

各单位应急预案应与上级部门应急预案、当地政府应急预案、主管部门应急预案、下级单位应急预案等相互衔接，确保出现紧急情况时能够及时启动各方应急预案，有效控制事故。

二、应急预案的编写内容

根据《生产经营单位安全生产事故应急预案编制导则》（GB/T 29639—2013）的规定，应急预案可分为3个层次。

（1）综合应急预案。综合应急预案是生产经营单位应急预案体系的总纲，主要从总体上阐述事故的应急工作原则，包括生产经营单位的应急组织机构及职责、应急预案体系、事故风险描述、预警及信息报告、应急响应、保障措施、应急预案管理等内容。

（2）专项应急预案。专项应急预案是生产经营单位为应对某一类型或某几种类型事故，或者针对重要生产设施、重大危险源、重大活动等内容而制定的应急预案。专项应急预案主要包括事故风险分析、应急指挥机构及职责、处置程序和措施等内容。

（3）现场处置方案。现场处置方案是生产经营单位根据不同事故类别，针对具体的场所、装置或设施所制定的应急处置措施，主要包括事故风险分析、应急工作职责、应急处置和注意事项等内容。生产经营单位应根据风险评估、岗位操作规程以及危险性控制措施，组织本单位现场作业人员及相关专业人员共同进行编制现场处置方案。

应急预案应形成体系，针对各级各类可能发生的事故和所有危险源制订专项应急预案和现场应急处置方案，并明确事前、事发、事中、事后的各个过程中相关部门和有关人员的职责。生产规模小、危险因素少的单位，综合应急预案和专项应急预案可以合并编写。

由于综合应急预案是综述性文件，因此需要要素全面，而专项应急预案和现场处置方案要素重点在于制定具体救援措施，因此对于单位概况等基本要素不做内容要求。

综合应急预案、专项应急预案和现场处置方案的主要内容分别见表9-1、表9-2、表9-3。其中，大、中型和坝高超过15m的小型水库的应急预案的编制主要参照《关于印发〈水库大坝安全管理应急预案编制导则（试行）〉的通知》（水建管〔2007〕164号）。

表9-1　　综合应急预案内容

目　录	具　体　内　容
总则	编制目的、编制依据、适用范围、应急预案体系、应急工作原则
事故风险描述	
应急组织机构及职责	
预警及信息报告	预警、信息报告
应急响应	响应分级、响应程序、处置措施、应急结束
信息公开	
后期处置	
保障措施	通信与信息保障、应急队伍保障、物资装备保障、其他保障
应急预案管理	应急预案培训、应急预案演练、应急预案修订、应急预案备案、应急预案实施

表9-2　　专项应急预案内容

目　录	具　体　内　容
事故风险分析	
应急指挥机构及职责	
处置程序	
处置措施	

表9-3　　现场处置方案内容

目　录	具　体　内　容
事故风险分析	
应急工作职责	
应急处置	事故应急处置程序、现场应急处置措施
注意事项	

三、应急预案的编制步骤

应急预案的编制参照《生产经营单位安全生产事故应急预案编制导则》（GB/T 29639—2013）的要求。综合应急预案的编制过程大致可分为以下6个步骤（其他层次和类型的应急预案可参照此步骤编制）。

（一）成立预案编制小组

结合本单位各部门职能和分工，成立以单位主要负责人（或分管负责人）为组长，单位相关部门人员参加的应急预案编制工作组，明确工作职责和任务分工，制定工作计划，组织开展应急预案编制工作。应急预案编制需要安全、工程技术、组织管理、医疗急救等各方面的知识，因此应急预案编制小组是由各方面的专业人员或专家组成，包括预案制定和实施过程中所涉及或受影响的部门负责人及具体执笔人员。必要时，编制小组也可以邀请地方政府相关部门和单位周边社区的代表作为成员。

（二）收集相关资料

收集应急预案编制所需的各种资料是一项非常重要的基础工作。相关资料的数量、资料内容的详细程度和资料的可靠性将直接关系到应急预案编制工作是否能够顺利进行，以及能否编制出质量较高的应急预案。

需要收集的资料一般包括：

（1）相关的法律、法规和技术标准。

（2）国内外同行业的事故资料及事故案例分析。

（3）以往的安全记录、事故情况。

（4）单位所在地的地理、地质、水文、环境、自然灾害、气象资料。

（5）事故应急所需的各种资源情况。

（6）同类单位的应急预案。

（7）政府的相关应急预案。

（8）其他相关资料。

（三）风险评估

危险源辨识与风险评估是编制应急预案的关键，所有应急预案都建立在风险评估的基础之上。在危险因素分析、危险源辨识及事故隐患排查、治理的基础上，确定本单位的存在的危险因素、可能发生事故的类型和后果，并指出事故可能产生的次生、衍生事故，评估事故的危害程度和影响范围，形成分析报告，分析结果将作为事故应急预案的编制依据。

（四）应急能力评估

应急能力评估就是依据风险评估的结果，对应急资源准备状况的充分性和从事应急救援活动所具备的能力评估，以明确应急救援的需求和不足，为应急预案的编制奠定基础。针对水利安全生产可能发生的事故及事故抢险的需要，实事求是的评估本单位的应急装备、应急队伍等应急能力。对于事故应急所需但本单位尚不具备的应急能力，应采取切实有效措施予以弥补。

事故应急能力一般包括：

（1）应急人力资源（各级指挥员、应急队伍、应急专家等）。

（2）应急通信与信息能力。

（3）人员防护设备（呼吸器、防毒面具、防酸服、便携式一氧化碳报警器等）。

（4）消灭或控制事故发展的设备（消防器材等）。

（5）防止污染的设备、材料（中和剂等）。

（6）检测、监测设备。

（7）医疗救护机构与救护设备。

（8）应急运输与治安能力。

（9）其他应急能力。

（五）应急预案编制

在（一）～（四）工作的基础上，针对本单位可能发生的事故，按照有关规定和要求，充分借鉴国内外同行业事故应急工作经验编制本单位的应急预案。应急预案编制过程中，应注重编制人员的参与和培训，充分发挥他们各自的专业优势，使他们均掌握风险评估和应急能力评估结果，明确应急预案的框架、应急过程行动重点以及应急衔接、联系要点等。同时，应急预案编制应注意系统性和可操作性，做到与地方政府预案、上级主管单位以及相关部门的应急预案相衔接。

（六）应急预案评审与发布

《生产安全事故应急预案管理办法》（国家安监总局令第 17 号）中提出应急预案编制完成后，应进行评审或者论证。评审由本单位主要负责人组织有关部门和人员进行。外部评审由上级主管部门或地方政府负责安全管理的部门组织审查。评审后，按规定报有关部门备案，并经生产经营单位主要负责人签署发布。

为贯彻实施《生产安全事故应急预案管理办法》（国家安监总局令第 17 号），指导和规范生产经营单位做好生产安全事故应急预案评审工作，提高应急预案的科学性、针对性和实效性，国家安全生产监督管理总局印发了《生产经营单位生产安全事故应急预案评审指南（试行）》（国家安监总厅应急〔2009〕73 号，以下简称《应急预案评审指南》）。《应急预案评审指南》给出了应急预案评审方法、评审程序和评审要点，附有应急预案形式评审表、综合应急预案要素评审表、专项应急预案要素评审表、现场处置方案要素评审表和应急预案附件要素评审表五个附件。

1. 评审方法

应急预案评审分为形式评审和要素评审，评审可采取符合、基本符合、不符合三种方式简单判定。对于基本符合和不符合的项目，应提出指导性意见或建议。

（1）形式评审。依据有关规定和要求，对应急预案的层次结构、内容格式、语言文字和编制程序等内容进行审查，审查的重点是应急预案的规范性和编制程序。

（2）要素评审。依据有关规定和标准，从合法性、完整性、针对性、实用性、科学性、操作性和衔接性等方面对应急预案进行评审。应急预案要素分为关键要素和一般要素。为细化评审，可采用列表方式分别对应急预案的要素进行评审。评审应急预案时，将应急预案的要素内容与表中的评审内容及要求进行对应分析，判断是否符合表中要求，指出存在的问题及不足。

关键要素指应急预案构成要素中必须规范的内容。这些要素内容涉及生产经营单位日常应急管理及应急救援时的关键环节，如应急预案中的危险源与风险分析、组织机构及职责、信息报告与处置、应急响应程序与处置技术等要素。

一般要素指应急预案构成要素中可简写或省略的内容。这些要素内容不涉及生产经营单位日常应急管理及应急救援时的关键环节，而是预案构成的基本要素，如应急预案中的编制目的、编制依据、适用范围、工作原则、单位概况等要素。

2. 评审程序

应急预案编制完成后，应在广泛征求意见的基础上，采取会议评审的方式进行审查。会议评审应由生产经营单位主管安全的领导组织，会议评审规模和参加人员根据应急预案涉及范围和重要程度确定。

（1）评审准备。应急预案评审应做好以下准备工作：

1）成立应急预案评审组，落实参加评审的单位或人员。

2）通知参加评审的单位或人员具体评审时间。

3）将被评审的应急预案在评审前送达参加评审的单位或人员。

（2）会议评审。会议评审可按照以下程序进行：

1）介绍应急预案评审人员构成，推选会议评审组组长。

2）应急预案编制单位或部门向评审人员介绍应急预案编制或修订情况。

3）评审人员对应急预案进行讨论，提出修改和建设性意见。

4）应急预案评审组根据会议讨论情况，提出会议评审意见。

5）讨论通过会议评审意见，参加会议评审人员签字。

（3）意见处理。评审组组长负责对各位评审人员的意见进行协调和归纳，综合提出预案评审的结论性意见。生产经营单位应按照评审意见，对应急预案存在的问题以及不合格项进行分析研究，对应急预案进行修订或完善。反馈意见要求重新审查的，应按照要求重新组织审查。

3. 评审要点

应急预案评审应包括以下内容：

（1）合法性：应急预案的内容是否符合有关法律、法规、规章和标准以及有关部门和上级单位规范性文件的要求。

（2）完整性：应急预案的要素是否符合《应急预案指南》评审表规定的要素。

（3）针对性：应急预案是否紧密结合本单位危险源辨识与风险分析的结果。

（4）实用性：应急预案的内容及要求是否切合本单位工作实际，与生产安全事故应急处置能力相适应。

（5）科学性：应急预案的组织体系、预防预警、信息报送、响应程序和处置方案是否科学合理。

（6）操作性：应急预案的应急响应程序和保障措施等内容是否切实可行。

(7) 衔接性：综合应急预案、专项应急预案、现场处置方案以及其他部门或单位预案是否衔接。

四、应急预案管理

应急预案管理工作主要包括：应急预案的备案、宣传与培训、演练、修订与更新等内容。

(一) 应急预案备案

水利生产经营单位应依照《生产安全事故应急预案管理办法》(国家安监总局令第17号) 的要求，对已报批准的应急预案进行备案。

中央管理的总公司（总厂、集团公司、上市公司）的综合应急预案和专项应急预案，报国务院国有资产监督管理部门、国务院安全生产监督管理部门和国务院有关主管部门备案；其所属单位的应急预案分别抄送所在地的省、自治区、直辖市或者设区的市人民政府安全生产监督管理部门和有关主管部门备案。

水利生产经营单位申请应急预案备案，应当提交以下材料：

(1) 应急预案备案申请表。

(2) 应急预案评审或者论证意见。

(3) 应急预案文本及电子文档。

受理备案登记的安全生产监督管理部门应当对应急预案进行形式审查，经审查符合要求的，予以备案并出具应急预案备案登记表；不符合要求的，不予备案并说明理由。

各级安全生产监督管理部门应当指导、督促检查生产经营单位做好应急预案的备案登记工作，建立应急预案备案登记建档制度。

(二) 应急预案宣传与培训

应急预案宣传和培训工作是保证安全生产事故应急预案贯彻实施的重要手段，是提高事故防范能力的重要途径。

各级水行政主管部门和流域管理机构应监督水利生产经营单位采取不同方式开展安全生产应急管理知识和应急预案的宣传、培训工作，使应急预案相关职能部门及其人员提高危机意识和责任意识，明确应急工作程序，提高应急处置和协调能力，对本单位负责应急管理工作的人员以及专职或兼职应急救援人员进行相应知识和专业技能培训；同时，还应加强对安全生产关键责任岗位的员工进行应急培训，使其掌握生产安全事故的紧急处置方法，增强自救互救和第一时间处置事故的能力。在此基础上，确保所有从业人员具备基本的应急技能，熟悉单位应急预案，掌握本岗位事故的防范与处置措施和应急处置程序，提高应急水平。

(三) 应急预案演练

应急预案演练是应急准备的一个重要环节。应急演练是指来自多个机构、组织或群体的人员针对可能发生的事故情景，依据应急预案而模拟开展的应急活动。通过演练，可以检验应急预案的可行性和应急反应的准备情况；可以发现应急预案存在的问题，完善应急工作机制，提高应急反应能力；可以锻炼队伍，提高应急队伍的作战能力，熟悉操作技能；可以教育广大员工，增强危机意识，提高安全生产工作的自觉性。为此，水利生产经营单位应根据有关法律、法规、标准的要求，定期组织应急预案演练。

(四) 应急预案修订与更新

应急预案必须与单位规模、机构设置、人员安排、危险等级、管理效率及应急资源等状况相一致。随着时间推移，应急预案中包含的信息，可能会发生变化。因此，为了不断完善和改进应急预案并保持预案的时效性，水利生产经营单位应急管理机构应根据应急预案内容变化的实际情况，及时对应急预案进行更新和定期对应急预案进行修订。

水利生产经营单位应就下述情况对应急预案进行定期和不定期的修改或修订：

(1) 日常应急管理中发现预案的缺陷。

(2) 训练或演练过程中发现预案的缺陷。

(3) 实际应急过程中发现预案的缺陷。

(4) 应急组织指挥体系或者职责发生调整的。

(5) 公司生产规模发生较大变化或进行重大调整。

(6) 公司隶属关系发生变化。

(7) 周围环境发生变化，形成重大危险源。

(8) 人员及通信方式发生变化。

(9) 有关法律法规标准发生变化。

(10) 其他情况。

应急预案修订前，水利生产经营单位应急管理机构应组织对应急预案进行评估，以确定应急预案是否需要进行修订和哪些内容需要修订。对应急预案进行更新与修订是应急管理机构的一项经常性工作。通过对应急预案更新与修订，可以保证应急预案的持续适应性。同时，更新的应急预案内容应通过有关负责人认可，并及时通告相关部门和人员；修订的预案版本应经过相应的审批程序，并及时发布和备案。

第四节　应急培训与演练

一、应急培训

(一) 应急培训的程序

1. 制定应急培训计划

培训计划在整个培训体系中都占有比较重要的地位。一个科学的培训计划应该包含的内容主要有以下八个要素：

(1) 培训的目的。在进行培训前，一定要明确培训的真正目的，即培训最终要达到的效果，并将培训目的与单位的应急救援要求紧密地结合起来。这样，可以使培训效果更好，针对性也更强，使整个培训过程有的放矢。因此，培训计划中要将培训的目的用简洁、明了的语言描述出来，成为培训的纲领。

(2) 培训的负责人和培训讲师。要明确具体的培训负责人，使之全身心地投入到培训的策划和运作中去，避免出现培训组织的失误。在遴选培训讲师时，如单位内部有适当人选，则要优先聘请，如内部无适当人选，再考虑聘请外部讲师。受聘的讲师必须具有广泛的知识、丰富的经验及专业的技术，才能受到受训者的信赖与尊敬；同时，还要有卓越的训练技巧和对教育的执著、耐心与热心。

(3) 培训的对象。培训对象，可依阶层或职能加以区分。按阶层区分大致可分为具体操作组实施人员、应急小组负责人、应急指挥部人员；按职能区分又可以分为医疗救护组的急救知识培训、应急救援组的应急措施培训、保卫警戒组的疏散和人员清点培训等。策划培训计划时，首先应该决定培训人员的对象，然后再决定培训内容、时间期限、培训场地以及授课讲师。

(4) 培训内容。应依据先前进行的培训需求的分析调查，了解应急救援人员的培训需要，即他们不足部分的知识或技能，来拟定培训内容。

(5) 培训的时间和期限。培训的时间和期限，一般而言，可以根据培训的目的、培训的场地、讲师、受训者的能力及上班时间等因素而决定。一般培训可以以应急救援人员所具有的能力、经验为标准来决定培训期限的长短。选定的培训时间应不影响正常工作。

(6) 培训的场地。培训场地的选用可以根据培训内容和方式的不同而有区别。大部分情况是在施工现场进行培训，对一些有特殊要求的培训，可在外部机构进行培训。

(7) 培训的方法。培训的方法从培训技巧的种类来说，可以划分为讲课型、研讨型、演练型和综合型，而每一类培训技巧中所包含的内容又各有不同。讲课型培训主要是对某一或某几个问题向受训的对象进行讲解，这种培训方法主要用于应急救援培训的早期入门培训；研讨型培训主要是就某一或某几个问题由培训对象进行讨论，通过集体智慧找出解决问题的方法，这种培训方法主要应用于各级应急救援负责人之间的协调问题的培训；演练型培训是针对预案的某一部分或整体进行演练，以便发现问题，解决问题。针对不同的培训对象、内容，所采取的培训方法也有区别。在各种训练方法中，选择哪些方法来实施训练，是培训计划的主要内容之一，也是培训成败的关键因素之一。

(8) 培训效果的评价方案。对应急救援人员培训效果的评价，可通过两种方式进行，一是通过各种考核方式和手段，评价受训者的学习效果和学习成绩，主要评价学识有无增进或增进多少，技能有无获得或获得多少。二是在培训结束后，通过考核受训者在演练中或实践中的表现来评价培训的效果，可对受训者前后的工作能力有没有提高或提高多少，效率有没有提升或提升多少等进行评价。

2. 应急培训实施

应急培训负责人应按照制定的培训计划，认真组织、合理安排时间，充分利用不同方式开展安全生产应急培训工作，使参与培训的人员能够在良好的培训氛围中学习、掌握有关应急知识。

3. 应急培训效果评价和改进

应急培训完成后，应尽可能进行考核。考核方式可以是考试、口头提问、实际操作等，以便对培训效果进行评价，确保达到预期的培训目的。通过考核情况，如果发现培训中存在一些问题，如培训内容不合适、课时安排不恰当、培训方式需改进等，培训者要认真进行总结，采取措施避免这些问题在以后的培训工作中再次发生，以提高培训工作质量，真正达到应急培训目的。

(二) 应急培训的基本内容

应急培训包括对参与应急行动所有相关人员进行的最低程度的应急培训与教育，要求应急人员了解和掌握如何识别危险、如何采取必要的应急措施、如何启动紧急情况警报系统、如何安全疏散人群等基本操作。不同水平的应急者所需要接受培训的共同基本内容如下所述。

1. 报警

(1) 使应急人员了解并掌握如何利用身边的工具最快速、有效地报警，比如用手机电话、寻呼、无线电、网络，或其他方式报警。

(2) 使应急人员熟悉发布紧急情况通告的方法，如使用警笛、警钟、电话或广播等。

(3) 当事故发生后，为及时疏散事故现场的所有人员，应急人员应掌握如何在现场贴发警报标志。

2. 疏散

为避免事故中不必要的人员伤亡，应对应急队员在紧急情况下安全、有序地疏散被困人员或周围人员进行培训与教育。对人员疏散的培训可在应急演练中进行，通过演练还可以测试应急人员的疏散能力。

3. 火灾应急培训与教育

由于火灾的易发性和多发性，对火灾应急的培训与教育显得尤为重要，要求应急队员必须掌握必要的灭火技术以在着火初期迅速灭火，降低或减小导致灾难性事故的危险，掌握灭火装置的识别、使用、保养、维修等基本技术。由于灭火主要是消防队员的职责，因此，火灾应急培训与教育主要也是针对消防队员开展的。

4. 防汛灾害应急措施

(1) 实施防汛工作责任制，落实防汛责任人。各部门应按照规定储存足够的防汛物资，落实组建抗灾抢险队。

(2) 在汛期前应抓好“危急病险”工作，加强除险和水毁工程的修复工作。

(3) 指挥部成员在汛期值班期间保持通信24小时畅通，加强值班制度、检测检查和排险工作。

（4）汛期严重或出现暴雨时，由指挥部总指挥组织全面防汛防风及抢险救灾工作，做好上传下达，分析雨情、水情、风情。严格按照汛限水位运行，科学调度，随时做好调集人力、物力、财力的准备。

（5）视安全情况，发出预警信号，及时安排受灾群众和财产转移到安全地带，把损失减小到最低程度。

5. 现场急救知识

（1）现场急救的基本步骤。

1）脱离险区。首先要使伤（病）员脱离险区，将其移至安全地带，如对因滑坡、塌方砸伤的伤员搬运至安全地带；对急性中毒的病人应尽快使其离开中毒现场，搬至空气流通区；对触电的患者，要立即解脱电源等。

2）检查病情。现场救护人员要沉着冷静，切忌惊慌失措。应尽快对受伤或中毒的伤（病）员进行认真仔细的检查，确定病情。检查内容包括：意识、呼吸、脉搏、血压、瞳孔等是否正常；有无出血、休克、外伤、烧伤；是否伴有其他损伤等。检查时不要给伤（病）员增加无谓的痛苦，如检查伤员的伤口，切勿一见病人就脱其衣服，若伤口部位在四肢或躯干上，可沿着衣裤线剪开或撕开，暴露其伤口部位即可。

3）对症救治。根据迅速检查出的伤病情，立即进行初步对症救治。如对于外伤出血病人，应立即进行止血和包扎；对于骨折或疑似骨折的病人，要及时固定和包扎，如果手头没有现成的救护包扎用品，可以在现场找适宜的替代品使用；对那些心跳、呼吸骤停的伤（病）员，要分秒必争地实施胸外心脏按压和人工呼吸；对于急性中毒的病人要有针对性的采取除毒措施。

在救治时，要注意纠正伤（病）员的体位，有时伤（病）员自己采用的所谓舒适体位，可能促使病情加重或恶化，甚至于造成不幸死亡，如被毒蛇咬伤下肢时，要使患肢放低，绝不能抬高，以减低毒汁的扩延；上肢出血要抬高患肢，防止增加出血量等。

需要救治的伤（病）员较多时，一定要分清轻重缓急，优先救治伤重垂危者。

4）安全转移。要根据伤（病）员不同的伤情，采用适宜的担架和正确的搬运方法。在运送伤（病）员的途中，要密切注视伤病情变化，并且不能中止救治措施，将伤（病）员迅速而平安地运送到后方医院作后续抢救。

（2）现场常用急救方法。

1）心、肺、脑复苏技术。现场急救最紧迫的任务是对处于临终状态的伤（病）员进行积极抢救，这在医学上简称现场复苏。医学已总结出：头后仰抬颌（A）（即：气道保持通畅）、人工呼吸（B）、胸外心脏按压（C）为心、肺、脑复苏之三部曲。

①畅通气道。一般气道阻塞的原因有两种类型：一是异物（痰、呕吐物、活动假牙、血块、泥沙等）阻塞气道；二是昏迷患者最常见的原因，主要是舌肌松弛，舌根后坠，堵塞气道，因此，必须使舌根抬起，离开咽后壁，使气道畅通。畅通气道通常包括以下3种方式：

a. 清除异物。

b. 纠正头部位置——仰头抬颌法。

c. 器械开放气道。

②人工呼吸。

a. 将病人头部后仰，使呼吸道伸展，救护人员将口紧贴病人的口（最好隔一张纱布），用手捏紧病人鼻孔以免漏气，救护者深吸一口气，向病人口内均匀吹气，对成人吹气16～18次/min，对小孩20次/min。

b. 吹气要快而有力。此时要密切注意病人的胸部，如胸部有活动后，立即停止吹气，并将病人的头部偏向一侧，让其呼出空气。

c. 如果病人牙关紧闭，无法进行口对口呼吸，可以用口对鼻呼吸法（将病人口唇紧闭），直到病人自动呼吸恢复为止。

③胸外心脏按压。判定病人心跳是否停止，摸病人的颈动脉有无搏动。一旦判定心跳停止，立即实施心前区叩击抢救。若心前区叩击无效，随即实施胸外心脏按压抢救。

使病人仰卧地面上，双下肢稍抬高。抢救者跪在病人侧面（左侧或右侧均可）两手相叠，将手掌根部放在病人的胸骨下方，剑突之上，借自己身体的重量，使该胸肋部下陷 3～4cm 为度。压后迅速抬手，使胸骨自行复位。以 60～80 次/min 的节律反复进行。

操作时应注意：

a. 抢救者的双臂应绷直，双肩应在患者胸骨的正上方，上半身可向前倾斜，利用上半身的体重加强按压的力量。

b. 如患者在钢丝床上，应在其后背垫一块硬板，其长度和宽度应够大，否则会使压迫心脏的力量减弱而减少按压的作用。

2）外伤出血止血技术。

①指压止血法。指压止血的部位在伤口的上方，即近心端。找到跳动的血管，用手指紧紧压住。这是紧急的临时止血法，与此同时，应准备材料换用其他止血方法。

采用此法，救护人员必须熟悉人体各部位血管出血的压血点。

②加压包扎止血法。加压包扎止血法，主要用于静脉、毛细血管或小动脉出血，出血速度和出血量不是很快、很大的情况。止血时先用纱布、棉垫、绷带、布类等做成垫子放在伤口的无菌敷料上，再用绷布或三角巾适度加压包扎。松紧要适中，以免因过紧影响必要的血液循环，而造成局部组织缺血性坏死，或过松达不到控制出血的目的。

③止血带止血法。常用的止血带有橡胶和布制两种。在现场紧急情况下，可选用绷带、布带、裤带、毛巾作代替品。

使用止血带应注意下列几点事项：

a. 要严格掌握止血带的适应症，当四肢大动脉出血用加压包扎不能止血时，才能使用止血带。

b. 止血带不能直接扎在皮肤上，应用棉花、薄布片作衬垫，以隔开皮肤和止血带。

c. 止血带连续使用时间不能超过 5h，避免发生止血带休克或肢体坏死。每 30min 或 60min 要慢慢松开止血带 1～3min。

d. 松解止血带之前，应先输液或输血，准备好止血用品，然后再松开止血带。

e. 止血带松紧要适度。

3）搬运伤（病）员技术。搬运伤（病）员时，应根据伤（病）员的具体情况，选择合适的搬运工具和搬运方法。

必须强调，凡是创伤伤员一律应用硬直的担架，绝不可用帆布、软性担架。如对腰部、骨盆处骨折的伤员就要选择平整的硬担架。在抬送过程中，尽量少振动，以免增加伤员的痛苦。搬运病人应注意以下事项：

①必须先急救，妥善处理后才能搬运。

②运送时尽可能不摇动伤（病）者的身体。若遇脊椎受伤者，应将其身体固定在担架上，用硬板担架搬送。

③运送伤（病）员时，应随时观察其呼吸、体温、出血、面色变化等情况，注意伤（病）者姿势，给予保温。

④在人员、器材未准备好时，切忌随意搬运。

（三）不同水平应急者培训的基本内容

针对不同水平的应急人员，其培训的基本内容也不同。通常将应急者的水平分为五种，每一种水平都有相应的培训内容和要求。

(1) 初级意识水平应急者。该水平应急者通常是处于能首先发现事故险情并及时报警的位置上的人员，例如保安、门卫、巡查人员等。对他们的要求包括：

1) 确认事故迹象。

2) 了解各种事故潜在后果。

3) 了解应急者自身的作用和责任。

4) 能确认必需的应急资源。

5) 如果需要疏散，限制未经授权人员进入事故现场。

6) 熟悉事故现场安全区域的划分。

7) 了解基本的事故控制技术等。

(2) 初级操作水平应急者。该水平应急者主要参与的是预防事故操作，以及发生事故后的事故应急，其作用是有效阻止事故发生，降低事故可能造成的影响。对他们的培训与教育要求包括：

1) 掌握危险源的辨识、确认、危险程度分级方法。

2) 掌握基本的危险和风险评价技术。

3) 学会正确选择和使用个人防护设备。

4) 了解各种危险源的基本术语以及特性。

5) 掌握事故的基本控制操作。

6) 掌握基本的危险源清除程序。

7) 熟悉应急计划的内容等。

(3) 专业水平应急者。该水平应急者的培训应根据有关要求来执行，达到或符合要求以后才能参与事故应急。对其培训要求除了掌握上述应急者的知识和技能以外还包括：

1) 保证事故现场的人员安全，防止不必要伤亡的出现。

2) 执行应急行动计划。

3) 识别、确认、证实危险源。

4) 了解应急救援系统各角色的功能和作用。

5) 了解个人防护设备的选择和使用。

6) 掌握危险和风险的评价技术。

7) 了解先进的危险源控制技术。

8) 执行事故现场清除程序。

9) 了解基本的危险源的术语和其表现形式等。

(4) 专家水平应急者。具有专家水平的应急者通常与专业人员一起对紧急情况作出应急处置，并向专业人员提供技术支持。因此要求该类专家所具有的知识和信息必须比专业人员更广博更精深。所以，专家必须接受足够的专业培训，以使其具有相当高的应急水平和能力。对他们的培训与教育要求包括：

1) 接受专业水平应急者的所有培训要求。

2) 理解应急救援系统中角色的作用，并参与角色分配。

3) 掌握完善的风险和危险评价技术。

4) 掌握危险源的有效控制操作。

5) 参加一般清除程序的制定与执行。

6) 参加特别清除程序的制定与执行。

7) 参加应急行动结束程序的执行。

8) 掌握各种危险源的术语与表示形式等。

（5）事故指挥水平应急者。该水平应急者主要负责的是对事故现场的控制并执行现场应急行动，协调应急队员之间的活动和通信联系。一般该水平的应急者都具有相当丰富的事故应急和现场管理的经验，由于他们责任的重大，要求他们参加的培训应更为全面和严格，以提高应急者的素质，保证事故应急的顺利完成。通常，该类应急者应该具备下列能力：

1）协调与指导所有的应急活动。

2）负责执行一个综合的应急计划。

3）对现场内外应急资源的合理调用。

4）提供管理和技术监督，协调后勤支持。

5）协调信息传媒和政府官员参与的应急工作。

6）提供事故后果的文本。

7）负责给向国家、省市、当地政府递交的事故报告的撰写提供指导。

8）负责提供事故总结等。

二、应急演练

（一）演练的目的和要求

1. 演练的目的

应急演练的目的包括：评估应急预案的各部分或整体是否能有效地付诸实施，验证应急预案对可能出现的各种紧急情况的适应性，找出应急准备工作中可能需要改善的地方，检验信息渠道的可靠性及应急人员的协同性，确保所有应急组织和人员都熟悉并能够履行他们的职责，找出需要改善的潜在问题。应急演练有助于：

（1）在事故发生前暴露预案和程序的缺点。

（2）辨识出缺乏的资源（包括人力和设备）。

（3）提高各种反应人员、部门和机构之间的协调水平。

（4）增强应急反应人员的熟练性和信心。

（5）明确每个人各自的岗位和应急职责。

（6）提高水利生产经营单位应急反应能力。

2. 演练的要求

不同类型的应急演练虽有不同特点，但在策划演练内容、演练情景、演练频次、演练评价方法等方面的共同性要求包括：

（1）应急演练必须遵守相关法律、法规、标准和应急预案规定。

（2）领导重视、科学计划。开展应急演练工作必须得到有关领导的重视，给予财政等相应支持，必要时有关领导应参与演练过程并扮演与其职责相当的角色。应急演练必须事先确定演练目标，演练策划人员应对演练内容、情景等事项进行精心策划。

（3）结合实际、突出重点。应急演练应结合水利生产经营单位可能发生的危险源特点、可能发生事故的类型、地点和单位所在地的气象条件及应急准备工作的实际情况进行。演练应重点解决应急过程中组织指挥和协同配合问题，解决应急准备工作的不足，以提高应急行动的整体效果。

（4）周密组织、统一指挥。演练策划人员必须制定并落实保证演练达到目标的具体措施，各项演练活动在统一指挥下实施，参加人员要严守演练现场规则，确保演练过程的安全。演练不得影响水利生产经营单位的正常运行，不得使各类人员承受不必要的风险。

（5）由浅入深、分步实施。应急演练应遵守由上而下、先分后合、分步实施的原则，综合性的应急演练应以若干次分练为基础。

（6）讲究实效、注重质量的要求。应急演练指导机构应精干，工作程序要简明，各类演练文件要实用，避免一切形式主义的安排，以取得实效为检验演练质量的唯一标准。

(7) 应急演练原则上应避免惊动公众。如必须卷入有限量的公众，则应在公众教育得到普及、条件比较成熟时进行。

(二) 演练的类型

水利生产经营单位可采用不同类型的应急演练方法对应急预案的完整性和周密性进行评估，如桌面演练、功能演练和全面演练。

1. 桌面演练

桌面演练是指由应急组织的代表或关键岗位人员参加的，按照应急预案及其标准运作程序讨论紧急情况时应采取的措施的演练活动。桌面演练的主要特点是对演练情景进行口头演练，一般是在会议室内举行的非正式活动。主要目的是锻炼演练人员解决问题的能力，以及解决应急组织相互协作和职责划分的问题。

桌面演练只需要展示有限的应急响应和内部协调活动，应急响应人员主要来自本单位应急组织，事后一般采取口头评论形式收集演练人员的建议，并提交一份简短的书面报告，总结演练活动和提出有关改进应急相应工作的建议。桌面演练方法成本较低，主要用于为功能演练和全面演练做准备。

2. 功能演练

功能演练是指针对某项应急响应功能或其中某些应急响应活动举行的演练活动，主要目的是针对应急响应功能，检验应急响应人员以及应急管理体系的策划和响应能力。例如指挥和控制功能的演练，其目的是检测、评价部门在一定压力情况下的应急运行和及时响应能力，演练地点主要集中在若干个应急指挥中心或现场指挥所，并开展有限的现场活动，调用有限的外部资源。

功能演练比桌面演练规模要大，需动员更多的应急响应人员和组织，因而协调工作的难度也随着更多应急组织的参与而增大。演练完成后，除采取口头评论形式外，还应提交有关演练活动的书面汇报，提出改进建议。

3. 全面演练

全面演练是针对应急预案中全部或大部分应急响应功能，检验、评价应急组织的应急运行能力的演练活动。全面演练一般要求持续几个小时，采取交互式方式进行，演练过程要求尽量真实，调用足够的应急响应人员和资源，并开展人员、设备及其他资源的实战性演练，以展示相互协调的应急响应能力。

与功能演练类似，全面演练也少不了负责应急运行、协调和政策拟定人员的参与，以及国家级应急组织人员在演习方案设计、协调和评估工作中提供的技术支持，且全面演练过程中，这些人员或组织的演示范围要比功能演练更广。演练完成后，除采取口头评论、书面汇报外，还应提交正式的书面报告。

三种演练类型的最大差别在于演练的复杂程度和规模。无论选择何种应急演练方法，应急演练方案必须适应辖区重大事故应急管理的需求和资源条件。应急演练的组织者或策划者在确定应急演练方法时，应考虑本单位应急预案和应急执行程序制定工作的进展情况、本单位现有应急响应能力、应急演练成本及资金筹措状况等因素。

(三) 演练实施的基本过程和任务

根据国务院应急办发布的《突发事件应急演练指南》(应急办函〔2009〕62号)，将应急演练分为演练准备、演练实施和演练总结三个阶段，应急演练实施的基本过程和任务如图9-4所示。

(四) 演练结果的评价

应急演练结束后应对演练的效果做出评价，确定演练是否达到演习目标要求，检验各应急组织指挥人员及应急响应人员完成任务的能力，并提交演练报告，详细说明演练过程中发现的问题。按照对应急救援工作及时有效性的影响程度以及对人员生命安全的影响程度，将演练过程中的问题分为不足项、整改项和改进项。

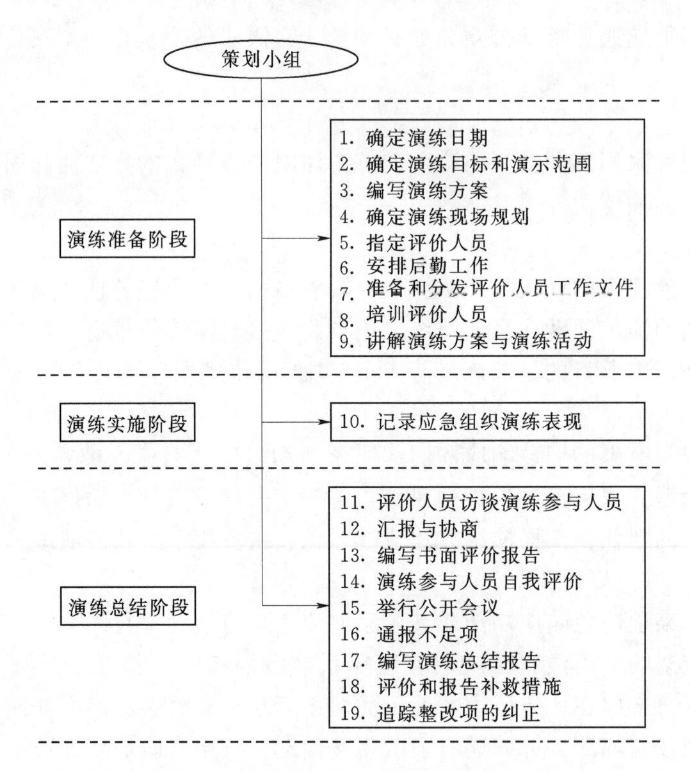

图 9-4　应急演练实施的基本过程和任务

(1) 不足项是指演练过程中观察或识别出的，可能导致场外应急准备工作不足的不完备。不足项应在规定的时间内予以纠正。演练中发现确定为不足项时，策划小组负责人应对该不足项进行详细说明，并给出纠正措施建议和完成时限。最有可能导致不足项的应急预案编制要素包括：职责分配，应急资源．警报、通报方法与程序，通信，事态评估，公众信息，保护措施，应急响应人员安全和紧急医疗服务。

(2) 整改项是指演练过程中观察或识别出的，单独并不可能对公众生命安全健康造成不良影响的不完备。整改项应在下次演练时予以纠正。以下两种情形的整改项可列为不足项：

1) 某个应急组织中存在两个以上整改项，其共同作用会影响公众生命安全健康。

2) 某个应急组织在多次（两次以上）演练过程中，反复出现前次演练识别出的整改项。

(3) 改进项是指应急准备过程中应予改善的问题。改进项不同于不足项和整改项，一般不会对人员生命安全健康产生严重影响，因此，不必一定要求对其予以纠正。

本章思考题

1. 简述应急救援的基本任务。
2. 应急管理包括哪四个阶段？各阶段的主要任务是什么？
3. 水利安全生产应急救援体系包括哪几个方面？
4. 水利生产经营单位应该储备哪些应急物资和装备？
5. 应急预案编制的步骤有哪些？
6. 应急预案在什么情况下应该及时进行修订和更新？
7. 简述应急培训的程序和主要内容。
8. 应急演练实施的基本过程和任务是什么？

第十章　水利安全生产监督管理信息化

本章内容提要

本章首先介绍了信息化的基础知识、安全生产监督信息化的含义及作用，再结合水利介绍了信息化在水利安全生产监督管理系统中的体现，展现水利安全生产监督信息化的重要性。

水利安全关系到广大人民群众的人身、财产安全、社会稳定，所以要常抓不懈。水利安全生产监督管理部门在积极监管的同时，应多考虑采用信息化安全管理手段，提高安全监督管理效率，延伸监管手臂，进而提高水利安全生产监督管理水平。

第一节　安全生产监督信息化基础知识

一、信息与信息管理

（一）信息的概念及基本属性

1. 信息的概念

不同领域对信息有不同的理解和定义。据有关文献统计，世界上对信息的定义有数百种。信息所处领域主要是工程项目，针对工程项目而言，信息、数据、知识具有如下的含义及相互关系。

信息是经过提炼、筛选、分析和处理后的数据，并赋予一定意义。信息来自数据，又揭示了数据的性质和内涵。信息反映客观事物的本质、状态和规律。信息是一种资源（三大资源之一）。信息是可以通信的，信息可以形成知识，其转换关系如图 10－1 所示。

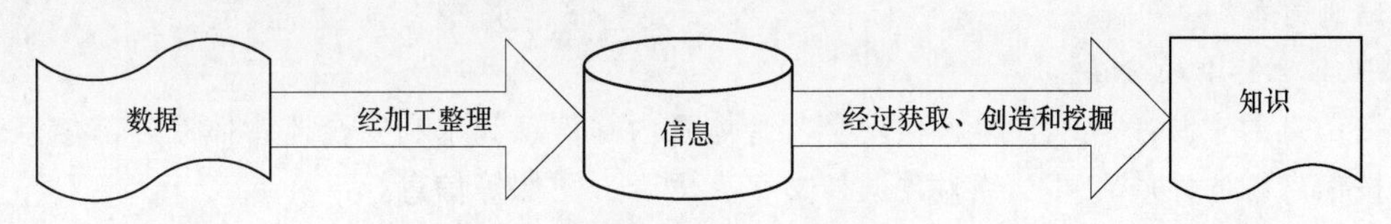

图 10－1　数据、信息、知识的转换关系图

数据是一组表示数量、行动和目标的非随机的可鉴别的符号，广义上的数据可以是数字、文字、语言、声音、图形、图像等形式。数据有原始数据和加工整理以后的数据之分，无论是原始数据还是加工整理以后的数据，经人的解释即赋给一定的意义后，才能成为信息。这就是说，数据与信息既有联系又有区别，信息虽然用数据表达，信息的载体是数据，数据是信息的原料，但任意的数据不能称为信息。

信息与消息的区别在于：消息是关于人和事物情况的报道，它缺乏真实性与准确性，不能反映客观事物的状态和规律。在信息管理中，进入数据库的所有数据应是具有真实性的信息，而不是消息。

2. 信息的基本属性

了解信息的基本属性，有助于深刻理解信息含义和充分利用信息资源，以便做好信息管理工作。

（1）真实性。由于信息反映客观事物的本质及其内在联系，真实和准确是信息的根本属性，缺乏这一属性，不能成为信息。

（2）系统性。信息随着时间不断地变化和扩充。在任何时候，任何信息都是信息源中有机整体的一部分，脱离整体与系统观点而孤立存在的信息，不能认为是真正的信息。例如：某一水利工程安全的信息包括安全奖惩信息、合同信息、事故信息、安全保障金信息等，彼此之间在范围、时间等方面构成一个有机整体，相互矛盾是不允许的。

(3) 时效性。由于信息随着时间在日新月异地变化，新出现的信息必然部分或全部地取代原有的信息，从取代之日起，原有的信息将成为历史，备份在计算机存储器中，以便将来可能使用。例如：在水利工程项目安全管理中，在法规、公司安全方针等的调整将致使安全管理制度修改完善，修改后的制度成为正在执行的制度，将原来制度备份起来。

(4) 不完全性。由于大的感官以及各种测试手段的局限性，对信息资源的开发和识别难以做到全面；对信息的收集、转换、加工整理和利用不可避免有主观因素存在，这就存在不完全性的一面。例如，在水利工程项目的安全管理工作中，往往让具有多年工程施工安全管理经验的技术人员从事现场全面安全管理工作，以便及时准确地掌握现场安全管理信息。这里，利用了工作经验来避免安全监管中信息的不完全性。

(5) 其他属性。信息的基本属性除了上述的几种以外，还有等级性、增值性、可压缩性、扩散性、转换性等。

(二) 信息的类型

水安全生产监管过程中，涉及大量的信息，这些信息依据不同的标准可以分为不同类型的信息。

1. 按照水行政主管部门的职能和工作内容的分类

按照水行政主管部门职能和工作内容的不同，信息可以分为以下类型。

(1) 水利工程建设信息：工程所在地、上级主管部门，主要负责人，项目投资、施工时间等。

(2) 水库、水电站、大坝信息：单位所在地、政府责任人，主管部门责任人，管理单位责任人的姓名、职务、联系电话等。

(3) 安全检查信息：检查计划、检查专家、检查通知、检查标准、检查记录、隐患整改情况等。

(4) 应急救援管理信息：应急预案、应急物资、应急队伍、应急组织机构、外部应急队伍等。

(5) 事故信息：事故类型、发生时间、地点、负责单位、伤亡情况、损失情况等。

(6) 重大危险源信息：重大危险源的基本信息、周边信息、可能造成事故损失、可能造成伤亡人数、安全措施等。

2. 按照其他标准的分类

(1) 按信息的来源：可以分为水利安全监管体系内部信息和水利安全监管体系外部信息。

(2) 按信息源的性质：可以分为数据、文字、语音、图像等信息。

(3) 按信息的载体：可以分为纸、磁、光、生物等介质的信息。

(4) 按信息的状态：可以分为静态信息、动态信息。

(5) 按信息的稳定程度：可以分为固定信息、变动信息。

(6) 按信息的层次：可以分为水利部安全形势监管信息、各级水行政主管部门安全状态监管信息、水利工程安全业务管理信息。

(7) 按信息服务的单位：可以分为水利部、省水利厅、市水利局（水务局）、基层安全监管部门、水利生产经营单位等信息。

(8) 按信息的真实性程度：可以分为客观信息、主观信息、无用信息等。

(三) 信息的生命周期

1. 信息的收集

在水行政主管部门推广实施信息系统，关键的环节是要收集水利安全监管体系内的各种信息。水利安全监管信息的收集首先要对信息进行识别和分类，收集的方式有多种，例如可以通过座谈、采访、调查表、文件、开会、互联网等方式来收集。根据时间的紧迫程度和重要程度，可以有专项收

集、随机积累等方式。

信息收集时要考虑信息的维数，做到全面、避免遗漏。例如从层次维、时间维、地点维来考虑，增加信息收集的全面性。

(1) 从层次维考虑，信息的收集有自下而上或自上而下等方式。

(2) 从时间维考虑，信息的收集要从过去的信息到现在的信息，乃至于到将来预测的信息均要收集。

(3) 从地点维考虑，要收集水利部信息、各省水利厅信息、各市水利局（水务局）信息、各基层安全监管部门、各水利生产经营单位信息等。

收集到的信息，其表达形式有多种，例如广义上的信息可以通过文字、数字、图表、图像、声音等方式表达。在信息收集的过程中，应将信息直接存入计算机存储器，最好存入计算机数据库，便于查询、便于统计和使用。尽量不要采用纸张方式保存信息。

2. 信息的加工整理

信息是通过数据来表达的，数据是信息的原料，任何数据经过加工整理并赋予一定的意义后方可成为信息。信息的加工整理一般要用到数据库，大的系统还有可能用到方法库和模型库，以实现信息的深度加工，达到决策支持的程度。

3. 信息的储存

在目前条件下，信息以计算机存储器为主，尽量避免纸张保存数据，因为纸张保存数据查询不方便、统计汇总不方便，极大地降低了信息的价值。对于目前我国水利安全监管系统，大量的信息需要保存在大容量的计算机存储器中。当需要永久保存时，可选择保存在光盘中。信息通过计算机保存时往往采用固定的数据结构格式，以便于查询和统计，因此，信息往往以数据库的方式保存。

水利安全监管系统正在或将逐步构建以 SQL Server 或 Oracle 为数据库管理系统的中央数据库，实现文本、Web 数据、图形、图像、声音等多媒体信息的储存。同时，作为补充，桌面型数据库还有一定的用武之地。

4. 信息的传输

在目前，信息的传输主要采用计算机网络，包括互联网、水利监管部门内部网和水利监管部门外部网等。通过计算机网络传输信息的速度是特别快的，极大地提高了信息的传输效率，从而也提高了信息的价值。例如，水利部与水利工程的距离可能远达几千公里，但当通过 Internet 传输数据时，却感觉不出远近之分。

5. 信息的维护

信息需要不断维护，永远无用的信息要及时淘汰，新的信息要及时纳入，以保持信息的准确、及时、安全和保密。

6. 信息的使用

信息收集、加工整理、储存、传输和维护的目的就是为了信息的使用，只有通过信息的使用，信息的价值才表现出来。

(四) 信息的流程

1. 从水利部逐级向下到水利工程的信息流

水利部逐级向下到各级水行政主管部门，再到水利工程的信息流属于自上而下的信息流。为了实现上级对下级、水行政主管部门对水利生产经营单位监管，平时有大量的信息需要向下流动。在过去传统的手工模式下，一般通过邮局（快递）、传真、电话、专人前往等方式传递信息，特别是对于大量文本、图纸、图表等信息，传递效率低下、传递成本较高。

在目前网络环境下，从水利部逐级向下到各级水行政主管部门，再到水利工程的信息的传递可以广泛利用 Internet 网络。例如，通过水利安监软件直接向各地水行政主管部门发文；通过专网或 Internet 直接向下传递信息等。

2. 从水利工程逐级向上到水利部的信息流

从水利工程逐级向上到水利部的信息流属于自下而上的信息流。水利工程有部分数据往往需要实时或者定期上传。在过去手工管理条件下，通过邮局（快递）、传真等方式，传递效率低下。

目前，一般的水利工程均可以上网，应该通过 Internet 方式上传信息，例如可以通过 E－mail、水利安全监管软件等方式上传信息。

3. 水行政主管部门的部门间的信息交流

在水行政主管部门内部不同部门之间存在着广泛的信息交流。过去手工管理条件下，往往是通过纸张方式传递信息。例如，需要交流的文件、开会通知等先打印出来，领导审批通过并签字后，在各个部门之间传递。这种方式效率低下，已经不适应现代社会信息技术发展的需要。目前，在水行政主管部门内部网和因特网广泛使用的条件下，可以更多地利用网络来传递信息。例如：利用 Windows 的网上邻居在局域网的不同部门之间传输文件，利用安全监管软件实现网上发布安全文件、网上收集安全文件、网上拟稿和核稿、网上审批、网上会签、网上批准等工作，逐步实现无纸化办公。这种网络方式，极大提高了工作效率和管理水平，降低了管理成本。

4. 水利安全监管系统与外部环境之间的信息流

在水利工程的安全管理当中，水行政主管部门和水利生产经营单位与外部存在着广泛的信息交流。例如，从工程开始建设到竣工验收，乃至工程运行，需要不断与地方政府进行信息交流；在施工过程当中，需要不断与供应商、监理、设计等单位进行广泛的信息交流；与主管单位、分包等合作单位等同样存在着许多的信息交流。

（五）信息的集成

1. 信息集成的必要性

（1）任何单位信息化程度的提高总是阶段性的、逐步的，甚至是波浪式的。信息化程度高的标志之一是信息不能有信息孤岛，信息必须集成，实现完全的信息共享。因此，从提高水利安全生产监督管理的信息化程度来说，信息集成是必要的。

（2）领导的决策往往需求及时的、准确的信息，只有对信息进行了集成以后，才能满足领导的需求，因此，从领导决策的角度看，信息集成是必要的。

（3）近年来旱灾、涝灾较多，在灾害突然降临。形势难测的情况下，要做出正确的反映，需要及时准确的信息集成。

2. 信息集成的条件

（1）信息的来源必须唯一。任何数据，只由一个部门、一个单位、一位工作人员负责输入和修改，其他人员、部门只能浏览查询和使用数据，不能修改数据。例如，某企业安全事故数据，只能该企业安全管理的专人负责维护，其他人、单位只能使用不能修改。通过这种方式，可以明确责任、减少重复劳动、提高效率、避免差错。

（2）信息的处理要规范。信息规范应包括：①信息处理的流程必须规范；②要有统一的数据库、统一的处理规则，如果数据库不统一，应有相应的接口软件；③信息的编码体系必须规范；④信息的采集和处理由专人负责；⑤信息的输出格式应标准和统一。

（3）要有足够的信息量。没有足够的信息量，谈不上信息的集成。当水利安全监管软件使用一定时间后，已经积累了大量历史的、当前的和未来的数据后，方可进行信息集成。

3. 信息集成的作用

（1）实时共享。信息共享是在信息系统远程数据库服务的范围内，借助信息系统软件的权限管理系统，通过系统管理员的授权后，有权限的人员可以使用共享信息。通过实时共享，可以适应环境变

化、可以实时响应，做到决策一致、减少矛盾。

(2) 实现多路径查询。例如查询某水利安全监管部门的安全监督人员基本情况时，可以按照姓名、性别、年龄、文化程度、技术职称、籍贯、民族、政治面目、岗位层次、岗位名称、职位类别等方式查询，可以输入一个或多个查询条件（多个条件的组合方式任意）进行查询。这种通过多路径查询的方式，可以快速查找到所要的人员。

(3) 信息集成提高了信息的价值。水利安监系统通过信息化建设，广泛使用信息系统软件，随着时间的推移，已经积累了较为丰富的信息量，通过信息集成，对其进行深入的统计汇总和分析，更加丰富了信息资源。随着信息化程度的提高，信息资源的价值越来越高，信息资源会成为水利安监系统乃至信息社会最重要的资源。

二、信息系统的组成和类型

(一) 信息系统的概念

目前不少观点认为，信息系统是指广义的管理信息系统，是一个以人为主导，利用计算机硬件、软件、网络通信设备以及其他办公设备，对信息进行收集、加工整理、储存、传输、维护和使用的系统。对于水利安监系统而言，信息系统是以降低成本、增强安全监管能力、提高安全监管效率为目的，支持建设水利部逐级向下到水利工程的集成化管理的人机系统，是信息化建设的核心内容。

这里的人机系统意指不能缺少计算机及计算机网络。当然，在过去没有计算机及计算机网络的年代，在所有单位本身都存在有信息系统，但由于在手工管理条件下，信息管理的效率低下、作用不大，所以不被人们重视。

而在当代，随着 Internet 的广泛使用，信息系统的环境发生了根本的变化。世界已变成经济全球化、需求多元化、竞争激烈化、战略短视化、增值知识化，一切都变得“迅速”。水行政主管部门需充分利用信息化手段，不断提高安全生产监管水平，目前的各单位基本都建立了内部网，大多数单位实现了与 Internet 的互联。所以，在目前的条件下，信息系统不能缺少计算机及计算机网络，可以说目前的信息系统是基于网络的信息系统。

(二) 信息系统的组成

曾有人狭义地理解信息系统就是应用软件，这种理解是不全面的。从系统的观点来看，信息系统是由如下四方面内容构成的，其中前三方面内容构成了信息系统的三大技术支柱。

1. 计算机及其网络等硬件系统

在目前的条件下，计算机、网络通信、办公设备等硬件系统是信息系统不可或缺的载体，同时还应该包括支持这些硬件正常工作的系统软件，如操作系统、各种硬件驱动程序等。对于水利安监系统，应该包括水行政主管部门与水利工程进行实时信息沟通的各种通信方式。

2. 应用软件

应用软件是用来进行数据处理，信息加工，解决用户实际问题的程序、指令，操作使用手册的总称。应用软件的主体是程序，程序是由某一种或某几种计算机语言编写出的操作指令的集合。一个完善的信息系统，必然要有功能齐全的、操作方便的、界面美观的应用软件。目前，在多数水利系统各单位中，普遍存在着应用软件不全面、软件结构不合理、软件功能不实用、操作使用不方便等问题。因此，加强在应用软件方面的投入，是目前水利安全生产监督信息化建设的重要内容之一。

3. 数据库和数据

目前，计算机存储器已经成为各单位大量数据的主要存储介质。在向计算机存储器存入数据时，为方便统计、查询等，往往将数据存入关系型的数据库中。关系型数据库是按照关系模型（二维表数据结构）来管理和保存数据的仓库。只有将大量数据存入数据库中，才能对其进行有效的统计、查询等操作。数据库和应用软件是既相互独立、又配合使用的两个方面，应用软件的使用往往离不开数据库，而数据库中数据的增加、修改、共享等操作使用往往是通过应用软件实现的。一个完整的信息系统不能没有数据，没有数据的信息系统如同没有知识的大脑一样，是一个空壳。

水利安全生产监督信息化，应该构建以水利部为中心的中央数据库，通过广域网范围内使用的应用软件，实现各级水行政主管部门和水利工程向中央数据库的远程数据录入、远程数据查询和打印，实现水利安监系统的实时数据统计汇总。

4. 管理机构和维护人员

人是整个信息系统的主导，从系统的规划、设计、实施到维护，从硬件的选购、软件的开发到数据库的管理，任何一个环节都不能没有人。信息系统要有专门的组织机构，要有领导班子，要有主管领导，要有工作小组。在组织机构内部，要制订必要的管理制度、规章和规程，要建立必要的考核体系，其目的是保证系统内物尽其用，保证系统运行和各项工作有章可遵、忙而不乱，保证系统目标的顺利实现。

（三）信息系统的类型

1. 广义信息系统的类型

广义上讲，信息系统根据不同的分类标准可以分为以下几种类型：

（1）按照行政级别进行划分，可以分为国家信息系统、省市级信息系统等。例如，水利部安全生产标准化评审管理系统、全国农村水利管理信息系统属于国家信息系统；湖北水利安全生产标准化评审管理系统属于省级信息系统。

（2）按照行业进行划分，可以分为电力工业信息系统、水利管理信息系统、农业信息系统、商业信息系统、交通信息系统等。例如，水利建设与管理信息系统、水利工程施工单位信息系统属于水利管理方面的信息系统。

（3）按照职能进行划分，可划分为生产信息系统、研发信息系统、营销管理信息系统、安全生产监督管理信息系统等。例如，应急救援系统、重大危险源管理系统、事故报告与管理系统属于安全生产监督管理方面的信息系统。上述每一个信息系统又可含有高层辅助决策、中层管理控制和基层业务处理三个层次。

2. 水利管理部门信息系统的类型

水行政主管部门信息系统按照发展过程、职能和处理问题的不同，在目前可以分为实时数据处理系统、管理信息系统（包括安监系统）、办公自动化系统、决策支持系统和门户网站几种类型。

三、安全生产监督信息化的含义

安全生产监督信息化是指利用计算机与互联网技术，通过构建安全生产监督管理平台，实现安监部门（负有安全生产监督管理职责的部门）与其监督管理对象有效沟通，安监部门可对监督管理对象实时监控，被监督管理对象可及时向安监部门反馈信息。此外，安监部门通过该平台，进一步推进政务公开，提高安全监督管理的透明度。从而达到“高效监管、及时反馈、政务公开、协同办公、公众互动”的目标。

四、安全生产监督信息化的作用

（1）提高安监部门安全监督管理效率与质量，延伸安全监督管理人员手臂，实现远程监控。

（2）通过构建科学分析模型，为安监部门提供辅助分析功能，预测安全生产发展形势、重点监控对象等。

（3）企业可通过安全生产监督平台申报相关信息，安监部门接收企业申报信息并进行审批，实现电子政务办公。

（4）通过安全生产监督平台，安监部门公布安全监督管理相关信息，便于公众查阅与监督，实现政务公开。

（5）通过与相关部门的监督管理系统互联互通、信息共享、流程审批、公文收发等功能，实现协同办公。

(6) 构建安全监督信息中心，为数据分析、辅助决策等提供数据支持。

第二节　水利安全生产监督信息化

《关于贯彻落实〈中共中央国务院关于加快水利改革发展的决定〉加强水利安全生产工作的实施意见》(水安监〔2011〕175号) 中强调："加强水利安全生产监督管理信息化建设，逐步实现安全监管信息化、科学化。"水利部安全监督司在2011年7月召开的全司会议中亦明确要求，"要提高水利安全监督工作信息化水平，分期、分批加快安全监督对象数据库建设，建立起全国水利工程安全监督工作档案，真正做到哪里有工程，哪里就有监督，及时动态掌控监督对象变化情况，实现对水利工程项目安全状况的掌控、全覆盖。"通过水利部近年来的不断贯彻、努力、建设，水利安全生产监督信息化已取得了良好发展，但依然任重而道远，需要各级水利安全监管机构共同努力。

一、水利安全监督网

水利安全监督网由水利部安全监督司主办，是代表水利部安全监督司的官方性质的网站。水利安全监督网主要实现了以下功能：

(1) 政务公开。透明化水利安全监督相关工作的内容、动态、结果等信息。

(2) 在线监管。实现了水利相关安全业务的在线申报、审批等流程化管理。

(3) 信息查询。可对相关企业、工程的重要安全信息进行备案、查询，方便管理。

水利安全监督网作为水利部安全监督司官方网站，代表着水利部在安全监督信息化建设上取得的重要成果，为水利安全监督信息化建设打下的坚实的基础，具有重大的意义。

二、水利安全监督系统建设

(一) 水利安全监督信息系统建设的意义

(1) 为水利安全监督管理工作提供多级协同的网络工作环境，以信息化手段落实管理制度，推进规划、计划等水利工程安全监督工作的规范化，加强安全监督管理工作的规范性和统一性，推进安全监督管理工作的不断革新和改善。

(2) 实现数据统计、分析，科学预测水利安全生产形势，为领导决策、水利安全科学规划提供辅助支持。

(3) 实现全国安全监督管理工作信息资源的有效整合，实现各级安全监督管理机构的互联互通和信息共享，实现水利安全监督管理的各种数据安全、快捷、方便地报送和查询。

(二) 水利安全监督信息系统主要的功能

1. 外网业务申报与查询

开发各业务子系统数据查询功能和外网数据上报功能，实现"外网受理、内网办理"。其原理就是在外网上接受各水利安全监督部门的上报材料，上报信息通过存入外部存储介质，经综合管理系统导入内网数据库。监督司工作人员通过内网应用系统对上报信息进行处理，处理完毕后，系统又将部分数据发布在外网上，以方便公众和企业用户查询。考虑不同数据对安全性的要求不同，外网所包含的数据仅仅是内网数据的子集。

2. 内网显示与查询

内网为政务信息内部显示与查询平台，同时是各子系统的登陆入口。在内网上，主要包括综合管理子系统、安全生产子系统、工程稽察子系统、地理信息子系统（内网模块）、信息汇集与服务子系统（内网模块）、数据上报系统（内网模块）、决策支持系统和数据查询子系统（内网模块）。内网中可查询的数据包括所有数据。

3. 安全生产管理系统

构建我国水利安全生产监督管理平台，实现我国水利安监业务的现代化、信息化全面监督管理，形成我国水利安全生产强有力的管理手段。

主要功能包括：水利工程建设安全监督，水库、水电站大坝运行安全管理，安全检查管理，事故隐患管理，应急救援管理，重大危险源管理，事故管理。

通过该系统可树形分区（流域机构、省、市、县）管理在建水利工程、运行的水利工程信息，包括基本信息和安全生产信息，如检查信息、隐患整改信息、危险源信息、应急预案信息等。

4. 工程稽察管理系统

实现对工程稽察队伍信息管理、稽察项目基本信息管理、稽察成果管理、稽察管理与查阅。旨在分类整理稽察发现的问题，反映稽察整改意见落实情况，为保障资金安全、工程安全提供决策信息。

主要功能包括：工程稽察依据管理、工程稽察队伍管理、工程稽察项目管理、工程稽察工作会议管理、工程稽察工作计划管理、工程稽察工作组规划、发布工程稽察通知、工程稽察成果管理。

5. 辅助决策支持系统

通过该模块可统计分析我国水利安全生产趋势状况、水利工程建设情况信息等，数据来源于“安全生产管理系统”、“工程稽察管理系统”，以直方图、圆饼图、趋势图以及各类表格等形式展现各类统计分析结果，为领导辅助决策支持功能。

统计分析内容包括：水利工程统计分析、水利安全执法统计分析、事故隐患统计分析、重大危险源统计分析、水利安全事故统计分析、工程稽察统计分析、水事违法案件统计分析、水事纠纷事件统计分析、重大水事违法案件统计分析。

隐患按地区统计分析如图10－2所示。

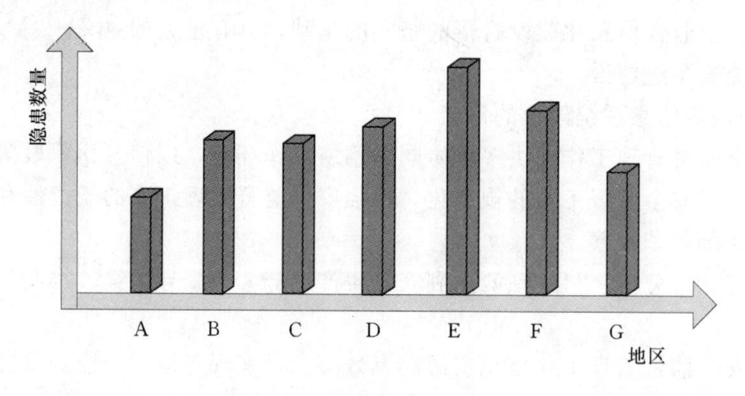

图10－2　隐患按地区分析图

隐患按时间、整改状态统计分析示例，如图10－3所示。

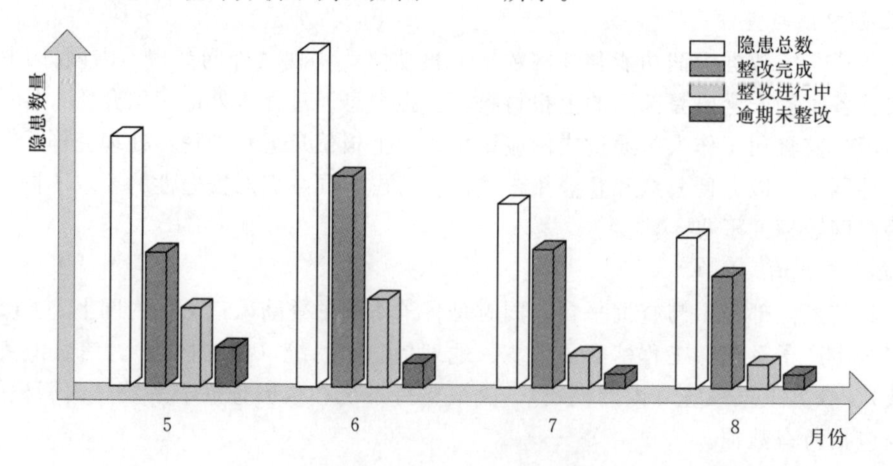

图10－3　隐患按时间、整改状态统计分析图

所稽察单位发现问题发展趋势统计分析示例，如图 10－4 所示。

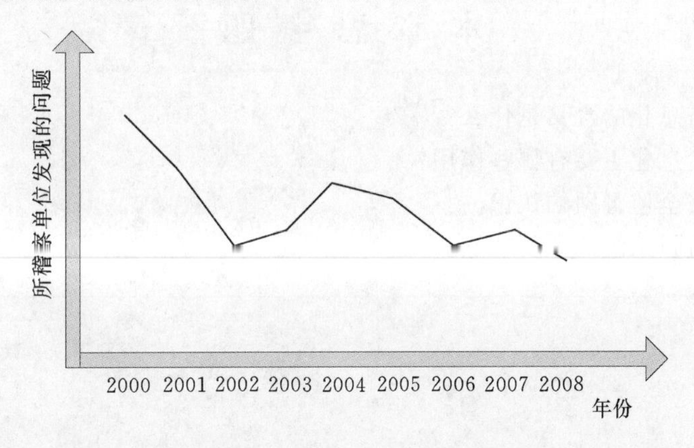

图 10－4 所稽察单位发现问题发展趋势统计分析图

水事违法案件按类型统计分析示例，如图 10－5 所示。

6. 数据查询系统

按照数据库资源形式可进行分类查询，包括实时数据查询、基础数据查询和业务数据查询。针对查询信息对安全性的要求不同，查询系统分为外网查询模块和内容查询模块，外网查询模块所包括的数据是内网数据的子集，不同的服务对象按照各自的角色权限对应开放的数据可进行查询。数据采用树形分区管理，查询时可通过选择流域、省、市、地区或各具体水利工程进行精确查询或根据关键字进行模糊查询。数据查询系统包括：实时数据查询、基础数据查询、业务数据查询。

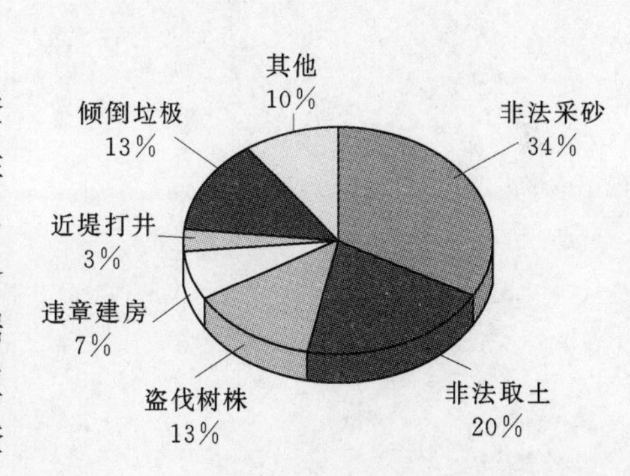

图 10－5 水事违法案件按类型统计分析图

7. 数据上报系统

数据上报子系统为水利安全生产监督管理信息系统的动态报送设置了相应的网络服务接口，全国水利工程的各种监控系统可以根据本系统提供的网络服务接口实现动态监控数据的实时上报。对于不涉密的信息可以通过外网进行上报，对于涉密信息就需要通过各流域机构、各省厅等各级监督管理部门的内网进行上报，包括实时数据上报、基础数据上报、业务数据上报。

8. 综合管理系统

综合管理系统主要为管理水利工程安全监督管理机构日常业务工作提供信息化管理手段。系统将信息发布、政务办公、行政管理等日常工作统一到综合的信息化平台之上，为安全监督管理机构日常业务工作的规范化、便捷化提供技术手段。综合管理系统包括信息发布、政务办公、行政管理。

9. 水利工程安全监督管理地理信息服务系统

利用水利部已有的地理信息平台，构建水利工程安全监督地理信息系统，实现对水利工程地理信息的直观查询和分析，并同水利工程管理系统其他数据和功能模块相集成。

功能包括基础功能和专用功能。

基础功能包括：地图漫游、放大缩小、鹰眼功能、测距离、测面积、最短路径分析、分层显示各种元素等。

专用功能包括：流域信息查询、水利工程查询、水库查询、水电站大坝查询、重大危险源查询、隐患查询、应急资源查询、水政稽察队伍查询等功能。

本章思考题

1. 安全生产监督信息化的含义是什么？
2. 安全生产监督信息化主要有哪些作用？
3. 简述你对水利安全监督网的认识。
4. 简述水利安全监督系统的主要功能。

参 考 文 献

[1] 中国安全生产协会注册安全工程师工作委员会，中国安全生产科学研究院．安全生产管理知识［M］. 2011年版．北京：中国大百科全书出版社，2011.

[2] 吴宗之，等．安全生产技术［M］. 2011年版．北京：中国大百科全书出版社，2011.

[3] 中国安全生产协会注册安全工程师工作委员会，中国安全生产科学研究院．安全生产技术［M］.2011年版．北京：中国大百科全书出版社，2011.

[4] 水利部建设与管理司，中国水利工程协会．安全员［M］．北京：中国水利水电出版社，2009.

[5] 李恒山，牟志录．松辽流域水利工程质量与安全监督实务［M］．北京：中国水利水电出版社，2008.

[6] 孙继昌，等．水利工程建设安全生产文件汇编［M］．北京：中国水利水电出版社，2007.

[7] 黄先青．企业职业健康管理［M］．北京：中国环境科学出版社，2010.

[8] 方东平．工程建设安全管理［M］．北京：中国水利水电出版社，2005.

[9] 田水承，景国勋．安全管理学［M］．北京：机械工业出版社，2009.

[10] 隋鹏程，陈宝智，隋旭．安全原理［M］．北京：化学工业出版社，2005.

[11] 陈全，陈新杰，陈波．《职业健康安全管理体系 要求》企业实施指南［M］．北京：中国石化出版社有限公司，2012.

[12] 王柏乐，等．水电建设工程安全评价与安全管理［M］．北京：中国电力出版社，2006.

[13] 国家安全生产监督管理总局．安全评价（上、下册）［M］．北京：煤炭工业出版社，2005.

[14] 钮新强，杨启贵，等．水库大坝安全评价［M］．北京：中国水利水电出版社，2007.

[15] 彭程，等．21世纪中国水电工程［M］．北京：中国水利水电出版社，2006.

[16] 陈元桥．2011版职业健康安全管理体系国家标准理解与实施［M］．北京：中国标准出版社，2012.

[17] 广东省安全生产监督管理局．安全生产应急管理实务［M］．北京：中国人民大学出版社，2009.

[18] 国家安全生产应急救援指挥中心．安全生产应急管理［M］．北京：煤炭工业出版社，2007.

[19] 黄典剑，李文庆．现代事故应急管理［M］．北京：冶金工业出版社，2009.

[20] 庄越，雷培德．安全事故应急管理［M］．北京：中国经济出版社，2009.